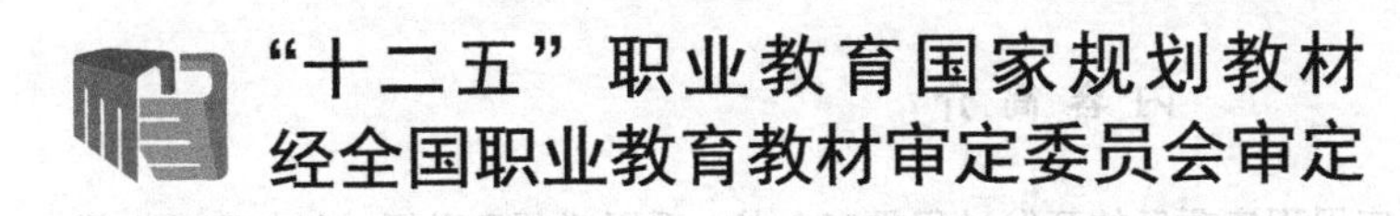

“十二五”职业教育国家规划教材
经全国职业教育教材审定委员会审定

高等职业院校教学改革创新示范教材·软件开发系列

C#程序设计项目化教程

何福男　汤晓燕　主　编

朱　东　陈莉莉　陈　瑾　副主编

徐　阳　谈惠康　石　磊　参　编

U0405919

電子工業出版社
Publishing House of Electronics Industry
北京·BEIJING

内 容 简 介

本书以一个真实完整的.NET应用程序项目的开发过程贯穿全书，采用“项目引领，任务驱动”模式，强调“做什么，怎么做，做中学”的教学理念，将“大学生社团管理系统”的开发流程按项目划分成多个任务；在每个任务中，采用图文并茂的方式，给出任务目标、任务分析以及详细的操作步骤及相关代码，带领学习者逐步完成项目功能。全书分为7个部分，第1部分总体介绍项目背景、需求分析；第2至第7部分为项目1至项目6，依次介绍了.NET开发环境搭建、C#基础学习、类与接口设计、吸引窗体界面设计、系统数据管理和系统部署与安装等内容，将C#基础、面向对象程序设计、Windows窗体开发及ADO.NET数据库编程等知识很好地融入到了这些项目之中。

本书可作为高职高专学生的C#编程类入门书籍，还可供使用C#语言进行.NET开发的初学者参考使用。为便于教学，本书提供了配套的电子课件、源代码等资源，请登录华信教育资源网（www.hxedu.com.cn）免费下载。

图书在版编目（CIP）数据

C#程序设计项目化教程 / 何福男，汤晓燕主编. —北京：电子工业出版社，2014.9
高等职业院校教学改革创新示范教材·软件开发系列
“十二五”职业教育国家规划教材
ISBN 978-7-121-24161-1

Ⅰ. ①C… Ⅱ. ①何… ②汤… Ⅲ. ①C语言－程序设计－高等职业教育－教材 Ⅳ. ①TP312

中国版本图书馆CIP数据核字（2014）第195926号

策划编辑：左 雅
责任编辑：左 雅 特约编辑：俞凌娣
印 刷：北京捷迅佳彩印刷有限公司
装 订：北京捷迅佳彩印刷有限公司
出版发行：电子工业出版社
北京市海淀区万寿路173信箱 邮编 100036
开 本：787×1 092 1/16 印张：17.75 字数：454.4千字
版 次：2014年9月第1版
印 次：2019年1月第3次印刷
定 价：39.00元

凡所购买电子工业出版社图书有缺损问题，请向购买书店调换。若书店售缺，请与本社发行部联系，联系及邮购电话：（010）88254888，88258888。
质量投诉请发邮件至zlts@phei.com.cn，盗版侵权举报请发邮件至dbqq@phei.com.cn。
本书咨询联系方式：（010）88254580，zuoya@phei.com.cn。

前　言

微软公司推出的.NET 框架这一跨语言软件开发平台，顺应了当今软件工业分布式计算、面向组件、企业级应用、软件服务化、以 Web 为中心等大趋势，成为众多软件企业主流开发平台，并呈现出强劲的发展势头。C#作为.NET 框架的重要组成部分，现已成为在.NET 平台上进行开发的首选语言。学好 C#语言是成为.NET 工程师的第一步。

本教程在编排体系上，采用“项目引领，任务驱动”的模式，将一个完整的“大学生社团管理系统”的实现过程划分成若干项目，每个项目又由多个工作任务组成。每个任务的实现注重步骤和细节，具有很强的可操作性。项目的软件环境为 Visual Studio 2010，后台数据库为 SQL Server 2008，教程中所有的程序代码都在 Visual Studio 2010 开发环境中测试通过。本教程具有以下特点。

1．针对性强，强化实践

教程十分切合高职高专教育的培养目标，侧重技能传授，强化实践内容。教程注重实际编程能力的培养，强调在具体操作过程中学习理论知识，体现了高职高专应用型人才培养目标。教程从具体项目开发的操作入手，引入丰富案例，以案例驱动课程内容的展开，有助于学生理解较为抽象的理论基础知识。

2．项目贯穿，体例新颖

全书基于工作过程，以一个完整的 C#应用程序项目的真实开发过程贯穿全书。以项目的开发步骤为顺序，对教材内容编排进行全新的尝试，打破传统教材的编写框架，是真正意义上的项目化教程。案例项目选择了贴近学生生活的主题，案例难度适中，比较适合初学者；采用“任务驱动法、案例式”模式进行编写。在内容的组织和编写上，突出高等职业教育的特点，突出职业技能训练；强调“怎么做，如何做”，通过大量有趣的示例介绍程序设计基础、方法，避免枯燥、空洞的理论，使读者在解决问题的过程中，学会在 Windows 环境中的编程。

3．内容立体，方便学习

从锻炼学生的思维能力以及运用概念解决问题的能力出发，教程内容不仅有主要知识的讲解，还有相关知识的衔接、特别提示等知识模块，不仅适合于教师教学，也适合于读者的自主学习。在技术要点及拓展学习板块中介绍和补充相关知识和技术，同时通过大量有趣的示例，介绍程序设计基础、方法，避免枯燥、空洞的理论，使读者在解决问题的过程中，学会在 Visual Studio 2010 开发环境中的 C#编程。任务后配有训练任务，帮助学习者进一步提高和巩固实践开发能力。

4．编写团队专业性强、经验丰富

本书的编写人员为长期在高职院校教学一线担任相关课程教学工作及教学理论研究

的优秀骨干教师，以及企业一线的专业技术人员，有着十分丰富的C#程序设计教学及项目开发经验，全面了解当前高职学生的特点与需求，并且参与过多部教材的编写。此外，在编写过程中，得到了不少软件企业专家的建议与指导，使得本教程工学结合紧密，有很强的实用性。

本书由苏州工业职业技术学院何福男、汤晓燕老师担任主编，由陈瑾、陈莉莉、朱东、南通航运职业技术学院的徐阳老师及企业人员等共同合作完成。前期工作中，何福男、汤晓燕完成本书的主体结构和体例设计，朱东、陈莉莉、陈瑾老师负责贯穿全书项目案例的设计与开发工作。本书的编写，系统介绍部分由徐阳完成；项目 1 由陈莉莉完成；项目 2 由陈瑾完成，项目 4 和项目 6 由汤晓燕完成；项目 5 由朱东、汤晓燕完成。全书由汤晓燕统稿，何福男审校。此外，在本书的编写过程中还得到了苏州市职业大学张苏老师、苏州经贸职业技术学院陆萍老师、苏州格尔斯计算机信息技术有限公司谈惠康先生、南京维景数据工程有限公司石磊先生等的大力支持与帮助，他们在教材编写过程中提供了不少有价值的参考文献与参考意见，在此对他们表示诚挚的谢意。

由于编者水平有限，错误难免，敬请读者批评指正并提出宝贵意见。

编　者

教学安排建议

序号	教学项目	课时	教 学 内 容	
1	项目1 .NET开发环境搭建	2	**任务1.1　安装Visual Studio 2010集成开发环境** 【拓展学习】 1．C#与.NET框架 2．Microsoft Visual Studio简介 【训练任务1】	**任务1.2　创建第一个C#应用程序** 【技术要点】 C#程序基本结构 【拓展学习】 1．查看工程文件 2．Visual Studio.NET的项目类型 【训练任务2】
2	项目2 系统开发准备 ——C#基础学习	4	**任务2.1　打印系统主菜单** 【技术要点】 1．进一步了解C#程序基本结构 2．C#程序基本风格 3．控制台输入/输出 【拓展学习】 1．命名空间 2．using指令 【训练任务3】 **任务2.2　定义数据类型**	【技术要点】 1．C#中的基本数据类型 2．变量与常量 3．数据类型转换 【拓展学习】 1．转义字符的使用 2．输出文本使用技巧 3．命名空间的进一步理解 4．DateTime数据类型 【训练任务4】
		4	**任务2.3　模拟用户登录** 【技术要点】 1．运算符和表达式 2．顺序结构 3．选择结构 【拓展学习】 1．对称的if语句与三元运算符 2．字符串连接符	【训练任务5】 **任务2.4　选择菜单** 【技术要点】 多分支语句switch 【拓展学习】 switch语句的测试变量 【训练任务6】
		4	**任务2.5　浏览成员信息** 【技术要点】 1．循环语句 2．数组 3．结构 【拓展学习】 1．多重循环 2．多维数组	【训练任务7】 **任务2.6　查询成员信息** 【技术要点】 转向语句 【拓展学习】 二维数组的应用 【训练任务8】

续表

序号	教学项目	课时	教学内容	
3	项目 3 类与接口设计	6	**任务 3.1　创建学生类** 【技术要点】 1．类和对象的概念 2．定义类和实例化类 3．类的成员及其声明方法 【拓展学习】 1．面向对象编程思想 2．类的方法 3．析构函数 【训练任务 9】	**任务 3.2　创建社团成员类** 【技术要点】 1．继承的概念 2．继承的实现和特点 3．继承中的构造函数 【拓展学习】 1．隐藏基类的成员 2．虚方法 3．抽象类 4．虚方法和抽象方法比较 【训练任务 10】
		4	**任务 3.3　创建成员管理数据访问接口** 【技术要点】 1．接口的概念 2．接口的定义 3．实现接口	4．接口的作用 【拓展学习】 1．接口作用的进一步讨论 2．接口和抽象类的区别 【训练任务 11】
4	项目 4 系统窗体界面设计	2	**任务 4.1　创建"Windows 窗体应用程序"项目** 【技术要点】 1．Visual Studio 2010 Windows 应用程序开发环境（IDE）介绍 2．Windows 应用程序的结构 【拓展学习】 1．打开 Windows 窗体应用程序 2．关闭解决方案	3．解决方案与项目 【训练任务 12】 **任务 4.2　系统欢迎界面设计** 【技术要点】 1．窗体的概念 2．设置启动窗体 【拓展学习】 窗体的显示、关闭和隐藏 【训练任务 13】
		6	**任务 4.3　用户登录窗体设计** 【技术要点】 1．控件的概念 2．控件的通用属性 3．控件的命名规则 4．Label（标签）、TextBox（文本框）、Button（按钮）控件 5．PictureBox（图片框）控件 6．深入了解 Windows 事件驱动机制 【拓展学习】 1．控件焦点 2．控件的默认事件	【训练任务 14】 **任务 4.4 成员信息管理窗体设计** 【技术要点】 1．容器类控件 2．选择类控件 3．列表类控件 4．DateTimePicker 控件 【拓展学习】 1．Windows 界面设计原则 2．TabControl 控件 3．控件的对齐 【训练任务 15】

序号	教学项目	课时	教学内容	
4	项目 4 系统窗体界面设计	4	**任务 4.5 成员照片选择及预览** 【技术要点】 1．对话框控件 2．OpenFileDialog 控件 【拓展学习】 1．其他对话框控件 2．模式对话框与非模式对话框 **任务 4.6 系统主界面设计** 【技术要点】 1．MenuStrip 控件	2．ToolStrip 控件 3．StatusStrip 控件 4．MessageBox 消息框 5.多文档界面（MDI）应用程序 【拓展学习】 1．ContextMenuStrip 控件 2．菜单和工具栏中插入标准项 【训练任务 16】
		4	**任务 4.7 用户界面交互性增强** 【技术要点】 键盘事件 【拓展学习】 鼠标事件 【训练任务 17】	**任务 4.8 窗体连接与数据传递** 【技术要点】 1．Timer 控件 2．使用静态变量在窗体间传递数据 【拓展学习】 窗体间传递数据的其他方法
5	项目 5 系统数据管理	4	**任务 5.1 创建数据库连接** 【技术要点】 1．ADO.NET 简介 2．Connection 对象 【训练任务 18】	**任务 5.2 系统三层框架搭建** 【技术要点】 1．三层架构概述 2．三层架构优缺点
		4	**任务 5.3 用户登录实现** 【技术要点】 1．Command 对象 2．DataReader 对象 【拓展学习】 1．限定用户登录次数 2．MD5 加密算法 3．StringBuilder 类	**任务 5.4 浏览成员列表** 【技术要点】 1．ADO.NET 的两种数据访问模式 2．SqlDataAdapter 对象 3．DataSet 数据集 4．DataGridView 控件 【训练任务 19】
		4	**任务 5.5 成员注册（一）** 【技术要点】 ADO.NET 数据绑定技术 【拓展学习】 创建 SQLHelper 类	**任务 5.6 成员注册（二）** 【技术要点】 1．参数化查询 2.Command 对象的方法 【拓展学习】 C#文件的读写 【训练任务 20】
		4	**任务 5.7 查看成员详细信息** 【技术要点】 DataGridView 控件的属性、方法和事件 【训练任务 21】	**任务 5.8 社团活动考勤** 【技术要点】 DataGridView 控件中的列类型 【拓展学习】 使用视图

续表

序号	教学项目	课时	教 学 内 容
6	项目6 系统部署与安装	4	任务 6.1　部署应用程序 【技术要点】 1. 使用 Visual Studio.NET Installer 进行部署 2. InstallDB 安装程序类 3. 部署项目属性 4. Release 与 Debug 的区别 【拓展学习】 1. 部署的设计 2. 部署中的高级选项 任务 6.2　安装应用程序
	合计	60	

【提示】

（1）具体教学内容，可根据实际教学情况酌情进行增减。

（2）建议课堂教学全部在多媒体机房内完成，以实现“讲-练”结合。

（3）课堂教学一般以 2 个学时一个为教学单元，每个教学单元完成 1-2 个任务。

目录
CONTENTS

大学生社团管理系统简介

大学生社团是高等学校学生在自愿基础上自由结成并按照章程自主开展活动的学生群众组织。这些社团打破年级、系科甚至学校的界限，团结兴趣爱好相近的同学，发挥他们在某方面的特长，开展有益于身心健康的活动，如文艺社、摄影社、漫画社、话剧团、篮球队、足球队等。

大学生社团的不断发展与壮大，对社团的管理也提出了一定的要求。随着计算机信息化程度的不断提高，很多高校都借助计算机来实现对社团各方面的管理。本教材所介绍的"大学生社团管理系统（简称社团管理系统）"就是这样一个小型管理信息系统，可以满足一般院校社团的管理需求。"大学生社团管理系统"包含"社团信息管理"、"社团成员管理"、"社团活动管理"、"活动考勤与统计"等几个功能模块，涉及C#编程开发的多方面的基础知识。读者通过本书各部分的学习，可以熟悉和掌握C#编程基础知识，学习完这本教材后，最终可以生成该社团管理系统。

1. 系统总体需求

通过实际调查，本管理系统具有以下功能。

- 为了方便系统用户操作，要求系统具有良好的人机界面。
- 系统用户有管理员和普通用户之分，要求有较好的权限区分。
- 方便地进行数据添加、修改和删除操作。
- 方便地进行数据查询。
- 数据计算自动完成，尽量减少人工干预。

2. 开发工具选择

系统前台将采用 Microsoft 公司的 Visual Studio 2010 作为主要的开发工具，后台数据库采用 Microsoft SQL Server 2008，该数据库系统在安全性、准确性和运行速度方面有较强的优势，并且处理数据量大，效率高，可以与 Visual Studio 2010 实现无缝对接。关于系统后台数据库的设计将在后面的内容中进行详细的介绍。

3. 系统规划

为了更好地进行开发，先对整个社团管理系统进行功能结构的规划与分析，本系统共分为"社团信息管理"、"社团成员管理"、"社团活动管理"、"用户管理"和"社团活动考勤与统计"五大模块，系统功能结构图如图 0-1 所示。

4. 数据库设计

开发"学生社团管理系统"这样的小型管理信息系统，数据库设计是重要的一个环节，应该根据系统的功能目标来进行数据库的设计。下面介绍“学生社团管理系统”的数据库及各个表的详细设计。

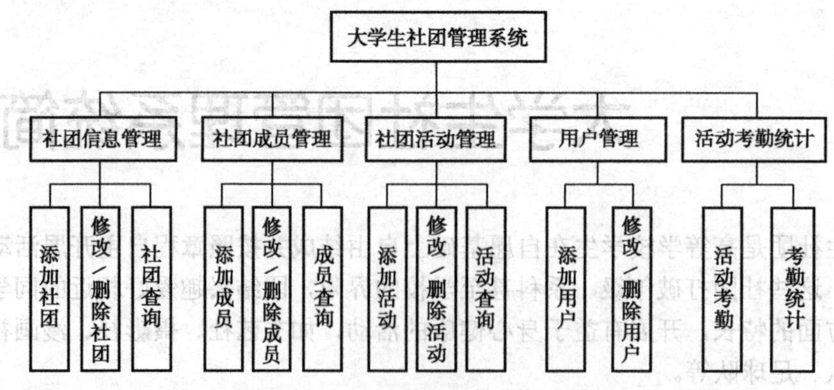

图 0-1　社团管理系统功能结构图

本书采用的是 SQL Server 2008 数据库，数据库的名字为 StudentClubMis，在该数据库中有 8 个数据表，下面的表 0-1～表 0-8 依次介绍这些表的名字、功能以及详细设计。

（1）tb_User 表：存储系统用户的信息。

（2）tb_Member 表：存储所有社团成员信息。

（3）tb_Club 表：存储所有社团组织信息。

（4）tb_Activity 表：存储所有社团活动的信息。

（5）tb_Department 表：存储所有系部信息。

（6）tb_Grade 表：存储所有年级信息。

（7）tb_Profession 表：存储所有专业信息。

（8）tb_Attendance 表：存储社团成员出席社团活动情况信息。

表 0-1　用户信息表[tb_User]

字　段	数 据 类 型	可 否 为 空	说　明
id	标识列（自增）	否	序号（主键）
username	varchar(20)	否	用户名
pwd	varchar(50)	是	密码
role	char(20)	是	角色
deleteflag	char(10)	否	删除标志，默认值 0

表 0-2　社团成员信息表[tb_Member]

字　段	数 据 类 型	可 否 为 空	说　明
id	标识列（自增）	否	序号
memberid	char(10)	否	成员编号（主键）
clubid	int	是	社团编号
departmentid	int	是	系部编号
professionid	int	是	专业编号
gradeid	int	是	年级编号

续表

字　段	数据类型	可否为空	说　明
name	nvarchar(100)	是	成员名称
sex	char(10)	是	性别
birthday	datetime	是	生日
political	char(20)	是	政治面貌
phone	varchar(20)	是	电话号码
qq	varchar(20)	是	QQ 号码
picture	image	是	照片
joindate	datetime	是	加入日期
hobbies	varchar(100)	是	兴趣爱好
memo	varchar(200)	是	备注
ischief	bit	是	是否负责人
deleteflag	char(10)	否	删除标志，默认值 0

表 0-3　社团组织表[tb_Club]

字　段	数据类型	可否为空	说　明
clubid	标识列（自增）	否	社团编号（主键）
clubname	varchar(20)	否	社团名称
departmentid	int	是	系部编号
chiefid	char(10)	是	负责人编号
teacher	varchar(50)	是	指导老师
founddate	datetime	是	成立时间
purpose	varchar(200)	是	社团宗旨
introduction	varchar(500)	是	社团简介
deleteflag	char(10)	否	删除标志，默认值 0

表 0-4　社团活动表[tb_Activity]

字　段	数据类型	可否为空	说　明
activityid	标识列（自增）	否	活动编号（主键）
activityname	varchar(30)	否	活动名称
theme	varchar(100)	是	主题
clubid	int	是	社团编号
activitydate	datetime	是	活动时间
place	varchar(50)	是	地点
expenditure	float	是	活动支出
attendance	int	是	出席人数
deleteflag	char(10)	否	删除标志，默认值 0

表 0-5　系部信息表[tb_Department]

字　段	数 据 类 型	可 否 为 空	说　明
departmentid	标识列（自增）	否	系部编号（主键）
departmentname	varchar(30)	否	活动名称
deleteflag	char(10)	否	删除标志，默认值 0

表 0-6　年级信息表[tb_Grade]

字　段	数 据 类 型	可 否 为 空	说　明
gradeid	标识列（自增）	否	年级编号（主键）
gradename	varchar(30)	否	年级名称
deleteflag	char(10)	否	删除标志，默认值 0

表 0-7　专业信息表[tb_Profession]

字　段	数 据 类 型	可 否 为 空	说　明
professionid	标识列（自增）	否	专业编号（主键）
professionname	varchar(30)	否	专业名称
deleteflag	char(10)	否	删除标志，默认值 0

表 0-8　活动出勤表[tb_Attendance]

字　段	数 据 类 型	可 否 为 空	说　明
id	标识列（自增）	否	序号（主键）
activityid	int	否	活动编号
memberid	char(10)	否	成员编号
deleteflag	char(10)	否	删除标志，默认值 0

5. 系统界面预览

“大学生社团管理系统”的界面主要由“用户登录”、“系统主窗体”、“社团信息管理”、“社团成员管理”、“活动管理”、“活动考勤”、“考勤统计”等几大窗体组成，风格大体一致。

（1）用户登录。系统运行后的第一个界面，和大多数软件登录界面类似，要求用户输入合法的用户信息后，方可登录系统，如图 0-2 所示。本系统的用户分为普通用户和系统管理员两大类，登录后拥有不同的系统功能使用权限。

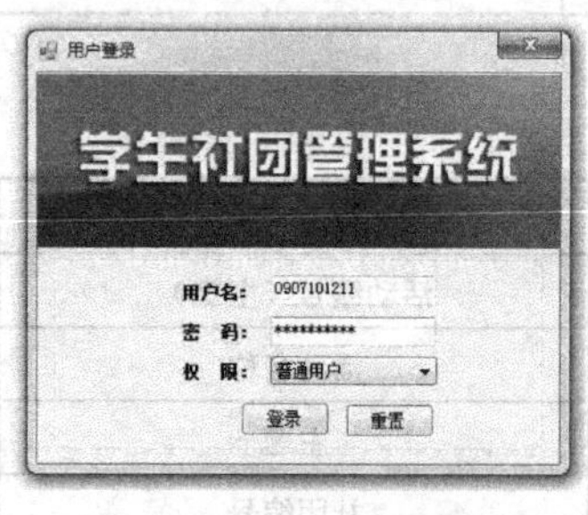

图 0-2　用户登录界面

（2）系统主界面。用户登录成功后，进入系统主界面，如图 0-3 所示。主界面从上到下依次由菜单栏、工具栏、主工作区及状态栏构成。菜单栏中提供了系统的各种功能菜单，工具栏设置了一些常用功能的快捷按钮，如成员查询、退出系统等；当前图中的主工作区是一幅背景图片，而当用户点击某个菜单功能时，对应的窗体界面将嵌套显示在主工作区内；状态栏里显示了一些系统相关信息，如系统当前用户名、系统当前时间等。

图 0-3　系统主界面

（3）社团成员管理。社团成员管理包括社团成员的添加、删除、修改等，图 0-4 为“社团成员管理”界面。该界面分为三个区域：成员列表区、成员详细信息显示区和操作按钮区；用户通过点击列表中的成员编号或姓名，可以在成员详细信息显示区域浏览该社团成员的详细信息，如要对成员信息进行添加、删除及修改等操作，则可以在操作按钮区单击相应的按钮。

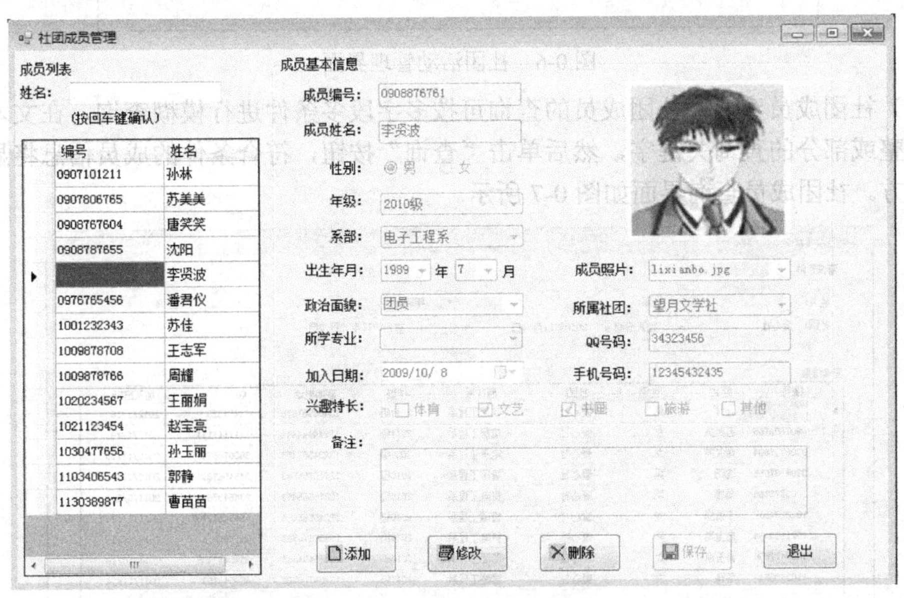

图 0-4　社团成员管理界面

社团管理、活动管理等界面与社团成员管理界面布局相似，如图 0-5 和图 0-6 所示。

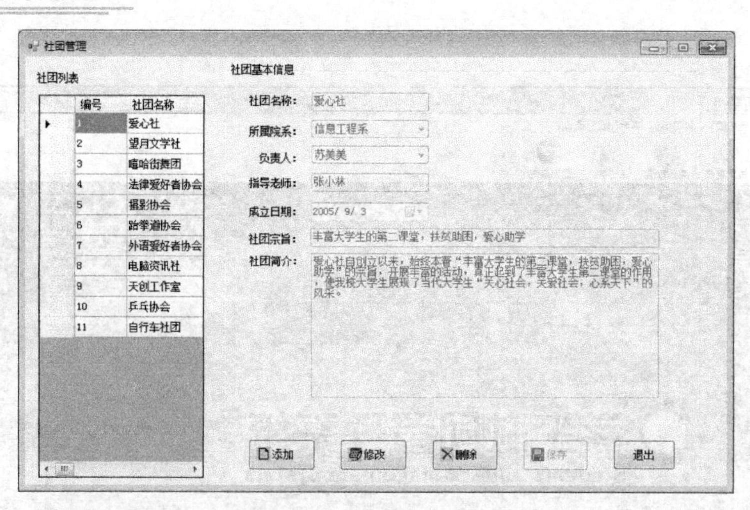

图 0-5　社团管理界面

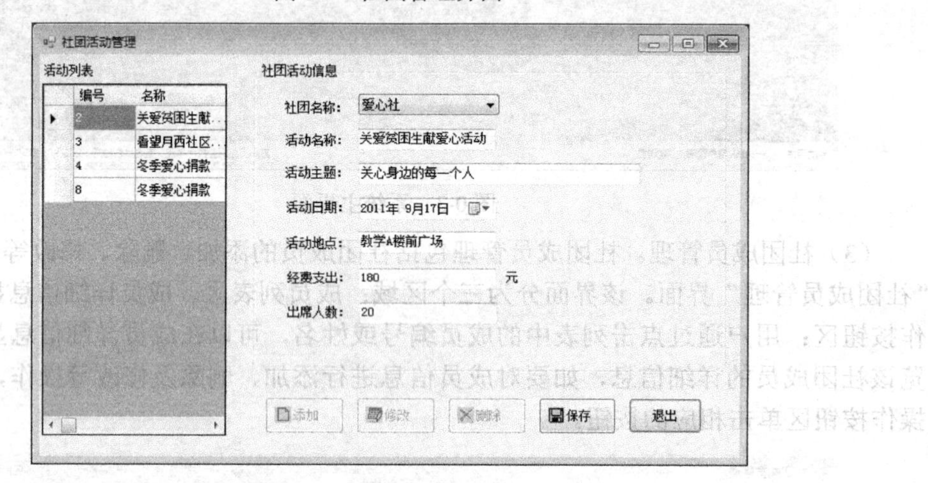

图 0-6　社团活动管理界面

（4）社团成员查询。社团成员的查询可按多字段多条件进行模糊查询，在文本框中输入完整或部分的查询关键字，然后单击“查询”按钮，符合条件的成员信息将显示在界面下方。社团成员查询界面如图 0-7 所示。

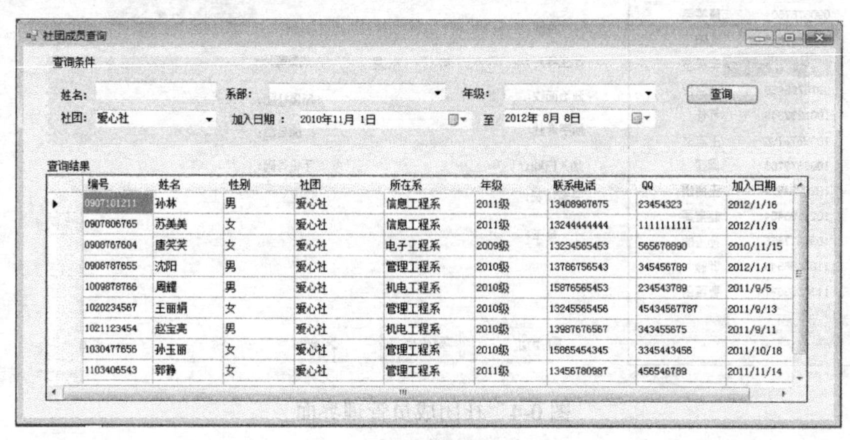

编号	姓名	性别	社团	所在系	年级	联系电话	QQ	加入日期
0907101211	孙林	男	爱心社	信息工程系	2011级	13408987675	23454323	2012/1/16
0907606765	苏美美	女	爱心社	信息工程系	2011级	13244444444	1111111111	2012/1/19
0908767604	唐笑笑	女	爱心社	电子工程系	2009级	13234565453	565678890	2010/11/15
0908787655	沈阳	男	爱心社	管理工程系	2010级	13786756543	345456789	2012/1/1
1009878766	周耀	男	爱心社	机电工程系	2010级	15876565453	234543789	2011/9/5
1020234567	王丽娟	女	爱心社	管理工程系	2010级	13245565456	45434567787	2011/9/13
1021123454	赵宝亮	男	爱心社	机电工程系	2010级	13987676567	343455675	2011/9/11
1030477656	孙玉丽	女	爱心社	管理工程系	2010级	15865454345	3345443456	2011/10/18
1103406543	郭静	女	爱心社	管理工程系	2011级	13456780987	456546789	2011/11/14

图 0-7　社团成员查询界面

社团信息查询、活动信息查询等界面与社团成员查询界面布局及功能相似，如图 0-8 和图 0-9 所示。

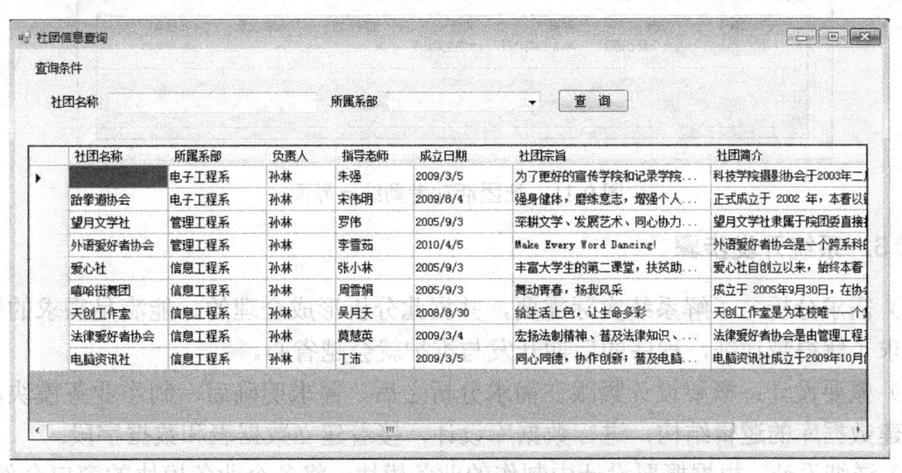

图 0-8　社团信息查询界面

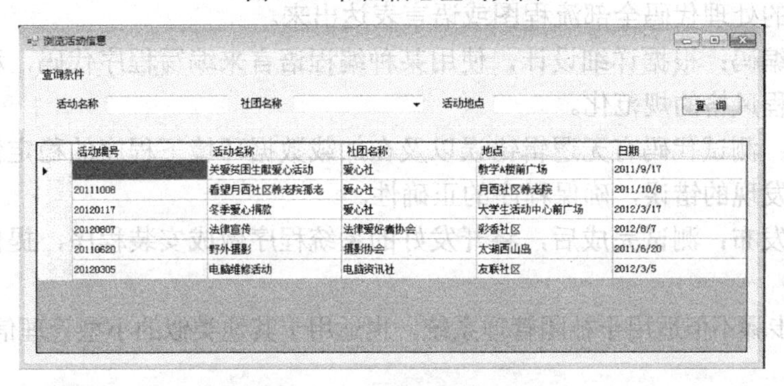

图 0-9　社团活动查询界面

（5）社团活动考勤与统计。社团活动的出席考勤操作界面如图 0-10 所示，选择社团名称和活动名称后，在社团成员名单列表前的复选框中打钩，单击“保存”按钮，完成考勤操作。在如图 0-11 所示的考勤统计界面中，可以查看到每个活动的考勤统计结果。

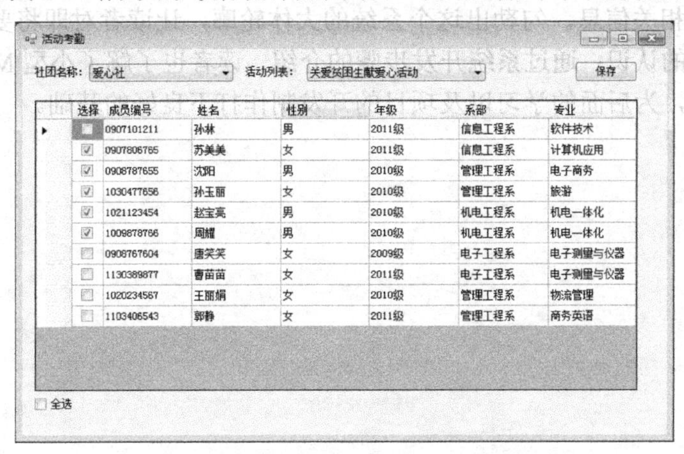

图 0-10　社团活动考勤界面

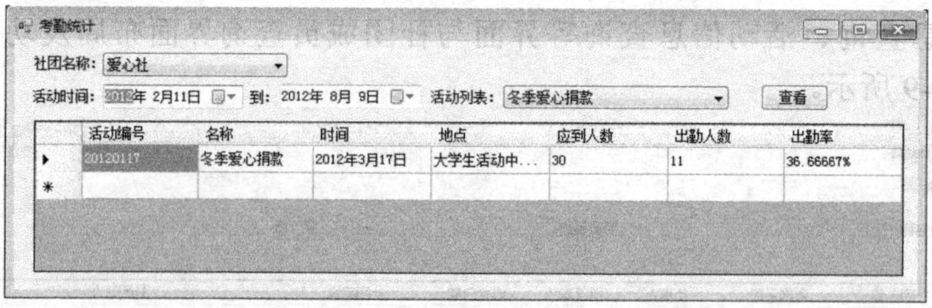

图 0-11 社团活动考勤统计界面

6. 系统开发步骤

（1）需求分析：了解系统实际需要，并据此分析形成合理的、能满足需求的设计思路，需求了解得越详细，程序的后期开发与维护就会越省心。

（2）概要设计：概要设计紧跟在需求分析之后。需求明确后，制作业务模块，然后开始构建数据库的逻辑结构，进行数据库设计，接着建立数据表和数据字段。

（3）详细设计：根据概要设计中制作的业务模块，将各个业务模块的窗口全部建好，各个窗口控件的处理代码全部流程图或语言表达出来。

（4）程序编码：根据详细设计，使用某种编程语言来编写程序代码，程序编码需要注意命名与编程风格的规范化。

（5）测试：测试代码有无逻辑错误以及在加载数据环境下程序的稳定性等，及时纠正测试工作中发现的错误，确保程序的正确性。

（6）打包发布：测试完成后，将开发好的系统程序做成安装程序，提供给用户安装使用。

上述开发步骤不但适用于社团管理系统，也适用于其他类似的小型管理信息系统。

小结

这部分内容围绕项目背景、需求分析、系统规划等几个方面向读者介绍了“学生社团管理系统”的相关信息，勾勒出这个系统的大体轮廓，让读者对即将要开发的系统有一个整体和全面的认识；通过系统开发步骤的介绍，读者也了解了小型 MIS 系统开发的一般方法和流程，为后面的学习以及项目的开发制作打下良好的基础。

项目 1

.NET 开发环境搭建

安装开发环境是软件开发的第一步，一个优秀的开发环境能帮助程序员加快开发速度，提高开发效率，微软公司的 Visual Studio 2010 就是这样一款优秀软件。本项目将带领大家一起安装和配置 Visual Studio 2010 集成开发环境（IDE，Integrated Development Environment），并且建立一个控制台应用程序。通过一个简单程序的创建、编写、运行和调试，可以对 Microsoft Visual Studio 2010 的编程环境做一个大概的了解和认识，掌握 C#程序的框架和一些基础知识。

学习重点：

☑ 掌握 Visual Studio 2010 开发环境的安装；

☑ 初步了解 C#应用程序的创建方法；

☑ 了解 C#应用程序的基本结构。

本项目任务总览：

任务编号	任务名称
1.1	安装 Visual Studio 2010 开发环境
1.2	创建第一个 C#应用程序

任务 1.1　安装 Visual Studio 2010 集成开发环境

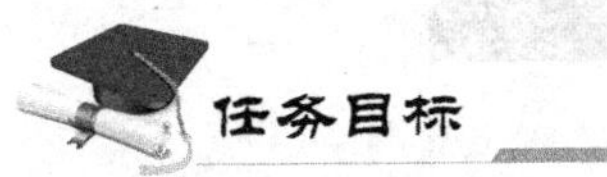

完成 Visual Studio 2010 集成开发环境的安装和配置。

安装 Visual Studio 2010，首先需要有安装源文件，建议购买或从正规网站下载。其次，安装好 Visual Studio 2010 后，第一次使用时，需要做一些配置。

步骤一：如果没有 Visual Studio 2010 安装文件，可以购买或从正规网站下载 Microsoft Visual Studio 2010 旗舰版。

步骤二：双击 Setup.exe 文件，根据提示，逐步安装。

（1）单击“安装 Mircrosoft Visual Studio 2010”选项，如图 1-1-1 所示。

（2）安装程序正在加载安装组件，完成后，单击“下一步”按钮，如图 1-1-2 所示。

（3）单击“我已阅读并接受许可条款”单选按钮，再单击“下一步”按钮，如图 1-1-3 所示。

图 1-1-1　单击“安装 Microsoft Visual Studio 2010”选项

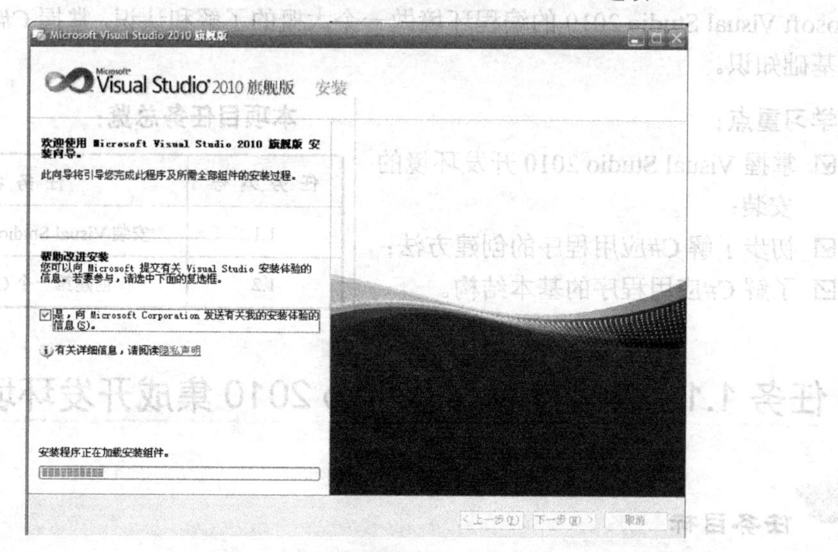

图 1-1-2　加载安装组件

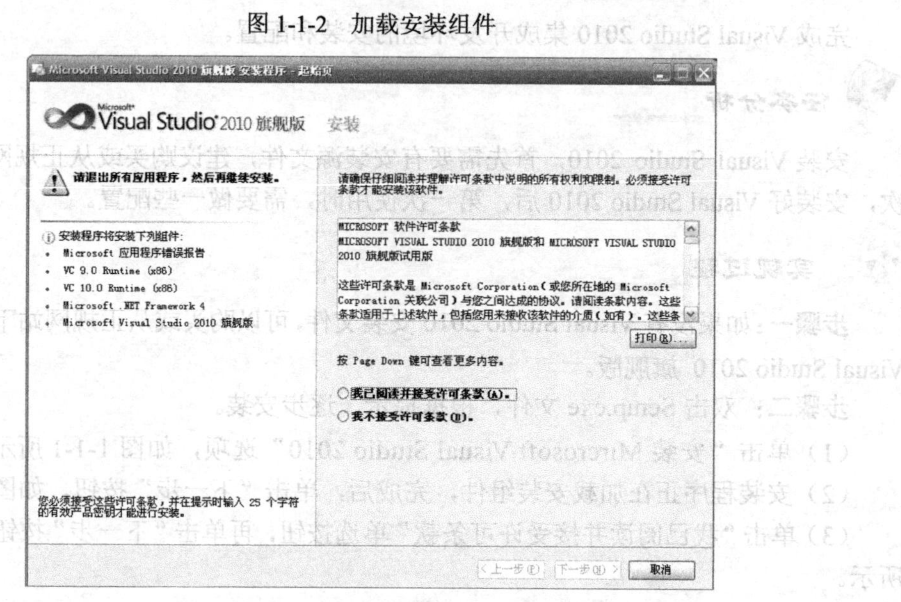

图 1-1-3　加载安装组件

（4）两种选择，这个根据每个人的开发需求进行选择，单击“完全”单选按钮，根据个人实际情况设置安装路径，单击“安装”按钮，开始进行完全安装。如图 1-1-4 所示。

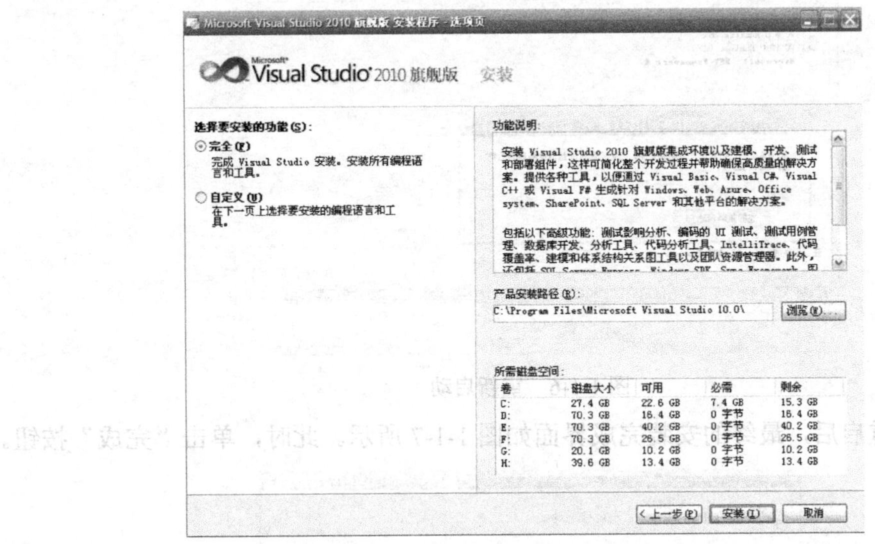

图 1-1-4　安装方式选择

（5）进入安装进度，如图 1-1-5 所示。

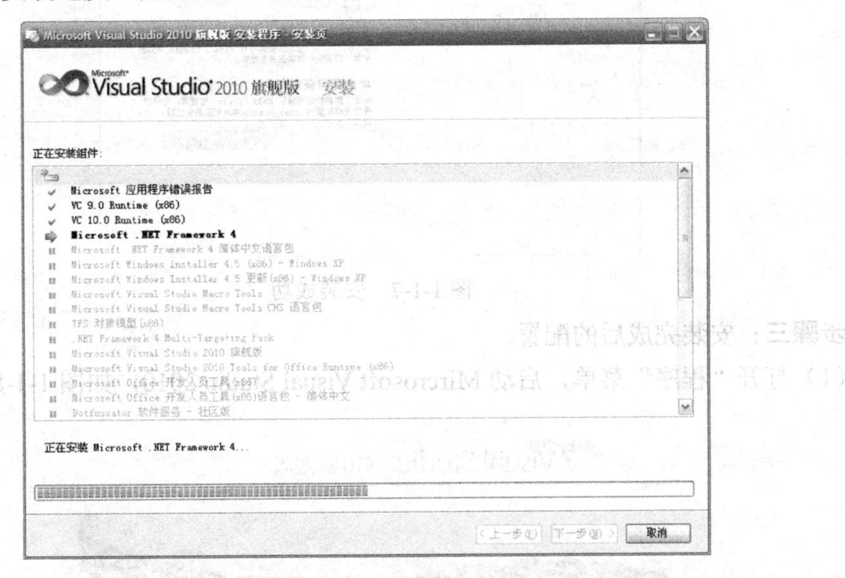

图 1-1-5　安装进度

（6）在安装过程中，系统会提示重启，单击“立即重新启动”按钮，如图 1-1-6 所示。重启完成后，显示一个“安装程序正在加载安装组件，可能需要几分钟的”的提示框。

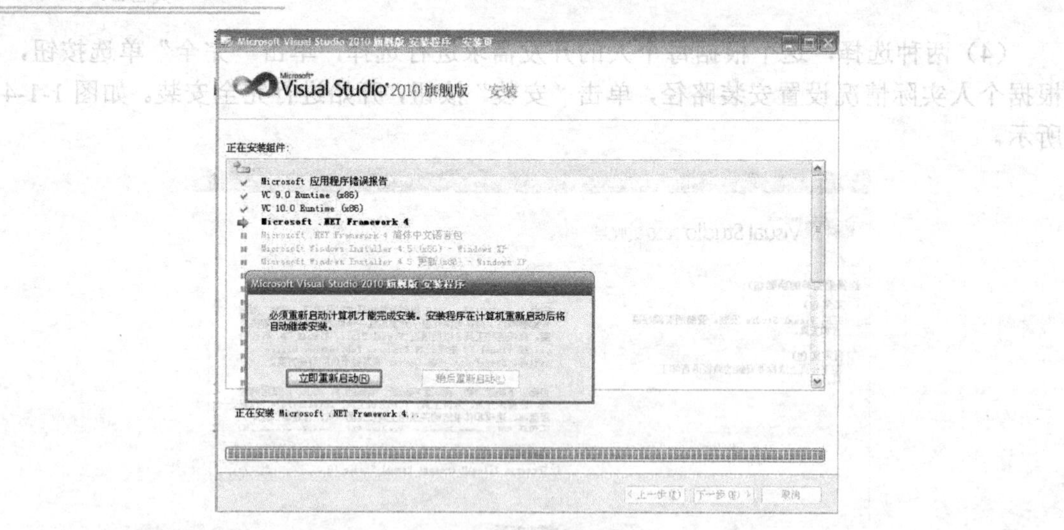

图 1-1-6　重新启动

（7）多次重启后，最终的安装完成界面如图 1-1-7 所示。此时，单击“完成”按钮。

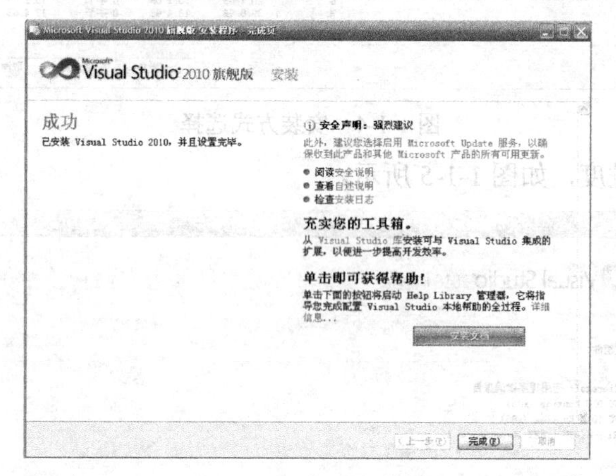

图 1-1-7　安装成功

步骤三：安装完成后的配置。

（1）打开“程序”菜单，启动 Mircrosoft Visual Studio 2010，如图 1-1-8 所示。

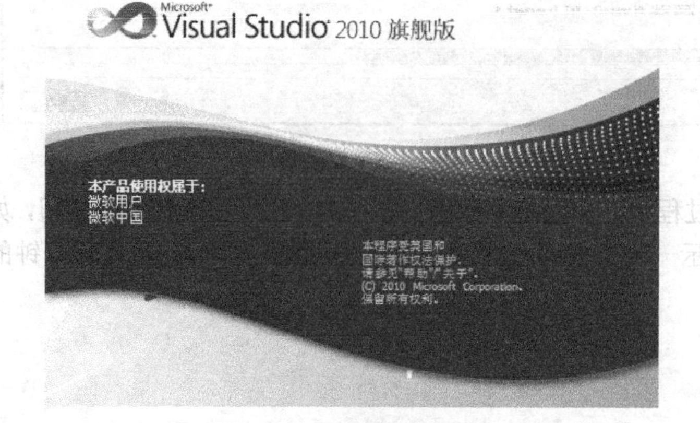

图 1-1-8　程序打开界面

（2）第一次使用，用户选择默认环境，选择“Visual C#开发设置”，如图 1-1-9 所示。

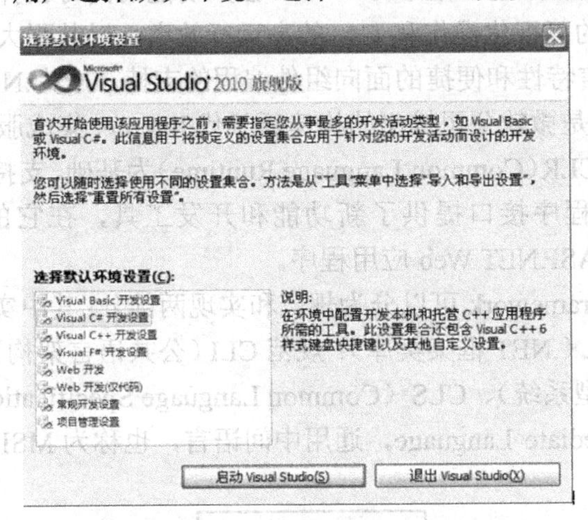

图 1-1-9　首次使用的默认环境选择

（3）单击“启动 Visual Studio”按钮后，如图 1-1-10 所示。

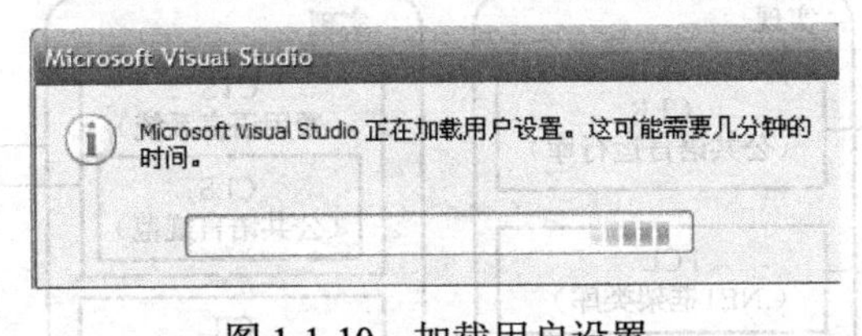

图 1-1-10　加载用户设置

（4）进入 Visual Studio 2010 集成开发环境工作界面，如图 1-1-11 所示。

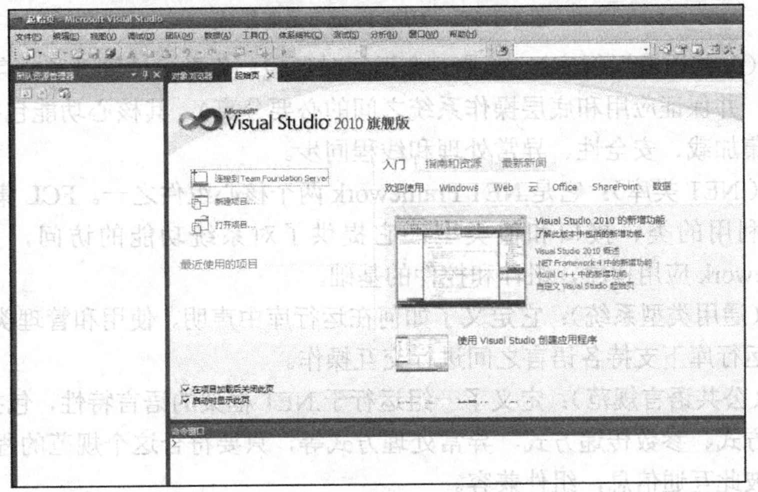

图 1-1-11　IDE 工作界面

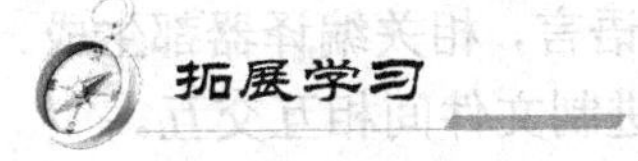

1. C#与.NET 框架

C#是微软公司在 2000 年 6 月发布的一种面向对象的、运行于.NET 框架（.NET Framework）之上的高级程序设计语言。它由 C 和 C++衍生出来，是一种安全、稳定、简单的面向对象编程语言。它在继承C和C++强大功能的同时去掉了一些它们的复杂特性，综合了VB简单的可视化操作和C++的高运行效率，以其强大的操作能力、优雅的语法风格、创新的语言特性和便捷的面向组件编程的支持，成为.NET开发的首选语言。

.NET Framework是微软公司推出的构建新一代Internet集成服务平台的最新框架。它以通用语言运行库CLR（Common Language Runtime）为基础，支持多语言的开发。.NET Framework也为应用程序接口提供了新功能和开发工具，在它的基础上，可以开发Windows应用程序和ASP.NET Web应用程序。

一般而言，.NET Framework可以分为规范和实现两部分；其中实现部分包括CLR（公共语言运行库）和FCL（.NET框架类库）；规范CLI（公共语言架构）包括CTS（Common Type System—通用类型系统）、CLS（Common Language Specification—公共语言规范）、CIL（Common Intermediate Language，通用中间语言，也称为MSIL）。两者之间的关系如图1-1-12所示。

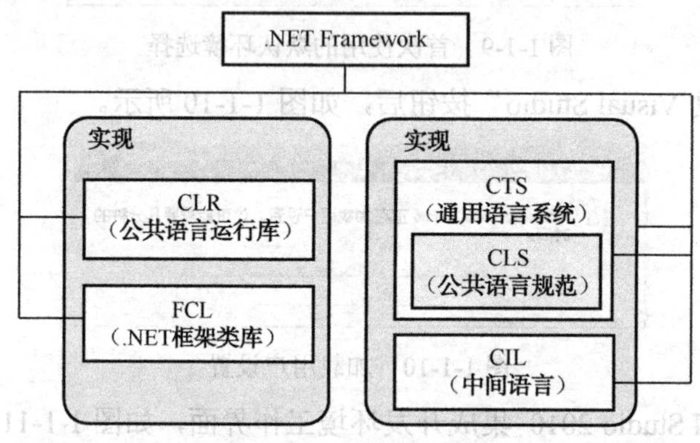

图1-1-12 .NET Framework组成

- CLR（公共语言运行库）：它是一个运行时环境，负责资源管理（内存分配和垃圾回收，并保证应用和底层操作系统之间的必要分离）。其核心功能包括内存管理、程序集加载、安全性、异常处理和线程同步。
- FCL（.NET类库）：它是.NET Framework两个核心组件之一。FCL集合了上千组可再利用的类、接口和值类型。它提供了对系统功能的访问，是建立.NET Framework应用程序，组件和控件的基础。
- CTS（通用类型系统）：它定义了如何在运行库中声明、使用和管理类型，同时也是在运行库下支持各语言之间进行交互操作。
- CLS（公共语言规范）：定义了一组运行于.NET框架的语言特性，包括类的方法、调用方式、参数传递方式、异常处理方式等，只要符合这个规范的程序语言，就可以彼此互通信息，组件兼容。
- CIL（通用中间语言）：是一种属于通用语言框架和.NET框架的低阶的人类可读的编程语言。它与平台无关，不论使用何种支持.NET的语言，相关编译器都生成CIL指令。因此，所有语言都能很好地在定义明确的二进制文件间相互交互。

2. Microsoft Visual Studio简介

Microsoft Visual Studio（简称VS）是微软公司的开发工具包系列产品。VS是一个基本完整的开发工具集，它包括了整个软件生命周期中所需要的大部分工具，如UML工具、代码管控工具、集成开发环境（IDE）等。Visual Studio 是目前最流行的 Windows 平台应用程序开发环境。从 Visual Studio .NET 2002 开始，经历了多个版本的改进与升级，目前较新版本为 Visual Studio 2015 版本，后面的内容将进行具体的介绍。

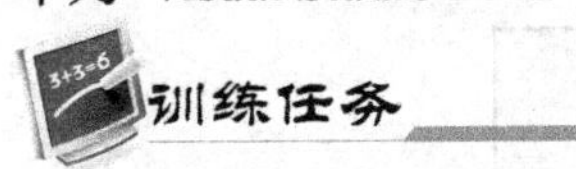

训练任务

下载并安装 Visual Studio 2010 旗舰版。

任务 1.2　创建第一个 C#应用程序

任务目标

使用 Visual Siudio 2010 集成开发环境创建一个控制台应用程序，在控制台输出“Hello World!”。

任务分析

首先要创建一个空的控制台应用程序，然后编写程序代码和编译运行程序，从而实现在控制台输出信息。

实现过程

步骤一： 启动 Visual Studio 2010，单击“文件”→“新建”→“项目”命令，打开“新建项目”对话框。

步骤二： 选择项目类型，输入项目名称，创建项目。

（1）在打开的对话框中，从左边“已安装的模板”列表中选择 Visual C#，是指在项目中使用 C#编程语言，在对话框中部的模板列表中，选择“控制台应用程序”选项。

（2）在对话框的“名称”一栏中输入项目的名称；如果需要改变项目的位置，则可以通过单击“位置”文本框右边的“浏览”按钮，打开“项目位置”对话框来选择一个目录。如图 1-2-1 所示。

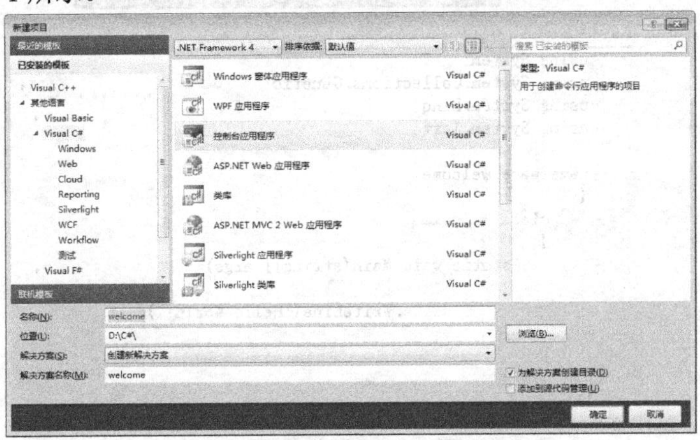

图 1-2-1 “新建项目”对话框

步骤三： 单击“确定”按钮，关闭“新建项目”对话框，建立一个名称为“Welcome”的控制台应用程序，并进入 Microsoft Visual Stdio.NET 集成开发环境。图 1-2-2 给出了系统自动生成的代码。

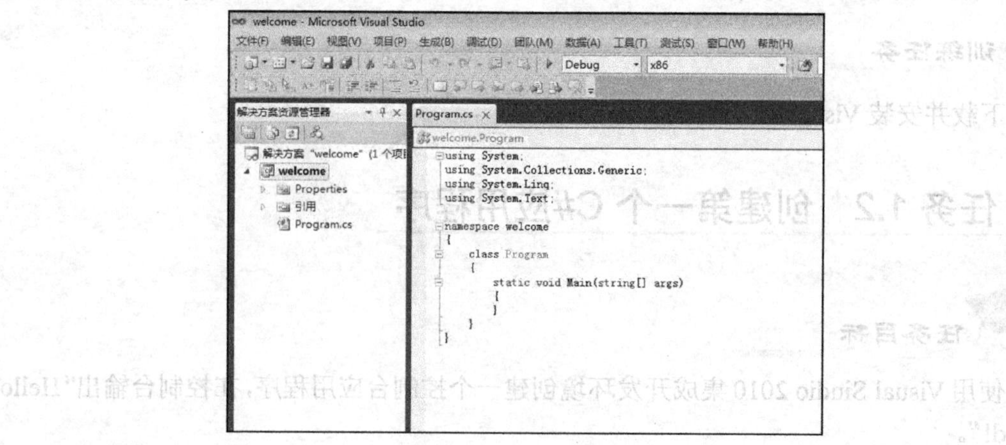

图 1-2-2　Welcome 项目

步骤四： 查看“解决方案资源管理器”窗口，如图 1-2-3 所示。右击文件“Program.cs”，在弹出的快捷菜单中选择“重命名”命令，将其改名为“Welcome.cs”。在弹出的询问对话框中单击“是”按钮，如图 1-2-4 所示。

图 1-2-3　“解决方案资源管理器”窗口

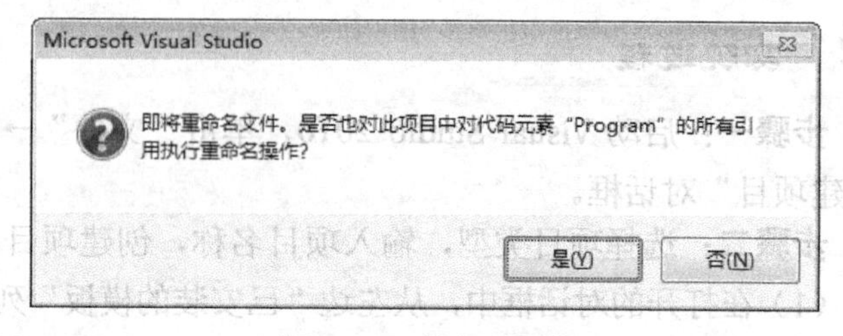

图 1-2-4　询问对话框

步骤五： 在 static void Main(string[] args)内部添加如下代码，如图 1-2-5 所示。

```
System.Console.WriteLine("Hello World!");
```

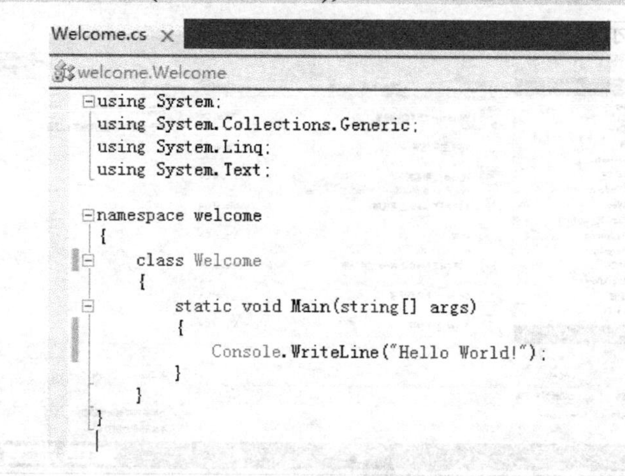

图 1-2-5　添加代码

步骤六： 使用快捷键 Ctrl+F5，或者选择“调试”→“开始执行”命令，启动程序后，运行结果如图 1-2-6 所示。

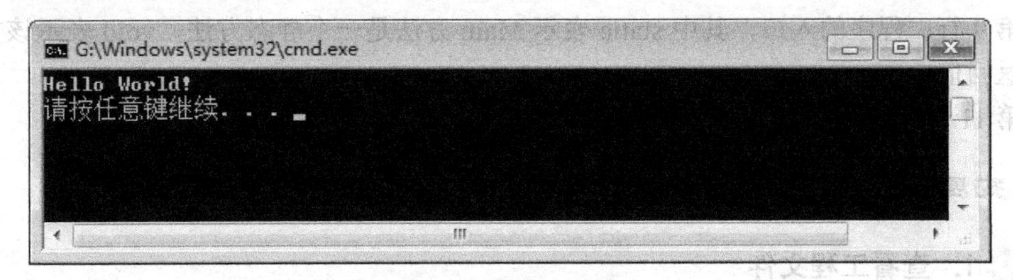

图 1-2-6　运行结果

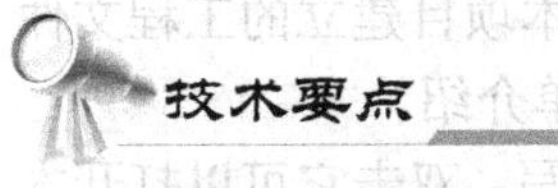

C#程序基本结构

在本任务中编写的第一个 C#程序虽然只有一个语句，但它已经反映出一个典型的 C#程序的一般结构。本项目中只对 C#程序结构作简单的介绍。

C#与 C 语言不同，它是完全面向对象的，类（class）是 C#程序的基本单位，程序中所有函数都必须封装在一个类中，类的结构如下。

```
class Class1
{
    …
}
```

程序中的 class　Welcome { }声明了一个类，类的名字为 Welcome。

C#程序必须包含一个 Main()方法，就像本任务的代码中所写的那样，Main()方法是程序的入口点，当程序运行时，首先从 Main()方法开始执行。

Main()方法在类或结构的内部声明，它必须是静态的，即由关键字 static 修饰。声明 Main()方法时既可以不使用参数，也可以使用参数。

【代码解读】

```
1.  using System;
2.  using System.Collections.Generic;
3.  using System.Linq;
4.  using System.Text;
5.  namespace welcome
6.  {
7.      class Welcome
8.      {
9.          static void Main(string[] args)
10.         {
11.             Console.WriteLine("Hello World!");
12.         }
13.     }
14. }
```

第 1～4 行：导入.NET 系统类库提供的命名空间。

第 5 行：自定义命名空间，命名空间的名称是 welcome，用户自定义命名空间用 namespace 关键字声明。

第 7 行：定义类，类名为 Welcome，定义类是用 class 关键字。

第 9 行：程序的入口，其中 static 表示 Main 方法是一个静态方法，void 表示该方法没有返回值。

第 11 行：控制台输出语句，输出“Hello World!”。

拓展学习

1. 查看工程文件

在目录 C:\C#下，将会发现文件夹 Welcome，这是 VS.NET 为本项目建立的工程文件夹。进入该文件夹后，发现里面包含了许多文件。下面做一下简单介绍。

- Welcome.sln：解决方案文件，后缀为 sln，是 solution 的缩写，双击它可以打开本工程。
- Welcome.cs：工程代码文件，后缀为 cs，是 C Sharp 的缩写。
- 在子目录 bin/Debug 下，Welcome.exe 是可执行文件，双击它可以执行。

2. Visual Studio .NET 可创建的项目类型

Visual Studio.NET 可创建多种不同类型的项目，如表 1-2-1 所示。

表 1-2-1　可创建的项目类型

项目类型	说　明
Windows 窗体应用程序	用于创建常规 Windows 应用程序
类库	用于创建在其他应用程序中使用的类
Windows 窗体控件库	用于创建在 Windows 窗体中使用的控件
控制台应用程序	用于创建命令行应用程序
ASP.NET Web 应用程序	用于创建作为用户界面的静态或动态 HTML 页的 Web 站点
ASP.NET 服务应用程序	用于创建通过 XML SOAP 界面调用的 Web Service

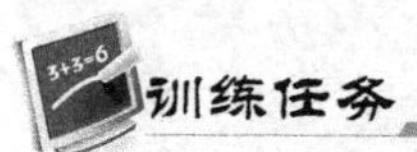

训练任务

1．创建一个控制台应用程序，在 Main()方法中输入以下代码：

```
Console.Write("您好!");
Console.WriteLine("欢迎光临!");
```

2．创建一个控制台应用程序，在屏幕中输出如图 1-2-7 所示的图形。

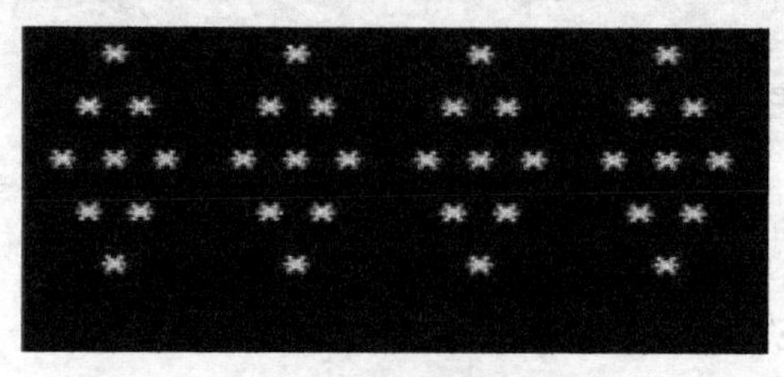

图 1-2-7　运行结果

项目小结

本项目主要完成了.NET 开发环境的搭建，介绍了 Visual Studio 2010 开发环境的安装和配置方法，以及安装完成后第一次使用开发环境需要做的相关配置。此外，还介绍了如何创建控制台应用程序的方法以及 C#程序的基本结构，让读者对 C#应用程序有一个初步的了解和认识。

项目 2

系统开发准备——C#基础学习

本项目将围绕学生社团管理系统的主要功能，分别介绍 C#的标识符与关键字、基本数据类型、常量与变量、运算符与表达式、C#中的流程控制及数组和结构的使用。

本项目中涉及的所有程序均为控制台应用程序。

学习重点：

☑ 掌握 C#的基本语法；
☑ 掌握 C#的基本数据类型；
☑ 掌握在 C#中定义变量和常量的方法；
☑ 了解 C#的运算符和表达式；
☑ 掌握 C#的顺序结构、选择结构和循环结构；
☑ 学会定义和使用数组，了解结构的使用。

本项目任务总览：

任务编号	任务名称
2.1	打印系统主菜单
2.2	定义数据类型
2.3	模拟用户登录
2.4	选择菜单
2.5	浏览成员信息
2.6	查询成员信息

任务 2.1 打印系统主菜单

“学生社团管理系统”有“用户登录”、“社团信息管理”、“社团成员管理”等诸多管理功能，通过系统菜单来显示这些功能，并由用户进行选择使用。在本任务中，将实现主菜单的显示功能，系统主菜单如图 2-1-1 所示。

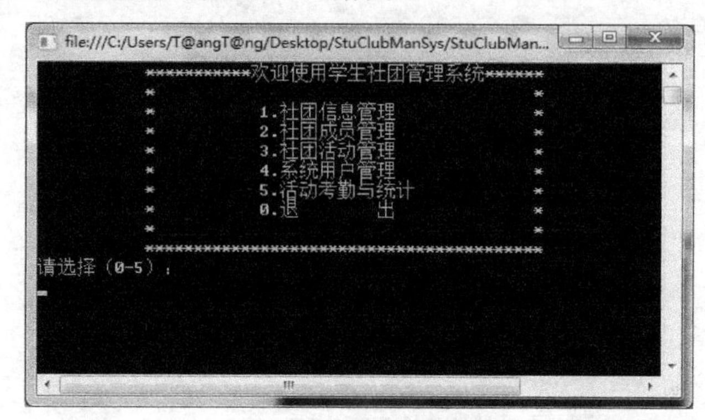

图 2-1-1　系统主菜单

任务分析

本任务将创建一个控制台应用程序，通过C#的输出语句，在屏幕中输出系统菜单。

实现过程

步骤一：新建一个控制台应用程序项目MainMenu。

启动Visual Studio 2010软件，出现如图2-1-2所示的起始页面。

图2-1-2　Visual Studio 2010起始页

步骤二：单击图2-1-2中的“新建项目...”快捷方式，也可以单击“文件”|“新建”|“项目”菜单命令，如图2-1-3和图2-1-4所示。

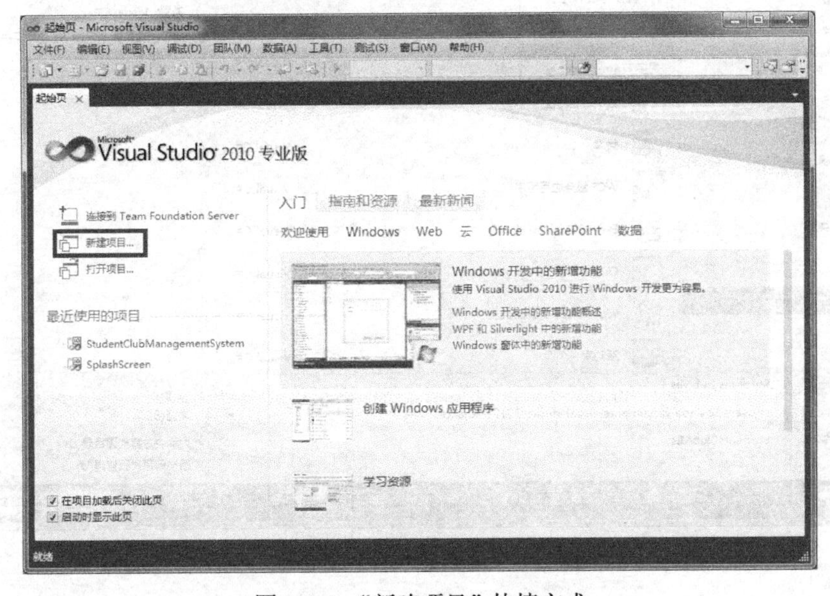

图2-1-3　“新建项目”快捷方式

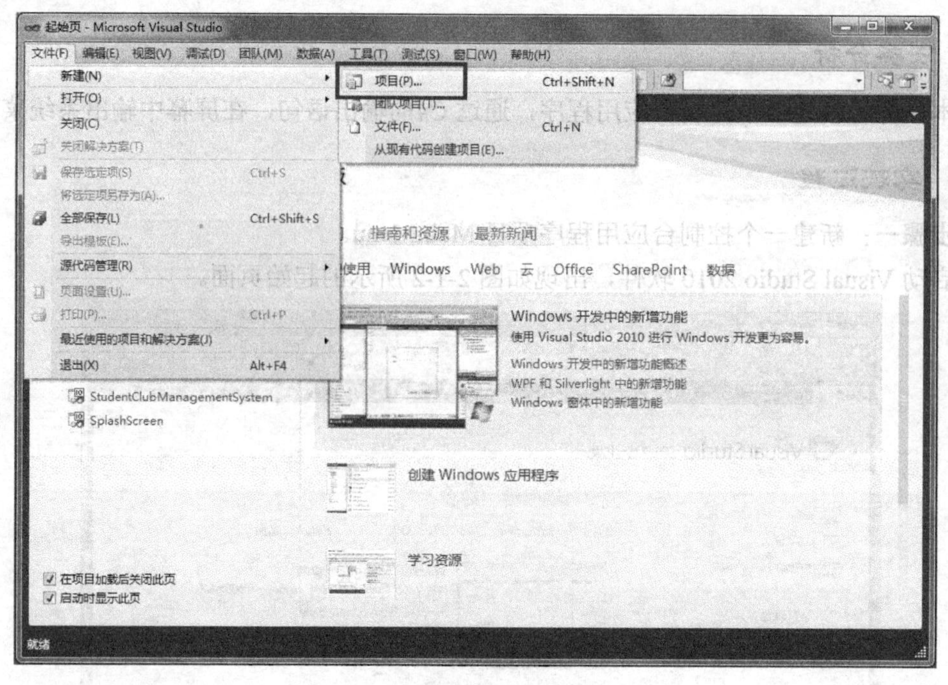

图 2-1-4 “新建项目”菜单命令

步骤三：选择项目类型，输入项目名称，创建项目。

（1）在“已安装的模板”列表中选择 Visual C#，在模板列表中选择“控制台应用程序”。

（2）在名称一栏中输入应用程序项目的名称，选择项目位置并确定，如图 2-1-5 所示。项目建立好之后，界面如图 2-1-6 所示。

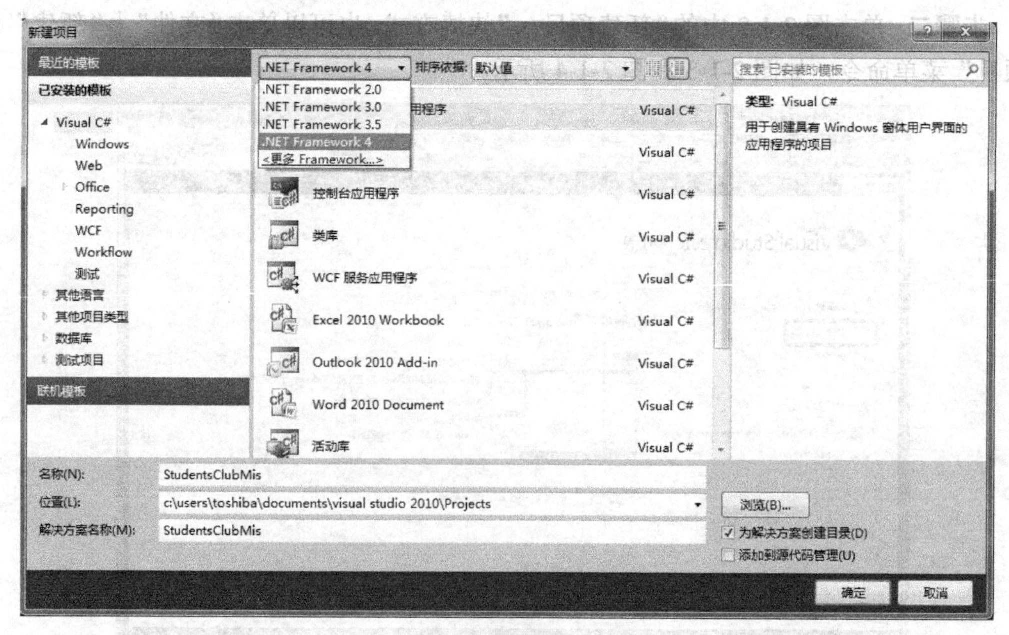

图 2-1-5 “新建项目”对话框

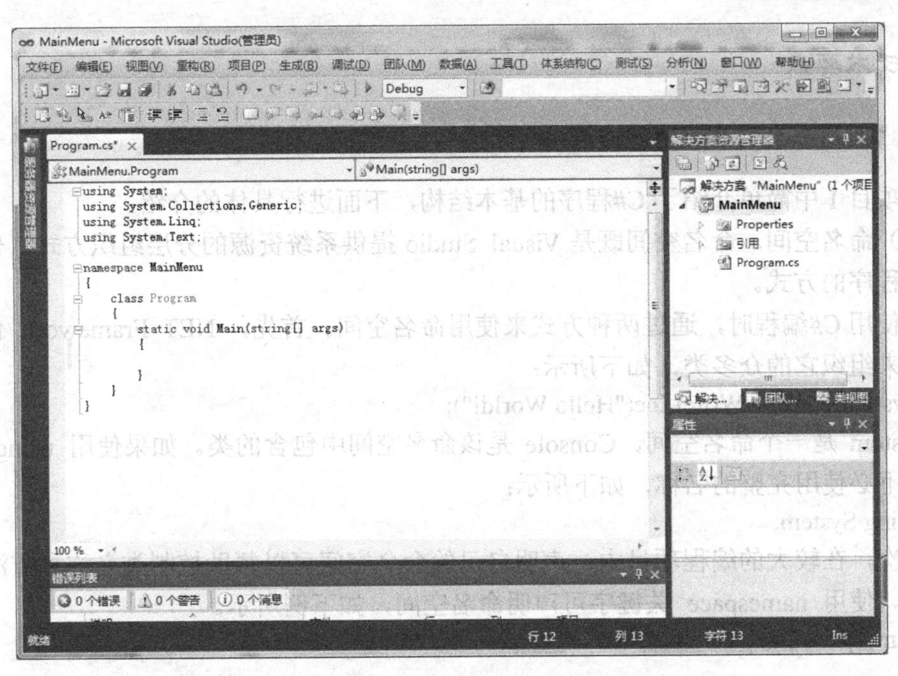

图 2-1-6　Visual Studio 2010 控制台应用程序开发界面

步骤四：在 Main()主方法中编写如下代码，实现系统菜单的打印。

```
1.  Console.WriteLine("           ***********欢迎使用学生社团管理系统******");
2.  Console.WriteLine("           *                                  *");
3.  Console.WriteLine("           *           1.社团信息管理           *");
4.  Console.WriteLine("           *           2.社团成员管理           *");
5.  Console.WriteLine("           *           3.社团活动管理           *");
6.  Console.WriteLine("           *           4.系统用户管理           *");
7.  Console.WriteLine("           *           5.活动考勤与统计         *");
8.  Console.WriteLine("           *           0.退        出           *");
9.  Console.WriteLine("           *                                  *");
10. Console.WriteLine("           ****************************************");
```

步骤五：保存并运行程序，单击“调试”菜单中的“启动调试（F5）”或者工具栏上的 ▶ 按钮，即可运行程序，运行结果如图 2-1-7 所示。

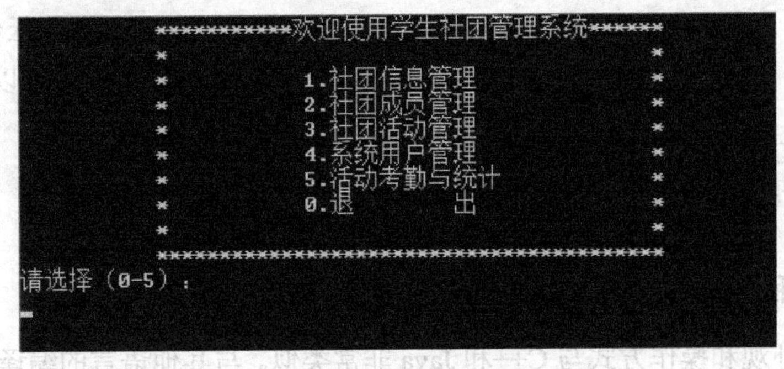

图 2-1-7　运行结果

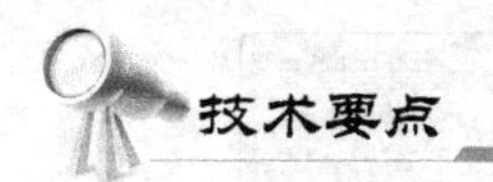

1. 进一步了解 C#程序基本结构

在项目 1 中简单介绍了 C#程序的基本结构，下面进行具体的介绍。

（1）命名空间。命名空间既是 Visual Studio 提供系统资源的分层组织方式，也是分层组织程序的方式。

在使用 C#编程时，通过两种方式来使用命名空间。首先，.NET Framework 使用命名空间来组织它的众多类，如下所示：

```
System.Console.WriteLine("Hello World!");
```

System 是一个命名空间，Console 是该命名空间中包含的类。如果使用 using 关键字，则不必使用完整的名称，如下所示：

```
using System;
```

其次，在较大的编程项目中，声明自己的命名空间可以帮助控制类名称和方法名称的范围。使用 namespace 关键字可声明命名空间，如下例所示。

```
namespace SampleNamespace
{
    class SampleClass
    {
        public void SampleMethod()
        {
            System.Console.WriteLine(
              "SampleMethod inside SampleNamespace");
        }
    }
}
```


（2）Main()方法。Main()方法是程序的入口点，C#程序是从 Main()方法开始执行的。默认情况下，编译器会在类中查找 Main()方法，并使这个类方法成为程序的入口。方法名的第一个字母要大写，否则将不具有入口点的语义。

（3）注释。为了提高程序的可读性，通常应该在程序的适当位置加上一些注释。注释语句用来对程序的代码进行说明，但不参与程序的执行。

C#提供了两种注释方法。

单行注释：每一行中，“//”后面的内容作为注释内容，该方式只对本行生效。

多行注释：在第一行之前使用“/*”，在最后一行之后使用“*/”，可以换行，如

```
/*
这是一个 C#
控制台应用程序
*/
```

2. C#程序基本风格

C#代码的外观和操作方式与 C++和 Java 非常类似。与其他语言的编译器不同，无论代码中是否有空格、回车符或 Tab 字符，C#编译器都不考虑这些字符，这样格式化代码时就有很大的自由度。

C#代码由一系列语句组成，每个语句都由一个分号来结束。C#是一种块结构的语言，所有的语句都是代码块的一部分。这些块用花括号作为界定(“{”和“}”)，代码块可以包含任意多行语句，或者根本不包含语句。所以，简单的C#代码块如下所示：

```
{
        代码行 1;
        代码行 2;
}
```

在这个简单的代码块中，还使用了缩进格式，使C#代码的可读性更高。代码块可以互相嵌套，而被嵌套的块要缩进更多一些。

```
{
        代码行 1;
        代码行 2;
        {
            代码行 3;
            代码行 4;
        }
        代码行 5;
}
```

特别要注意的是，C#代码是区分大小写的。与其他语言不同，必须使用正确的大小写形式输入代码，因为简单地用大写字母代替小写字母会中断项目的编译。

3. 控制台输入/输出

C#程序所完成的在控制台的输入/输出都是通过Console类来实现的，这是.NET框架的运行时库提供的输入/输出服务。在本任务的Main()方法中，有多个相似的语句：

Console.WriteLine("…"); 这些语句的作用是使计算机打印双引号之间的字符串。本任务使用了Console类的最基本的方法WriteLine()，通过该方法实现在输出设备上的输出。Console类还有一个Write()方法，它与WriteLine()方法的不同之处在于前者在输出后多一个回车换行符。Console类通过Read()和ReadLine()实现输入。

拓展学习

1. 命名空间（namespace）

命名空间也称为名称空间，它提供了一种组织相关类的方式。就像在文件系统中用一个文件夹容纳多个文件一样，通过把类放入命名空间可以把相关的类组织起来，并且可以避免命名冲突。命名空间可以包含其他的命名空间。这种划分方法的优点类似于文件夹。与文件夹不同的是，命名空间只是一种逻辑上的划分，而不是物理上的存储分类。例如：

```
namespace StuClubManageSys
{
    namespace MemberManage
    {
        class MyClass
        {
            …
```

```
        }
    }
}
```

类 MyClass 的全名为 StuClubManageSys. MemberManage. MyClass，如果在另一个命名空间下也有类 MyClass，虽然它们名称相同，但它们之间互不影响，互不冲突，是两个完全独立的类。

2. using 指令

使用 using 指令，可以在不使用全名的情况下引用命名空间中的类。例如，上面说到的 Console 类的全名是 System.Console，System 是 Console 类所在的命名空间，可以通过两种方法来使用 Console 类实现输出：一种方法是直接写语句 System.Console. WriteLine("HelloWorld!"); 而另一种方法则是使用 using 指令引用命名空间，代码如下：

```
using System;                    //引用命名空间
class Program
    {
        static void Main(string[] args)
        {
            Console. WriteLine("HelloWorld!");
        }
}
```


本任务即采用了第二种方式。

训练任务

创建一个控制台应用程序，在屏幕上输出“学生社团管理系统”的主界面，运行结果如图 2-1-8 所示。

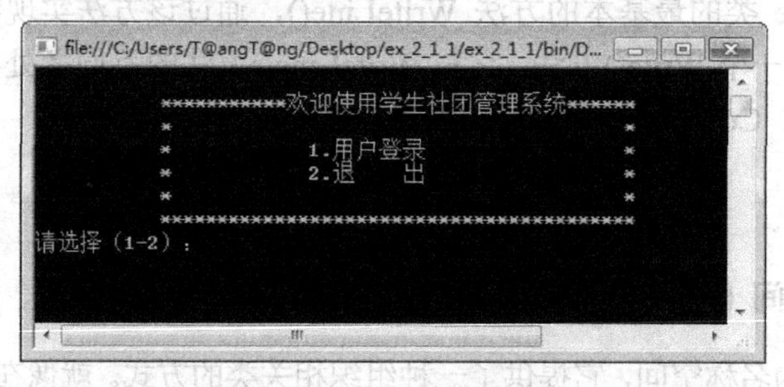

图 2-1-8　运行结果

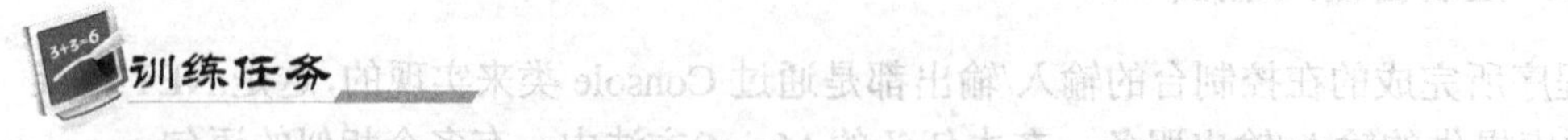

任务 2.2　定义数据类型

任务目标

为了能实现“学生社团管理系统”中对于社团成员的管理功能，必须保存成员的信息，在本任务中，将为社团成员设定基本属性，如学号、姓名、性别、生日等，并把这些信息保存成不同类型的数据，由键盘输入某位社团成员的基本信息并输出显示在屏幕上。

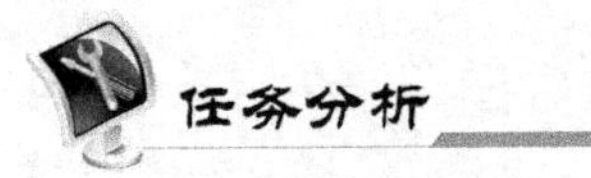

任务分析

社团成员的基本属性包含学号、年级号、系部编号、专业编号、姓名、出生日期、性别、政治面貌（studentid、gradeid、departmentid、professionid、name、birthday、sex、political），不同的属性需要用不同的数据类型来表示，信息的保存需要用变量来实现。

实现过程

步骤一： 新建控制台应用程序 Student。

启动 Visual Studio 2010 软件，单击新建项目，选择控制台应用程序，在名称一栏中输入 Student 并确定，如图 2-2-1 所示。

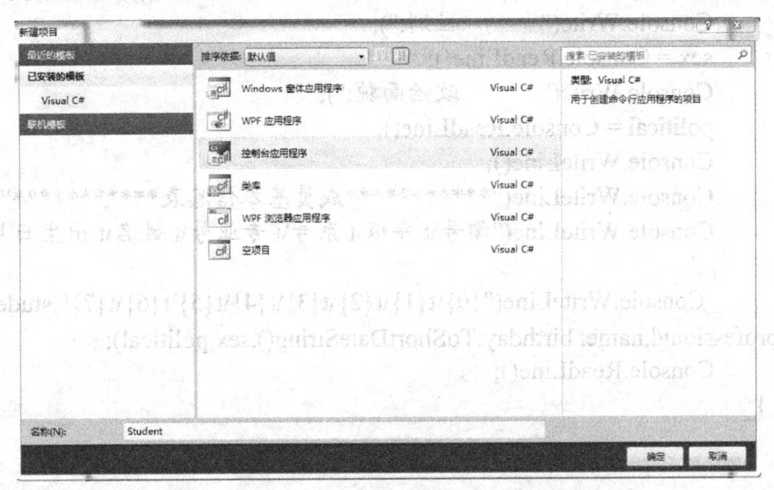

图 2-2-1 “新建项目”对话框

步骤二： 编写代码设置某位社团成员的基本信息，从键盘输入信息并按格式输出。

```
1.  using System;
2.  using System.Collections.Generic;
3.  using System.Linq;
4.  using System.Text;
5.  namespace Student
6.  {
7.      class Program
8.      {
9.          static void Main(string[] args)
10.         {
11.             string studentid;           //声明变量 studentid（学号）为字符串类型
12.             int gradeid;                //声明变量 gradeid（年级编号）为整型类型
13.             int departmentid;           //声明变量 departmentid（系部编号）为整型类型
14.             int professionid;           //声明变量 professionid（专业编号）为整型类型
15.             string name;                //声明变量 name（姓名）为字符串类型
16.             DateTime birthday;          //声明变量 birthday（出生日期）为日期时间型
17.             string sex;                 //声明变量 sex（性别）为字符串类型
18.             string political;           //声明变量 political（政治面貌）为字符串类型
19.             Console.WriteLine("*******录入成员基本信息*******");
```

```
20.                 Console.Write("        学号:");
21.                 studentid = Console.ReadLine();
22.                 Console.Write("        年级:");
23.                 gradeid = int.Parse (Console.ReadLine());
24.                 Console.Write("        系部编号:");
25.                 departmentid = int.Parse(Console.ReadLine());
26.                 Console.Write("        专业编号:");
27.                 professionid = int.Parse(Console.ReadLine());
28.                 Console.Write("        姓名:");
29.                 name =Console.ReadLine();
30.                 Console.Write("        出生日期(如 1995-12-16):");
31.                 birthday = Convert.ToDateTime (Console.ReadLine());
32.                 Console.Write("        性别:");
33.                 sex = Console.ReadLine();
34.                 Console.Write("        政治面貌:");
35.                 political = Console.ReadLine();
36.                 Console.WriteLine();
37.                 Console.WriteLine("***********成员基本信息表***********");
38.                 Console.WriteLine("学号\t 年级\t 系号\t 专业号\t 姓名\t 出生日期\t 性别\t 政
治面貌\t ");
39.                 Console.WriteLine("{0}\t{1}\t{2}\t{3}\t{4}\t{5}\t{6}\t{7}",studentid,gradeid,
departmentid,professionid,name, birthday.ToShortDateString(),sex,political);
40.                 Console.ReadLine();
41.             }
42.         }
43. }
```


步骤三：保存并运行程序，单击调试中的"启动调试（F5）"或者工具栏上的 ▶ 按钮，即可运行程序，运行结果如图 2-2-2 所示。

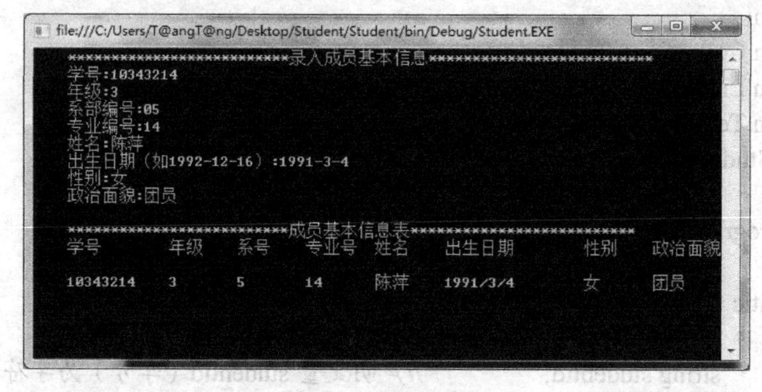

图 2-2-2　运行结果

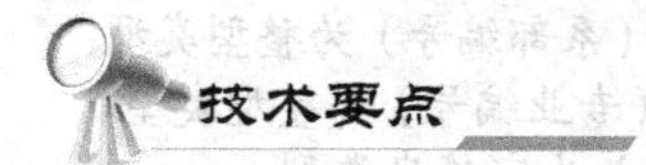

技术要点

1. C#中的基本数据类型

数据是计算机程序处理的对象，也是运算产生的结果。为了更好地处理各类数据，C#定义了多种数据类型，不同的数据类型所占用的存储空间是不同的。C#中的主要数据类型如图 2-2-3 所示。

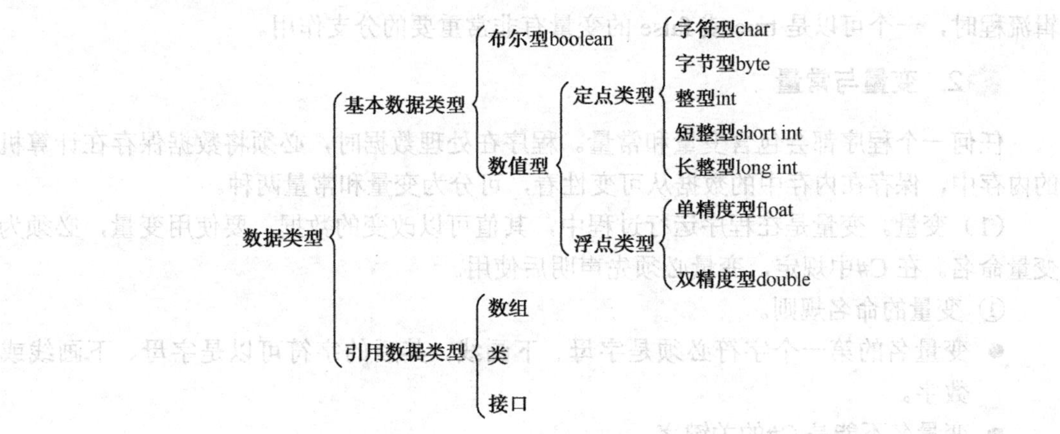

图 2-2-3 C#数据类型

（1）数值类型。

① 整数类型。整数类型分为有符号整数和无符号整数，如表 2-2-1 所示。

表 2-2-1 整数类型

类 型	允 许 的 值
sbyte	在-128～127 的整数
byte	在 0～255 的整数
short	在-32768～32767 的整数
ushort	在 0～65535 的整数
int	在-2147483648～2147483647 的整数
uint	在 0～4294967295 的整数
long	在-9223372036854775808～9223372036854775807 的整数
ulong	在 0～18446744073709551615 的整数

② 实数类型。实数类型有 3 种，如表 2-2-2 所示。

表 2-2-2 实数类型

类 型	数 据 范 围
float	1.5×10^{-45}～3.4×10^{38} 的数
double	5.0×10^{-324}～1.7×10^{308} 的数
decimal	1.0×1^{-28}～7.9×10^{28} 的数

（2）字符类型。字符类型包括单个字符类型与多个字符（字符串）类型，如表 2-2-3 所示。

表 2-2-3 字符类型

类 型	允 许 的 值
char	一个 Unicode 字符，存储 0～65535 的整数
string	一组字符（没有上限，由内存决定）

（3）布尔类型。布尔类型 bool 是 C#中最常用的一种数据类型。当编写应用程序的逻辑流程时，一个可以是 true 或 false 的变量有非常重要的分支作用。

2. 变量与常量

任何一个程序都会包含变量和常量。程序在处理数据时，必须将数据保存在计算机的内存中，保存在内存中的数据从可变性看，可分为变量和常量两种。

（1）变量。变量是在程序运行过程中，其值可以改变的数据，要使用变量，必须为变量命名。在 C#中规定，变量必须先声明后使用。

① 变量的命名规则。

- 变量名的第一个字符必须是字母、下画线，其后的字符可以是字母、下画线或数字。
- 变量名不能是 C#的关键字。

为变量命名可以采用 camelCase 或 PascalCase 方式。

下面的变量采用了 camelCase 命名方式：

```
studentAge
firstName
```


下面是 PascalCase 变量名：

```
StudentAge
FirstName
```

② 声明变量。声明变量就是把存放数据的类型告诉程序，以便为变量安排内存空间。声明变量最简单的格式为：数据类型名称　变量名列表;

例如：

```
string studentid;                //声明变量学号(studentid)为字符串类型;
int gradeid;                     //声明变量年级编号(gradeid)为整型类型;
```

可以一次声明多个变量，例如：

```
bool flag1,flag2;                //声明两个布尔型变量
```

③ 变量赋值。为变量赋值需使用赋值号“=”。

例如：

```
string name;
name="张三";                     //为变量姓名(name)赋值“张三”
name=Console.ReadLine();         //通过键盘输入为变量赋值
```

（2）常量。编写程序代码时经常会反复使用同一个数据值，这时使用常量可以大大提高程序的可读性和易维护性。常量就在程序运行过程中，其值保持不变的量。常量有直接常量和符号常量两种。

① 直接常量。直接常量即数据值本身。

- 数值常量。数值常量就是常数，如 3.14，100。
- 字符常量。字符常量表示单个 Unicode 中的一个字符，字符常量用一对英文单引号界定，如‘F’、‘M’等。

在 C#中，有些字符不直接放在单引号中作为字符常量，需要使用转义符来表示，转义符由反斜杠“\”加字符组成，如“\t”。常见的转义符如表 2-2-4 所示。

表 2-2-4 转义字符

转 义 序 列	产生的字符
\'	单引号
\"	双引号
\\	反斜杠
\0	空
\a	警告（产生蜂鸣）
\b	退格
\f	换页
\n	换行
\r	回车
\t	水平制表符
\v	垂直制表符

- 字符串常量。字符串常量就是用英文双引号括起来的一串字符。这些字符可以是除双引号和回车符、换行符以外的所有字符，如 VS2010、ABC。常将双引号之间没有任何字符的字符串称为空串。
- 布尔常量。布尔常量只有两个值：true 和 false。

② 符号常量。用户定义符号常量是由用户根据需要自行创建的常量。用户定义符号常量使用 const 关键字。

声明常量的语法格式为：const 类型名称 常量名=常量表达式;

例如：const double pi=3.14159;　　　　//将圆周率声明为双精度符号常量 pi

3. 数据类型转换

在本任务中获取社团成员的信息通过键盘输入，程序中使用了 Console 类的 ReadLine()方法来实现。通过该方法返回的数据类型都是字符串类型，用户需要将字符串类型的数据转换成其他的类型，如整型、时间日期类型（DateTime）（关于 DateTime 类型的介绍参见后面的【拓展学习】）。

将数据值从一种数据类型改变为另外一种数据类型的过程称为数据类型转换，在程序设计过程中经常要用到。

数据类型的转换有隐式转换与显式转换两种。

（1）隐式转换。隐式转换是系统自动执行的数据类型转换。隐式转换的基本原则是允许数值范围小的类型向数值范围大的类型转换，允许无符号整数类型向有符号整数类型转换。

（2）显式转换。显式转换也叫强制转换，是在代码中明确指示将某一类型的数据转换为另一种类型。显式转换的一般格式为：（数据类型名称）数据

例如：

```
int x=600;        short z=(short)x;
```

显式转换中可能导致数据的丢失，例如：

decimal d=234.55M;　　int x=(int)d;

（3）使用特定方法进行数据类型转换。

① Parse 方法。Parse 方法可以将特定格式的字符串转换为数值。Parse 方法的使用格式为：数值类型名称.Parse(字符串型表达式)

例如：int x=int.Parse("123");

② ToString 方法。ToString 方法可将其他数据类型的变量值转换为字符串类型。ToString 方法的使用格式为：变量名称.ToString()

例如：int x=123;　　string s=x.ToString();

（4）使用 Convert 类进行数据类型的转换，如表 2-2-5 所示。

表 2-2-5　数据类型转换常用方法

方法格式	示　例	示例结果
Convert.ToBoolean（字符串）	Convert.ToBoolean("false")	布尔型常量 false
Convert.ToChar（数值型）	Convert.ToChar(97)	a（小写字母 a 的 ASCII 值为 97）
Convert.ToDateTime（日期格式字符串）	Convert.ToDateTime("2012-1-1")	2012-1-1
Convert.ToDouble（数字字符串）	Convert.ToDouble("123.45")	123.45
Convert.ToString（各种类型数据）	Convert.ToString (123)	"123"(将数值转换成字符串)

【代码解读】

第 11～18 行：声明变量。

第 19～20 行：在屏幕上输出提示信息。

第 21 行：通过键盘输入语句 Console.ReadLine()对变量赋值，通过该方法返回的数据类型都是字符串类型。

第 23 行：将字符串转换为整数类型的数据。

第 31 行：将字符串转换为日期时间类型的数据。

第 39 行：将 7 个变量的值输出。

第 40 行：暂停代码的执行，等待用户输入。

拓展学习

1. 转义字符的使用

我们需要输出字符串"d:\student.cs"，如果直接执行语句 Console.WriteLine("d:\student.cs");，程序会报错，因为在输出的字符串中包含了反斜杠，如果需要输出反斜杠，必须转义字符，即两个反斜杠 "\\"，上面的语句应改为 Console.WriteLine("d:\\student.cs");，类似的还有 "\'"、"\""

2. 输出文本使用技巧

Console.WriteLine()语句用于文本的输出，在括号中可以有两类参数（见程序第 39 行），一个字符串，一个用逗号分隔开的变量列表，这些变量的值将插入到输出字符串中。每个占位符用包含在花括号中的一个整数来表示。整数以 0 开始，每次递增 1，占位符的总数应等于列表中指定的变量数，该列表用逗号分隔开，跟在字符串后。把文件输出到控件台时，每个占位符就会用每个变量的值为替代。例如：

```
Console.WriteLine("请输入您的姓名：");          //提示用户输入
string  name=Console.ReadLine();               //接受用户输入
Console.WriteLine("欢迎您，{0}!", name);       //输出信息
```

程序段的输出结果如图 2-2-4 所示。

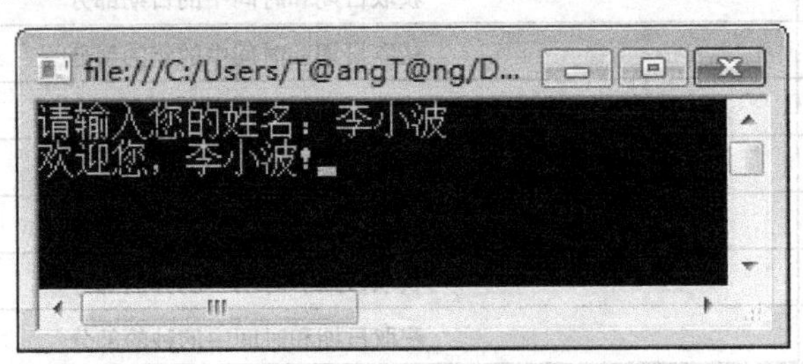

图 2-2-4　运行结果

3. 命名空间的进一步理解

前面提到，命名空间是 Visual Studio 提供系统资源的分层组织方式，命名空间有两种，一种是系统命名空间，一种是用户自定义命名空间。可以使用 namespace 关键字为花括号中的代码块显式定义命名空间。如果在该命名空间代码的外部使用命名空间中的名称，就必须写出该命名空间中的限定名称。限定名称包括它所有的继承信息，限定名称在不同的命名空间级别之间使用句点字符（.）。创建了命名空间后，就可以使用 using 语句简化对它们包含的命名的访问。

回过头来看看前面 Student 中的代码，下面的代码被应用到命名空间上：

```
using System;
using System.Collections.Generic;
using System.Linq;
using System.Text;
namespace Student
{
    …
}
```

以 using 关键字开头的 4 行代码声明在这段 C#代码中使用 System、System.Collections.Generic、System.Linq 和 System.Text 命名空间空间，它们可以在该文件的所有命名空间中访问，System 是.NET Framework 应用程序的根命名空间，最后为应用程序代码本身声明一个命名空间 Student。

4. DateTime 类型

时间日期（DateTime）类型主要用来处理时间和日期。在应用软件的开发中经常需要获取日期和时间并进行相关运算，下面简要介绍一下这种类型的使用方法。

DateTime 的常用属性罗列在表 2-2-6 中。

表 2-2-6　DateTime 类属性

属　　性	说　　明
Now	获取系统的当前日期和时间
Today	获取系统的当前日期
Date	获取日期和时间中的日期部分
Year	获取日期和时间中的年的部分
Month	获取日期和时间中的月的部分
Day	获取日期和时间中的日的部分
Hour	获取日期和时间中的时的部分
Minute	获取日期和时间中的分的部分
Second	获取日期和时间中的秒的部分

```
//声明一个日期时间变量，并赋予系统当前时间日期
DateTime dt=System.DateTime.Now;
//访问 Year 属性，获取 dt 对象中的年份
Console.WriteLine( "今年是：{0}年。", dt.Year);
```


代码运行结果，在屏幕中显示："今年是 2014 年。"

DateTime 类常用的方法有：AddYears()、AddMonths()、AddDays()、AddHours()、AddMinutes()、AddSeconds()。使用这些方法可以在日期时间值中分别实现对年、月、日、时、分和秒的加或减运算，例如：

```
//显示明天和昨天的日期
Console.WriteLine( "明天的日期是：{0}。", DateTime.Today.AddDays(1) );
Console.WriteLine( "昨天的日期是：{0}。", DateTime.Today.AddDays(-1) );
//从现在开始计算，2 小时 30 分之后的时间
Console.WriteLine(DateTime.Now.AddHours(2.5).ToLongTimeString());
```

上述代码中的 ToLongTimeString()方法表示将时间显示为长时间格式，长时间格式可显示时、分和秒。相似的方法还有显示短时间方法 ToShortTimeString()、显示长日期和短日期方法 ToLongDateString()和 ToShortDateString()。例如：

```
//声明一个日期时间对象，并赋予系统当前时间日期
DateTime dt=System.DateTime.Now;
//调用 ToShortDateString 方法，显示 dt 对象中日期部分
Console.WriteLine("今天的日期是：{0}。", dt. ToShortDateString());
```

运行结果显示："今天的日期是：2014-8-1"，如果使用长日期，运行结果将显示："今天的日期是：2014 年 8 月 1 日"。

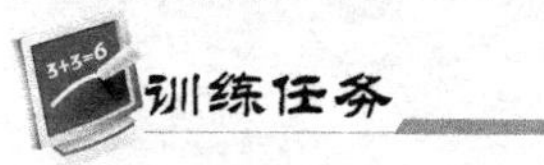

训练任务

1．创建一个控制台应用程序，要求用户输入两个整型数据，并显示它们的乘积，运行结果如图 2-2-5 所示。

2．创建一个控制台应用程序，要求用户输入三角形的三条边，求出三角形的面积，运行结果如图 2-2-6 所示。

3．创建一个控制台应用程序，要求输入某个学生的基本信息，并显示该学生的信息（信息包含姓名、学号、家庭地址、联系电话、出生日期，数据类型自定）。

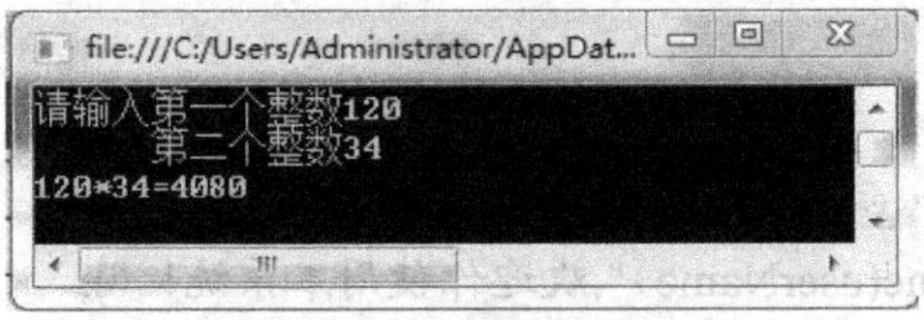

file:///C:/Users/Administrator/AppDat...
请输入第一个整数120
　　第二个整数34
120*34=4080

图 2-2-5　运行结果

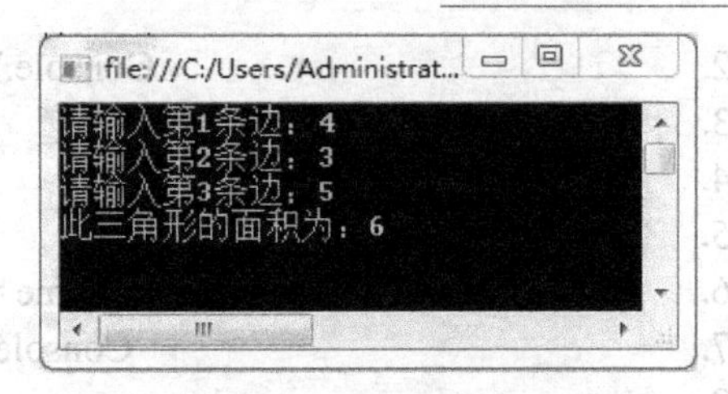

图 2-2-6　运行结果

任务 2.3　模拟用户登录

任务目标

在进入系统之前，为了确保用户的合法性，一般都需要进行用户登录。在本任务中，将学会如何使用分支语句（if 语句）实现用户登录的基本功能（用户分为普通用户和管理员，这里假设管理员的用户名为和密码均为 Admin，普通用户的用户名和密码分别均为 User）。

实现过程

步骤一：新建控制台项目 Login。

单击“新建项目”，选择控制台应用程序，在对话框名称一栏中输入文件名 Login 并确定。

步骤二：编写代码，实现用户登录的基本功能。

```
1.  namespace Login
2.  {
3.      class Program
4.      {
5.          static void Main(string[] args)
6.          {
7.              Console.WriteLine("            1 管理员");
8.              Console.WriteLine("            2 普通用户");
9.              Console.Write("            请选择用户类型(1,2):");
10.              string key = Console.ReadLine();
11.              if (key == "1" || key == "2")   //如果选择的是 1 或 2 将执行以下语句块
12.              {
13.                  Console.Write("请输入用户名：");
14.                  string userName = Console.ReadLine();
15.                  Console.Write("      密码：");
16.                  string userPass = Console.ReadLine();
17.                  if (key == "1")
18.                  {
19.                      if (userName == "Admin" && userPass == "Admin")
20.                          Console.WriteLine("{0},欢迎您使用本系统！", userName);
21.                      else
```

```
22.                     Console.WriteLine("用户名或密码错！");
23.                 }
24.                 if (key == "2")
25.                 {
26.                     if (userName == "User" && userPass == "User")
27.                         Console.WriteLine(userName+",欢迎你使用本系统！");
28.                     else
29.                         Console.WriteLine("用户名或密码错！");
30.                 }
31.             }
32.             else
33.                 Console.WriteLine("输入有误！");    //输入不为 1 或 2 将提示出错
34.             Console.ReadLine();
35.         }
36.     }
37. }
```

步骤三：保存并运行程序。

单击调试中的“启动调试（F5）”或者工具栏上的 ▶ 按钮，即可运行程序，以管理员的身份登录，输入合法的用户名及密码，运行结果如图 2-3-1 所示。

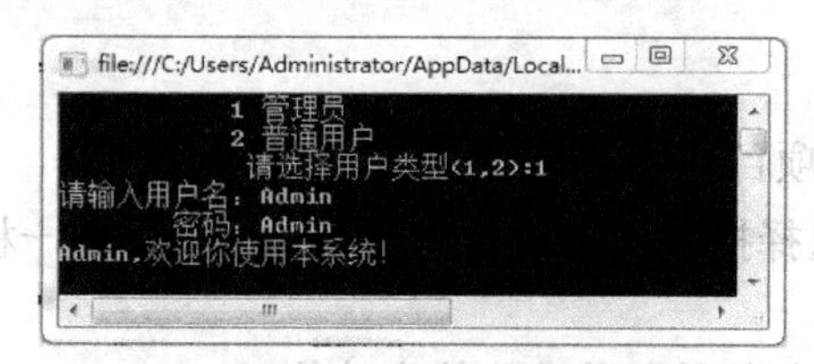

图 2-3-1　用户登录运行结果

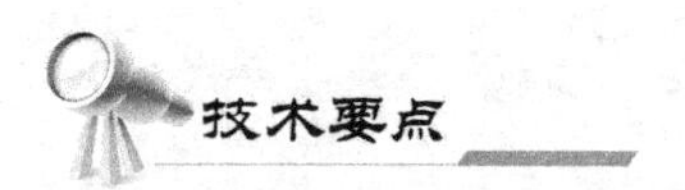

1. 运算符和表达式

C#中表达式类似于数学运算中的表达式，是由运算符、操作对象和标点符号连接而成的式子。运算符有两个特性：优先级和结合性。优先级规定了优先级高的运算先执行，优先级低的运算后执行，在相同优先级的情况下，结合决定运算的顺序，左结合的从左往右算，右结合的从右往左算。

（1）运算符的分类。根据运算符作用的操作数个数来划分运算符的类型，C#中有 3 种类型的运算符。

① 一元运算符。一元运算符作用于一个操作数据，包括前缀运算符和后缀运算符。

② 二元运算符。二元运算符作用于两个操作数据，使用时在操作数中间插入运算符。

③ 三元运算符。C#中仅有一个三元运算符“？:”，三元运算符作用于 3 个操作数，使用时在操作数中间插入运算符。

例如：

```
int x=1,y=2,z=3;
x++;                    //后缀一元运算符，运行后 x 的值为 2
--y;                    //前缀一元运算符，运行后 y 的值为 1
```

```
z=z*3;                //二元运算符，运行后 z 的值为 9
x=(z>0?1:0);          //三元运算符，运行后 x 的值为 1
```

各运算符的作用和用法，如表 2-3-1 所示。

表 2-3-1　各运算符的作用和用法

类　别	运　算　符	示例表达式	结　果
算术运算符	+	Var1=Var2+Var3	Var1 的值等于 Var2 与 Var3 的和（如果 Var2 和 Var3 是字符串，则 Var1 等于 Var2 和 Var3 这两个字符串的连接）
	-	Var1=Var2-Var3	Var1 的值等于 Var2 与 Var3 的差
	*	Var1=Var2*Var3	Var1 的值等于 Var2 与 Var3 的乘积
	/	Var1=Var2/Var3	Var1 的值等于 Var2 除以 Var3 的商
	%	Var1=Var2%Var3	Var1 的值等于 Var2 除以 Var3 的余数
	++	Var1=++Var2	Var1 的值等于 Var2+1，Var2 递增 1
	--	Var1=Var2--	Var1 的值等于 Var2，Var2 递减 1
三元运算符	?：	Var1=(Var2>0?1：0)	如果 Var2>0 的条件成立 Var1=1，否则 Var1=0
成员访问运算符	.	数据结构.成员	用于访问数据结构的成员
赋值运算符	=	Var1=Var2	Var1 的值等于 Var2(Var2 已赋值)
逻辑运算符	&&	Var1=Var2&&Var3	如果 Var2 和 Var3 都是 true，Var1 的值为 true，否则为 false(逻辑与)
	||	Var1=Var2||Var3	如果 Var2 或 Var3 都是 true，Var1 的值为 true，否则为 false(逻辑或)
	!	Var1=!Var2	如果 Var2 是 true，Var1 的值为 false，如果 Var2 是 false，Var1 的值为 true (逻辑非)
	()	Var1=(int)Var2	将 Var2 强制转换为整型

（2）关系运算符。关系运算符包括>（大于）、>=（大于等于）、<（小于）、<=（小于等于）、==（等于）、!=（不等于）。

例如：Var1==Var2;　　　　//Var1 等于 Var2

　　　Var1!=Var2;　　　　//Var1 不等于 Var2

（3）运算符的优先级。在计算表达式时，每个运算符都会按顺序处理。但这并不意味着从左到右地运行这些运算符，需按照运算符的优先级从高到低运行。例如：Var1=(Var2+Var3)*Var4
其中，括号的优先级最高，先计算括号内两数据相加和，乘号的优先级比赋值号高，再计算乘法，最后执行赋值语句，将结果赋给 Var1。

C#中运算符优先级如表 2-3-2 所示，优先级相同的运算符按照从左到右的顺序计算。

表 2-3-2　运算符的优先级（从高到低）

类　别	运　算　符
一元运算符	+（取正）、-（取负）、!、++x、--x
乘除求余运算符	*、/、%
加减运算符	+、-
关系运算符	<、>、<=、>=
关系运算符	==、!=

续表

类　别	运　算　符
逻辑与运算符	&&
逻辑或运算符	‖
条件运算符	？：
赋值运算符	=、*=、/=、+=、-=、

2. 顺序结构

顺序结构是指程序的执行按照语句行的先后次序、自上而下地进行，不遗漏任何代码。如果所有的应用程序都这样执行，那么程序的功能就很简单了。

3. 选择结构

选择结构是控制下一步要执行哪些代码的过程。要跳转到的代码行由某个条件语句来控制。这个条件语句使用布尔逻辑，用一个或多个可能的值对测试值进行比较。在本任务中，程序要根据用户的输入有选择性地执行相应语句，因此使用了表示选择结构的if语句，下面介绍其使用方法。

if语句的功能比较多，是进行决策的有效方式。if语句有3种格式。

格式一：

```
if (表达式)
    语句块 1;
```

这种格式只需要判定某种条件是否成立，成立时才执行语句块 1，不成立时不做处理。这种形式被称为非对称的if语句。

格式二：

```
if (表达式)
    语句块 1;
else
    语句块 2;
```

这种格式先判断条件是否成立，条件成立时执行语句块 1，条件不成立时执行执行语句块2。这种形式也被称为对称的if语句。

格式三：

```
if (表达式一)
    语句块 1;
elseif(表达式二)
    语句块 2;
else
    语句块 3;
```

这种格式的if语句适用于存在两种以上的可能情况，先判断表达式一是否成立，如果成立则执行语句块 1，如果表达式一不成立，再判断表达式二是否成立，如果表达式二成立则执行语句块2，如果都不成立，则执行语句块3。

【代码解读】

第7～10行：实现了一个小型菜单的基本功能。

第11行：根据选择的用户类型，设置逻辑条件，应使用逻辑或，判断字符串是否相等，应使用关系运算符等于（==）。

第 24 行：可以使用 else if，也可以直接使用 else，因为只有两种情况。

第 27 行：使用了字符串连接符号“+”用于完整信息的输出。

拓展学习

1. 对称的 if 语句与三元运算符

如果要将 Var1 和 Var2 之间较大的值赋给变量 Max，使用 if 的第二种格式应用下面的代码实现：

```
if (Var1>Var2)
    Max=Var1
else
    Max=Var2
```

如果使用三元运算符也可以实现以上的功能：

```
Max=(Var1>Var2? Var1:Var2)
```

2. 字符串连接符

前面我们讲过，使用 Console.WriteLine()语句用于文本的输出，可以使用参数，其实也可以使用字符串连接符号（+），直接输出整个字符串的值，不用参数。读者可以对比程序的 20 行与 27 行，加深理解。

训练任务

1. 创建一个控制台应用程序，要求用户输入两个整型数据，求出这两个数的较小数，运行结果如图 2-3-2 所示。

创建一个控制台应用程序，根据性别，身高及体重，显示身高体重比是否正常。计算公式如下：

身高和体重比例正常范围：|身高-105-体重|<=2　（男性）

|身高-110-体重|<=2　（女性）

运行结果如图 2-3-3 所示。

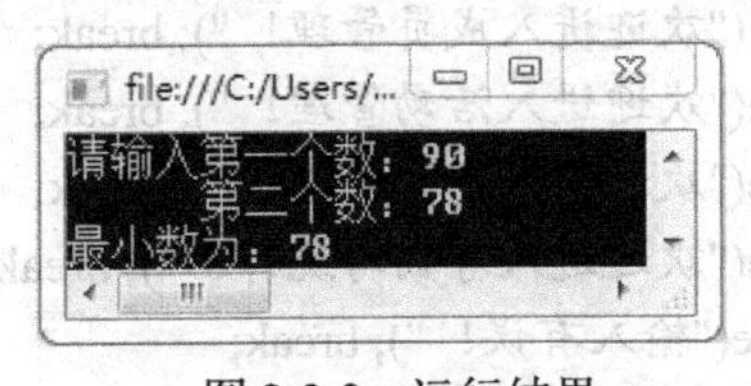

图 2-3-2　运行结果

图 2-3-3　运行结果

任务 2.4　选择菜单

任务目标

为了能实现“学生社团管理系统”中各种各样的管理功能，一般都是通过系统菜单来实现的。在本任务中，将在任务 2.1 的基础上，学会如何使用多分支语句实现菜单选择的基本功能（主菜单包括社团信息管理、社团成员管理、活动管理、用户管理、活动考勤与统计五大功能）。

实现过程

步骤一：打开任务 2.1 中创建的控制台应用程序 MainMenu。

步骤二：编写代码，程序根据用户选择，作出响应。

```
1.  namespace MainMenu
2.  {
3.      class Program
4.      {
5.          static void Main(string[] args)
6.          {
7.              Console.WriteLine(" ***********欢迎使用学生社团管理系统********");
8.              Console.WriteLine(" *                                          *");
9.              Console.WriteLine(" *          1.社团信息管理                   *");
10.             Console.WriteLine(" *          2.社团成员管理                   *");
11.             Console.WriteLine(" *          3.社团活动管理                   *");
12.             Console.WriteLine(" *          4.系统用户管理                   *");
13.             Console.WriteLine(" *          5.活动考勤与统计                 *");
14.             Console.WriteLine(" *          0.退        出                   *");
15.             Console.WriteLine(" *                                          *");
16.             Console.WriteLine(" ********************************************");
17.             Console.Write("         请选择： （0-5)");
18.             int key =int.Parse ( Console.ReadLine());
19.             switch (key)
20.             {
21.                     case 0: Console.WriteLine("谢谢使用！ "); break;
22.                     case 1: Console.WriteLine("欢迎进入社团管理！ "); break;
23.                     case 2: Console.WriteLine("欢迎进入成员管理！ "); break;
24.                     case 3: Console.WriteLine("欢迎进入活动管理！ "); break;
25.                     case 4: Console.WriteLine("欢迎进入用户管理！ "); break;
26.                     case 5: Console.WriteLine("欢迎进入考勤与统计！ "); break;
27.                     default: Console.WriteLine("输入有误！ "); break;
28.              }
29.              Console.ReadLine();
30.         }
31.     }
32. }
```

步骤三：保存并运行程序，单击调试中的“启动调试（F5）”或者工具栏上的 ▶ 按钮，即可运行程序，运行结果如图 2-4-1 所示。

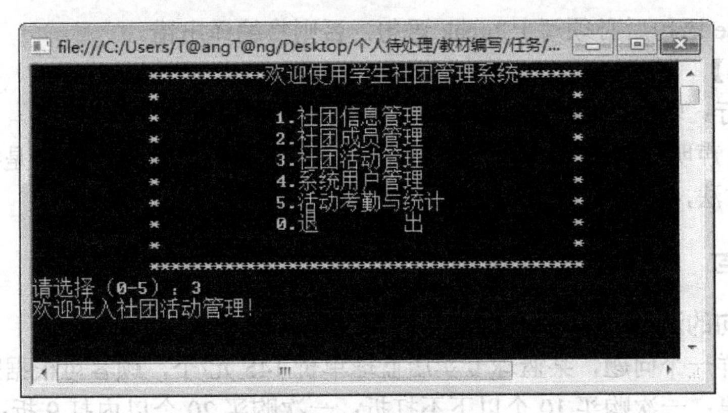

图 2-4-1 运行结果

技术要点

多分支语句 switch

switch 语句非常类似于 if 语句，它也是根据测试的值有条件地执行代码，但 switch 语句可以一次将测试变量与多个值进行比较，而不是仅测试一个条件，所以又叫多分支语句。

switch 语句的基本结构如下：

```
switch (测试变量)
{
    case 常量 1:语句块 1;break;
    case 常量 2:语句块 2;break;
    …
    case 常量 n:语句块 n;break;
    default: 语句块 n+1; break;
}
```

switch 语句的执行过程是：将 switch 后测试变量的值与 case 后的各个常量进行比较，转到值相等的那个 case 标号后的语句执行，执行过程中一旦遇到 break 语句就跳出 switch 语句；如果无一值相等，则执行 default 后的语句块 n+1；如果既无一值相等又没有 default，则不执行 switch 中任何语句。例如：

```
string weekday=Console.ReadLine();
switch (weekday)
{
    case "Monday":Console.Write("星期一");break;
    case "Tuesday": Console.Write("星期二");break;
    case "Wednesday": Console.Write("星期三");break;
    case "Thursday": Console.Write("星期四");break;
    case "Friday": Console.Write("星期五");break;
    case "Saturday": Console.Write("星期六");break;
    case "Sunday": Console.Write("星期日");break;
    default: Console.Write("输入有误！"); break;
}
```

从键盘输入字符串 Tuesday，将输出“星期二”。与 C 语言不同的是，C#中的 switch

语句的每个 case 语句后必须写上 break 语句，否则将编译出错。

【代码解读】

第 7～16 行：输出菜单。

第 18 行：声明 key 为整型变量，而 Console.ReadLine()语句获取的是字符串，因此使用了 Parse 方法，将字符串转换成整型。

拓展学习

switch 语句的测试变量

如果有这样一个问题，某篮球专卖店篮球单价 145 元/个，顾客可根据购买数量享受不同折扣的优惠：一次购买 10 个以下不打折；一次购买 20 个以内打 9 折；一次购买 30 个以内打 8 折；一次购买 40 个以内打 7 折；一次购买超过 40 个（含 40 个）一律按 65 元/个。如果用 switch 语句来实现？

要解决这个问题，无非就是要写好测试变量的表达式，可以用下面的方法来实现：

```
int count;                        //声明变量 count，用来存放购买的篮球数量
double money=145*count;           //声明变量 money，用来存放购买篮球的总金额
switch (count/10)
{
    case 1: money= money *0.9; break;
    case 2: money= money *0.8; break;
    case 3: money= money *0.7; break;
    default: money=65*count; break;
}
```


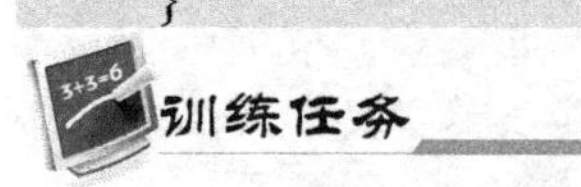

训练任务

1. 一年四季，按照农历一般规定 1～3 月为春季，4～6 月为夏季，7～9 月为秋季，10～12 月为冬季，创建一个控制台应用程序，实现当输入农历月份（1～12）时，输出对应的季节，运行结果如图 2-4-2 所示。

2. 某航空公司规定：根据月份与订票张数决定机票价格的优惠率，在旅游的旺季 7～9 月份，订票超过 20 张，票价优惠 15%，20 张以下，优惠 5%；在旅游的淡季 1～5 月、10 月、11 月，如果订票数超过 20 张，票价优惠 30%，20 张以下，优惠 20%；其他情况一律优惠 10%。运行结果如图 2-4-3 所示。

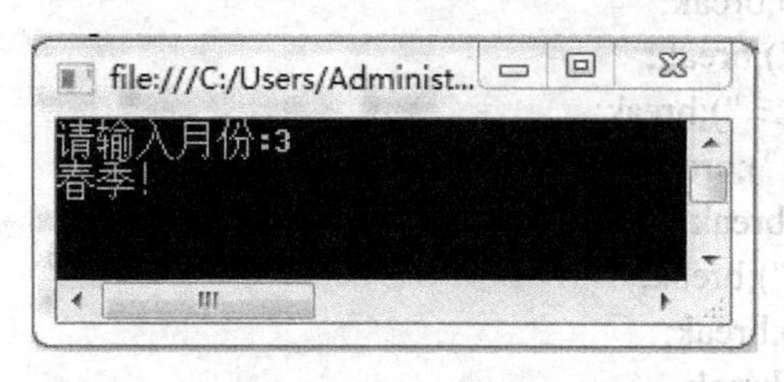

图 2-4-2　运行结果

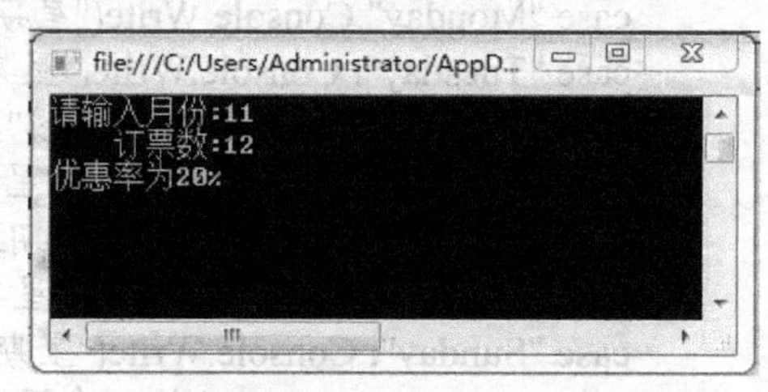

图 2-4-3　运行结果

任务 2.5 浏览成员信息

任务目标

一个社团中往往有很多成员，本任务中实现对批量成员信息的保存，并将它们显示在屏幕上。每个成员的信息包括学号、年级号、系部编号、专业编号、姓名、出生日期、性别、政治面貌等。

任务分析

一个成员的信息包含学号、姓名等许多项，使用结构体类型可以将这些信息集中成一个整体，而批量数据的保存可以通过数组来实现，最后通过循环语句将这些成员的信息显示在屏幕上。

实现过程

步骤一：新建控制台应用程序 StudentList。

单击“新建项目”，选择控制台应用程序，在名称一栏中输入 StudentList 并确定。

步骤二：在命名空间 StudentList 中编写代码，创建表示社团成员的结构体 ClubStudent。

```
1.      public struct ClubStudent                  //声明结构体类型 ClubStudent
2.      {
3.          public string studentid;               //学号
4.          public int gradeid;                    //年级编号
5.          public int departmentid;               //系部编号
6.          public int professionid;               //专业编号
7.          public string name;                    //姓名;
8.          public DateTime birthday;              //出生日期;
9.          public string sex;                     //性别
10.         public string political;               //政治面貌
11.     }
```

步骤三：编写代码，实现社团成员信息浏览的基本功能。

```
1.  namespace StudentList
2.  {
3.      …                                              // ClubStudent 结构体定义
4.    class Program
5.    {
6.      static void Main(string[] args)
7.      {
8.          ClubStudent[] st=new ClubStudent[3];         //声明一个结构体数组
9.          st[0].studentid = "103431201";
10.         st[0].gradeid = 10;
11.         st[0].departmentid = 10;
12.         st[0].professionid = 14;
```

```
13.         st[0].name = "陈萍";
14.         st[0].birthday = Convert.ToDateTime("1991-3-4");
15.         st[0].sex = "女";
16.         st[0].political = "团员";
17.         st[1].studentid = "103431210";
18.         st[1].gradeid = 10;
19.         st[1].departmentid = 10;
20.         st[1].professionid = 14;
21.         st[1].name = "冯强";
22.         st[1].birthday = Convert.ToDateTime("1991-4-4");
23.         st[1].sex = "男";
24.         st[1].political = "团员";
25.         st[2].studentid = "103431101";
26.         st[2].gradeid = 10;
27.         st[2].departmentid = 10;
28.         st[2].professionid = 14;
29.         st[2].name = "王玲";
30.         st[2].birthday = Convert.ToDateTime("1991-5-4");
31.         st[2].sex = "女";
32.         st[2].political = "团员";
33.         Console.WriteLine("**********社团成员基本信息表***********: ");
34.         Console.WriteLine("学号\t 年级\t 系部编号\t 专业编号\t 姓名\t 出生日期\t 性别\t 政
治面貌");
35.         for (int i = 0; i < st.Length; i++)         //使用 for 循环输出社团成员信息
36.         {
37.          Console.Write(st[i].studentid + "\t" + st[i].gradeid + "\t" +st[i].departmentid + "\t" +
st[i].professionid + "\t"+ st[i].name + "\t" + st[i].birthday.ToShortDateString() + "\t" + st[i].sex
38.  + "\t" + st[i].political + "\n");
39.          }
40.         Console.ReadLine();
41.      }
42.   }
43. }
```

步骤四：保存并运行程序，单击调试中的“启动调试（F5）”或者工具栏上的 ▶ 按钮，即可运行程序，运行结果如图 2-5-1 所示。

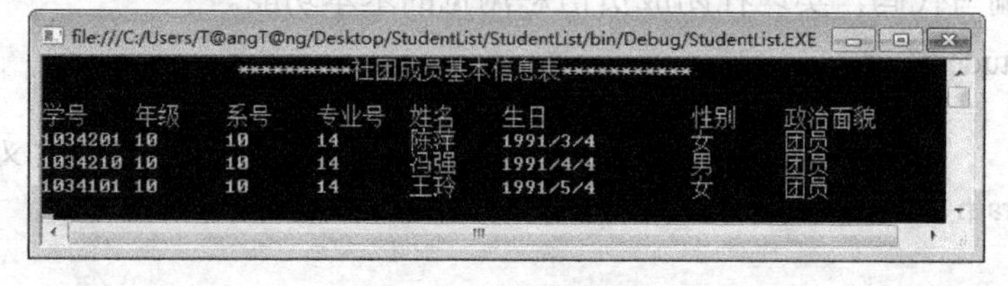

图 2-5-1 运行结果

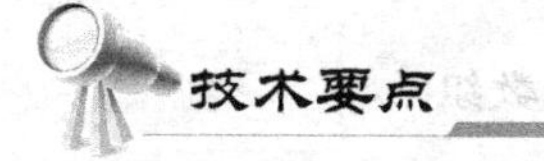

1. 循环语句

循环就是重复执行一些语句。这个技术使用起来非常方便，因为可以对操作重复任意多次，无须每次都编写相同的代码。C#中提供了 4 种循环语句：for 循环、while 循环、do…while 循环和 foreach 循环。

（1）for 循环语句。for 循环可以执行指定的次数，并维护自己的计数器。

① for 循环的语法格式：

```
for(循环初始值; 循环条件; 改变循环变量的值)
```

② for 循环语句的使用。

要循环输出 1～10 的值，代码如下：

```
int i;                    //声明循环变量 i
for (i=1;i<=10;i++)       //循环变量的初始值为 1，每次递增 1，到大于等于 10 循环结束
{
    Console.WriteLine(i);
}
Console.ReadLine();
```

（2）while 循环。while 循环用于循环次数未知的情况，在进入循环时先判断循环条件，当循环条件满足时，进入循环，否则退出循环。

① while 循环的语法格式：

```
while(条件表达式)
{
循环语句序列
}
```

② while 循环语句的使用。

例如，将十进制整数转换成二进制整数，代码如下：

```
Console.Write("请输入十进制数: ");
int[] array = new int[100];     //创建数组
int i = 0;
int x = int.Parse (Console.ReadLine());
while (x > 0)
{
    array[i] = x % 2;             //将除以 2 的余数存放在数组中，用于输出
    x = x / 2;                    //将除以 2 的商作为下一次的被除数
    i++;                          //数组下标递增 1
}
i--;
Console.Write("二进制数为: ");
while (i >= 0)
{
    Console.Write(array[i--]);  //逆向输出所对应的二进制数
}
```

（3）do…while 循环。do…while 循环也用于不知道循环次数的情况，和 while 循环不同的是，do…while 循环是在循环体结束时对循环条件进行测试。

① do…while 循环的语法格式：

```
do
{
    循环语句序列
} while(条件表达式);
```

② do…while 循环语句的使用。

将上面的例子用 do…while 改写，代码如下：

```
Console.Write("请输入十进制数: ");
int[] array = new int[100];
int i = 0;
int x = int.Parse(Console.ReadLine());
do
{
        array[i] = x % 2;              //将除以 2 的余数存放在数组中，用于输出
        x = x / 2;                     //将除以 2 的商作为下一次的被除数
        i++;                           //数据下标递增 1
} while (x > 0);                       //注意与 while 条件的区别
 i--;
 Console.Write("二进制数为: ");
 do
 {
            Console.Write(arr[i--]);    //逆序输出所对应的二进制数
} while (i >= 0);
```


（4）foreach 循环。foreach 循环可以使用一种简单的语法来定位数组和集合中的每个元素。

① foreach 循环的语法格式：

```
foreach(类型 变量名 in 表达式)
{
循环语句序列
}
```

② foreach 循环语句的使用：

```
int[] arr = { 1, 2, 3, 4, 5 };
foreach (int i in arr)
{
      Console.WriteLine(i);
}
```

2. 数组

数组是由一组类型相同的有序数据构成，是一个下标变量的列表，存储在数组类型的变量中。一个数组可以含有若干个下标变量（或称数组元素），下标用来指出某个数组元素在数组中的位置。数组中第一个元素的下标默认为 0，第二个元素的下标为 1，依次类推。数组的下标必须是非负值的整型数据。只用一个下标就能确定一个数组元素在数组中的位置，则称该数组为一维数组。

（1）一维数组的声明。

声明一维数组的格式为：

```
访问修饰符 类型名称[ ] 数组名;
```

例如：int[ ] Arr;

数组在声明后必须实例化才可以使用。实例化数组的格式为：

```
数组名称=new 类型名称[无符号整型表达式];
```

例如：Arr=new int[5];

（2）访问数组。使用数组名与下标可以唯一确定数组中的某个元素，从而实现对该元素的访问。

例如：

```
int x=4,y=5;
int [ ] Arr=new int[3]{1,2,3};
x=Arr[0];              // 使用数组第 1 个元素的值为其他变量赋值，x 的值为 1
Arr[2]=y;              // 为数组第 2 个元素赋值
```

3. 结构

在现实生活中，我们通常将相关的一些数据作为一个整体来处理。在本任务中，为了显示所有社团成员的学号、姓名、出生日期、性别、政治面貌等信息，把这些数据组合起来，这个组合中需包含若干个类型不同的数据项。在C#中实现这一功能的数据类型是结构。

（1）声明结构类型。

声明结构的语法格式为：

```
访问修饰符 struct  结构名
{
     成员变量;
}
```

例如：

```
public struct ClubStudent                  //声明结构类型 ClubStudent
    {
          public string studentid;         //定义成员变量学号
          public int gradeid;              //定义成员变量年级编号
          public int departmentid;         //定义成员变量系部编号
          public int professionid;         //定义成员变量
          public string name;              //定义成员变量姓名
          public DateTime birthday;        //定义成员变量出生日期
          public string sex;               //定义成员变量性别
          public string political;         //定义成员变量政治面貌
    }
```

声明结构类型以后，就可以声明新类型的变量，来使用该结构类型。

例如：ClubStudent st   //声明 ClubStudent 结构变量 st

成员变量声明时所使用的关键字 public 是访问修饰符，表示成员变量具有公共的访问权限，C#中有多种访问权限修饰符（关于访问修饰符的详细介绍请参见本书项目三）。

（2）对成员变量的访问。

访问成员变量的格式为：

```
结构变量名.成员变量
```

例如：st.studentid = "103431201"；这里的“.”是成员访问符。

【代码解读】

第 8 行：定义数组 st，包含 3 个元素，每个元素都是 ClubStudent 这一数据类型。

第35行：使用for循环输出所有的数组元素，本循环的条件使用了数组的Length属性，该属性的值在数组实例化时被初始化，表示数组包含多少个元素。

拓展学习

1. 多重循环

在程序设计过程中，常常需要使用循环的嵌套来处理重复操作。当一个循环（称为“外循环”）的循环语句序列内包含另一个或若干个循环（称为“内循环”）时，称为循环的嵌套，这样的语句结构称为多重循环结构。

先来看一个例子，代码如下：

```
int rows = 5;                              // 打印的行数
int i, j;                                  // 循环变量
for (i = 1; i <= rows; i++)                //外层循环控制打印的行数
{
        for (j = 1; j <= i; j++)           //内层循环控制每行打印*的个数
        {
                Console.Write("*");        // 打印一个星号
        }
        Console.WriteLine();               // 打印完一行之后换行
}
```

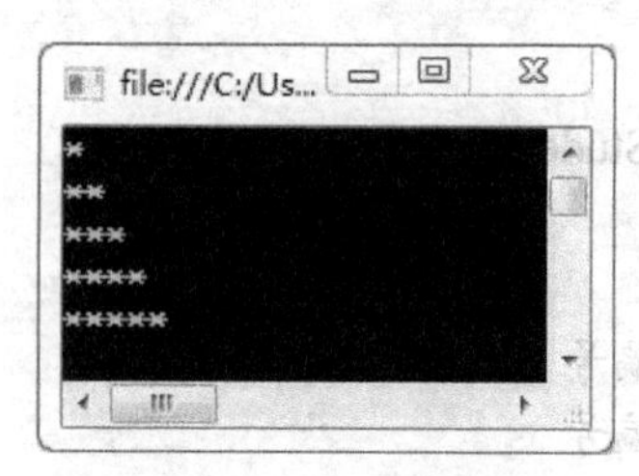

图2-5-2　运行结果

运行结果如图2-5-2所示。

上面的代码中使用了两重循环，外层循环控制打印输出的行数，内层循环控件每行打印星号的个数，一般图形文本的输出，都是采用这种方式。

2. 多维数组

具有一个下标的下标变量所组成的数组称为一维数组，而由具有两个或多个下标的下标变量所组成的数组称为二维数组或多维数组，多维数组元素的下标之间用逗号分隔，如A[0,1]表示是一个二维数组中的元素。

（1）声明多维数组。

声明多维数组的格式为：

```
访问修饰符 类型名称 [,, ...]数组名;
```

例如：int [，] Arr;

数组在声明后必须实例化才可以使用。实例化数组的格式为：

```
数组名称=new 类型名称[无符号整型表达式];
```

例如：Arr=new int[2，3];　//实例化一个二维数组

（2）访问多维数组。使用数组名与下标可以唯一确定数组中的某个元素，从而实现对该元素的访问。例如：

```
int x=4,y=5;
int[ ] Arr=new int[2，3]{1,2,3,4,5,6,7,8,9,10,11,12};
x=Arr[0,3];       // 使用数组第4个元素的值为其他变量赋值，x的值为4
Arr[2,2]=y;       // 为数组第9个元素赋值
```

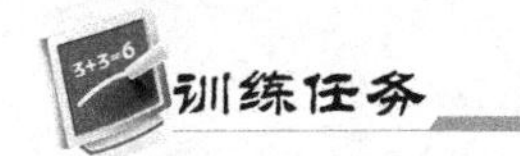

训练任务

1．创建一个控制台应用程序，实现如下功能：某次程序大赛，3个班级各4名学员参赛，计算每个班参赛学员的平均分，运行结果如图2-5-3所示。

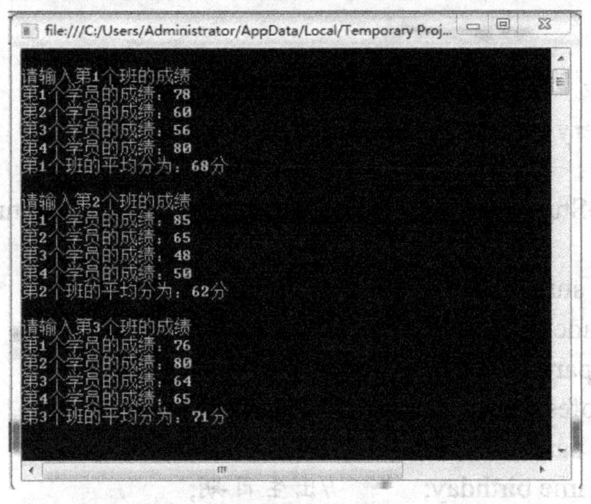

图2-5-3　运行结果

2．创建一个控件台应用程序，要求产生10个随机整数（1～100），将这10个数从小到大输出，运行结果如图2-5-4所示（产生随机数的方法：Random 随机对象名称=new Random ()；再使用 Next()方法）。

3．创建一个控制台应用程序，要求输出一个等腰三角形图案，运行结果如图2-5-5所示。

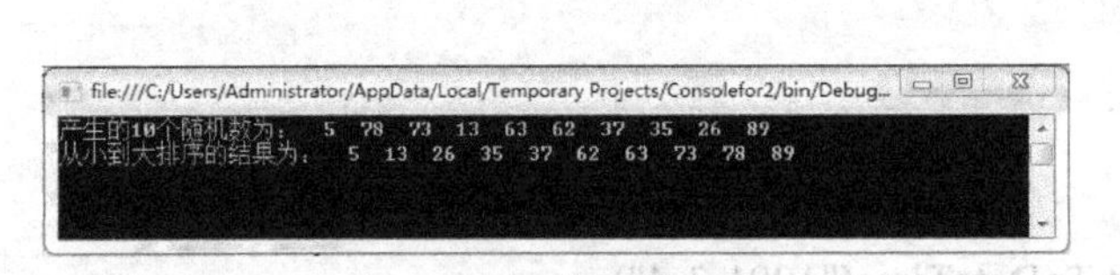

图2-5-4　运行结果

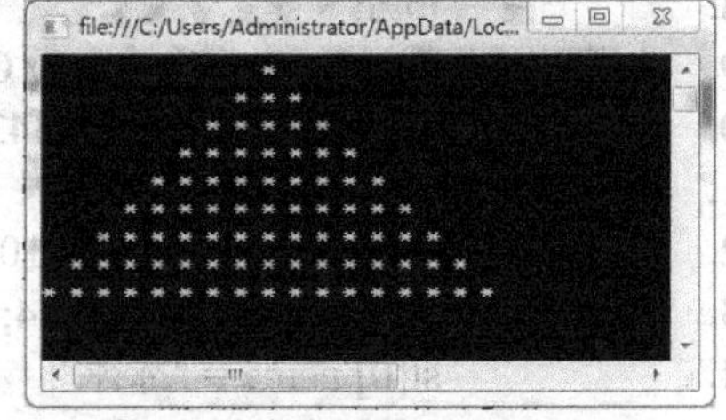

图2-5-5　运行结果

任务2.6　查询成员信息

任务目标

社团成员的信息保存在结构数组中。在本任务中，将进一步加强数组、循环的学习，完成社团成员信息查询的功能，即由用户输入待查询成员的学号，程序给出查询结果。

任务分析

通过循环语句遍历社团成员数组，将每个社团成员的学号与用户输入学号进行比较，若发现有匹配项则表示查询成功，并显示该学号成员的相关信息；循环结束如果未发现匹配项，则表示查询失败。

实现过程

步骤一：新建控制台应用程序 StudentQuery。

单击“新建项目”菜单项，选择控制台应用程序，在名称一栏中输入文件名 StudentQuery 并确定。

步骤二：编写代码，实现社团成员信息查询的基本功能。

```
1.  namespace StudentQuery
2.  {
3.      public struct ClubStudent                 //声明结构体变量 ClubStudent
4.      {
5.          public string studentid;              //学号
6.          public int gradeid;                   //年级编号
7.          public int departmentid;              //系部编号
8.          public int professionid;              //专业编号
9.          public string name;                   //姓名;
10.         public DateTime birthday;             //出生日期;
11.         public string sex;                    //性别
12.         public string political;              //政治面貌
13.     }
14.     class Program
15.     {
16.         static void Main(string[] args)
17.         {
18.             int i;
19.             ClubStudent[] st=new ClubStudent[3];     //声明一个结构体数据
20.             st[0].studentid = "103431201";
21.             st[0].gradeid = 10;
22.             st[0].departmentid = 10;
23.             st[0].professionid = 14;
24.             st[0].name = "陈萍";
25.             st[0].birthday = Convert.ToDateTime("1991-3-4");
26.             st[0].sex = "女";
27.             st[0].political = "团员";
28.             st[1].studentid = "103431210";
29.             st[1].gradeid = 10;
30.             st[1].departmentid = 10;
31.             st[1].professionid = 14;
32.             st[1].name = "冯强";
33.             st[1].birthday = Convert.ToDateTime("1991-4-4");
34.             st[1].sex = "男";
35.             st[1].political = "团员";
36.             st[2].studentid = "103431101";
37.             st[2].gradeid = 10;
38.             st[2].departmentid = 10;
39.             st[2].professionid = 14;
40.             st[2].name = "王玲";
```

```
41.             st[2].birthday = Convert.ToDateTime("1991-5-4");
42.             st[2].sex = "女";
43.             st[2].political = "团员";
44.             Console.Write("请输入要查询的社团成员的学号：");
45.             string xh = Console.ReadLine();
46.         for ( i = 0; i < st.Length ; i++)
47.         {
48.             if (st[i].studentid==xh)
49.             {
50.                 Console.WriteLine("该成员的信息如下：");
51.                 Console.WriteLine("学号\t 年级\t 系部编号\t 专业编号\t 姓名\t 出生日期
\t 性别\t 政治面貌");
52.                 Console.Write(st[i].studentid + "\t" + st[i].gradeid + "\t" + st[i].departmentid + "\t"
+ st[i].professionid + "\t"+ st[i].name + "\t" + st[i].birthday.ToShortDateString() + "\t" + st[i].sex + "\t" +
st[i].political + "\n");
53.                 break;                  //跳出循环
54.             }
55.         }
56.         if (i == st.Length)
57.             Console.WriteLine("无此学号！");
58.         Console.ReadLine();
59.     }
60.   }
61. }
```

步骤三：保存并运行程序，单击调试中的"启动调试（F5）"或者工具栏上的 ▶ 按钮，即可运行程序，运行结果如图 2-6-1 所示。

图 2-6-1 运行结果

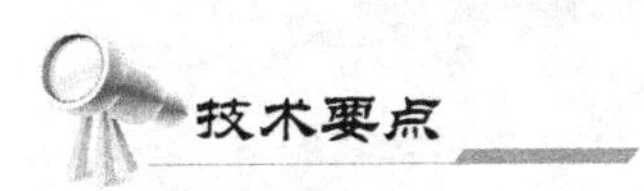

转向语句

转向语句用于改变程序的执行流程。C#提供了许多可以立即跳转的语句，常用的有 break 语句和 continue 语句。下面介绍这两种语句的用法。

（1）break 语句。break 在多分支选择（switch）语句中的作用是跳出 switch 语句，break 语句也可以用于退出循环，使用 break 语句时，将结束循环，执行循环的后续语句。break 在多分支选择（switch）语句中的作用是跳出 switch 语句，break 语句也可以用于退出循环，在本任务程序代码中，如果已经找到目标社团成员，那么就不必再做循环了，就可以用 break 语句退出循环，提高程序的执行效率。

（2）continue 语句。continue 语句用于循环语句中，continue 语句作用是结束本次循环，跳过该语句之后的循环语句，返回到循环的起始处，并根据循环条件决定是否执行下一次循环。

看下面这段代码：

```
static void Main(string[] args)
    {
            int sum=0;
            for (int i = 1; i < 100; i++)
            {
                if (i % 3 != 0)
                    continue;          //当 i 不是 3 的倍数时，不执行循环体中下面的
                                         语句 sum += i;
                sum += i;
            }
            Console.Write("1 到 100 能被 3 整除的自然数之和等于{0}", sum);
            Console. ReadLine();
    }
```

通过 continue 语句的使用，上面的代码实现了 1～100 能被 3 整除的自然数之和的功能。

【代码解读】

第 48~54 行：根据输入学号进行匹配，若找到社团成员，输出信息并中断循环。

第 56~57 行：如果程序是正常退出循环的，此时循环变量 i 的值正好是数组的长度，就说明没有找到该学号的社团成员，因此出现“无此学号”的提示。

拓展学习

二维数组的应用

本任务中通过一重循环实现了一维数组元素的查找，我们可以通过使用循环嵌套来实现二维数组的元素查找及访问，实现思路与前者一致。例如，查找二维数组中的元素 8 的实现过程如下：

```
int[ ] arr = new int[2, 3]{1,2,3,4,5,6,7,8,9,10,11,12};
bool    find = false;
for (int i = 0; i < 2; i++)
      for (int j = 0; j < 3; j++)
{
            if (arr[i,j]==8)
           {
                  Console.WriteLine("元素 8 已找到");
                  find=true;    //设置标志位
break;
}
}
if(!find)
{
      Console.WriteLine("元素 8 未找到!");
}
```

如果要找到二维数组中的最大值，可以用下面的方法来实现：

```
int max = arr[0, 0];
for (int i = 0; i < 2; i++)
```

```
        for (int j = 0; j < 3; j++)
    {
            if (max<arr[i,j])
                max=arr[i,j];
    }
    Console.WriteLine("此二维数组中的最大值是{0}", max);
```

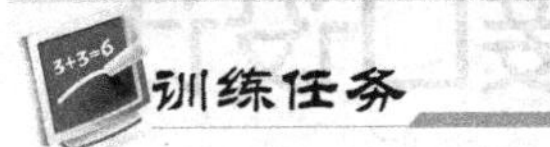

1．创建一个控制台应用程序，能实现如下功能，根据菜单选择查询的关键字，然后查询社团成员的基本信息，运行结果如图 2-6-2 所示。

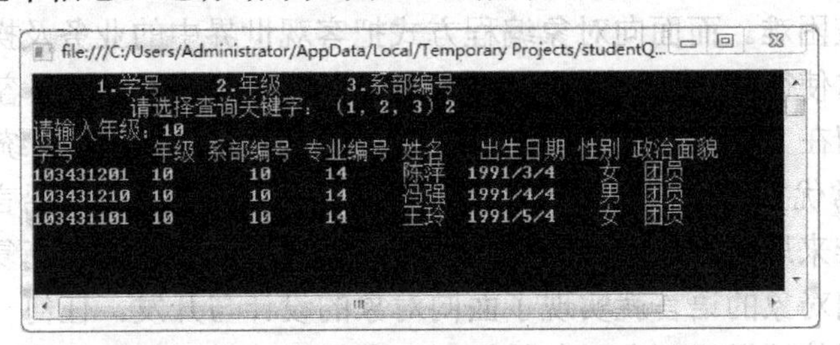

图 2-6-2　运行结果

2．创建一个控制台应用程序，能实现如下功能，显示 5 个学员 3 门成绩的平均分及每门课的平均分，运行结果如果 2-6-3 所示。

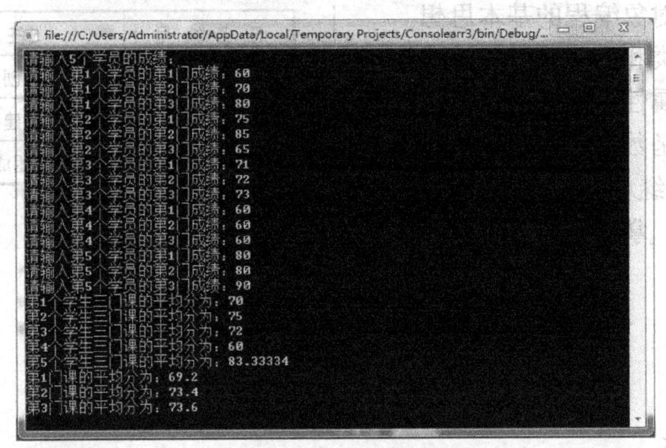

图 2-6-3　运行结果

项目小结

本项目实现了一个基于 C#控制台应用程序的“学生社团管理系统”中菜单显示、模拟用户登录、社团成员信息浏览和查询等的基本功能。介绍了 C#的标识符与关键字、基本数据类型、常量与变量、运算符与表达式等基本知识，还介绍了 C#中的流程控制及数组和结构的使用，读者通过对这些知识的学习，了解 C#的基本语法知识，为后面开发基于 Windows 应用程序的“学生社团管理系统”项目打下基础。

项目3

类与接口设计

早期的程序开发使用过程化的设计方法，对于大型应用程序的开发会显得力不从心，后续的维护也比较困难。而面向对象编程方式把客观世界中的业务及操作对象转变为计算机中的对象，这使得程序更易理解，开发效率大大提高，维护也更容易。

本项目将介绍在 Visual Studio.NET 开发环境中“学生社团管理系统”类与接口设计。

C#是一门非常优秀的支持面向对象的编程语言，使用面向对象语言可以推动程序员以面向对象的思维来思考软件设计结构，从而实现“应对变化，提高复用”的设计。但并不是利用了面向对象的语言就实现了面向对象的设计与开发。任何一个严肃的面向对象程序员都需要系统地学习面向对象的知识，单纯从编程语言上获得面向对象知识，不能够胜任面向对象的设计与开发。

学习重点：

☑ 了解面向对象编程的基本思想；
☑ 掌握创建类和实例化类的方法；
☑ 理解类的属性，学会创建属性；
☑ 了解构造函数，学会创建构造函数；
☑ 了解 C#的继承机制，会实现继承；
☑ 了解接口，掌握接口的创建和应用。

本项目任务总览：

任务编号	任务名称
3.1	创建学生类
3.2	创建社团成员类
3.3	创建社团成员数据访问接口

任务 3.1　创建学生类

创建“学生社团管理系统”学生类，编写测试程序，并编译、运行该应用程序。测试程序结果如图 3-1-1 所示。

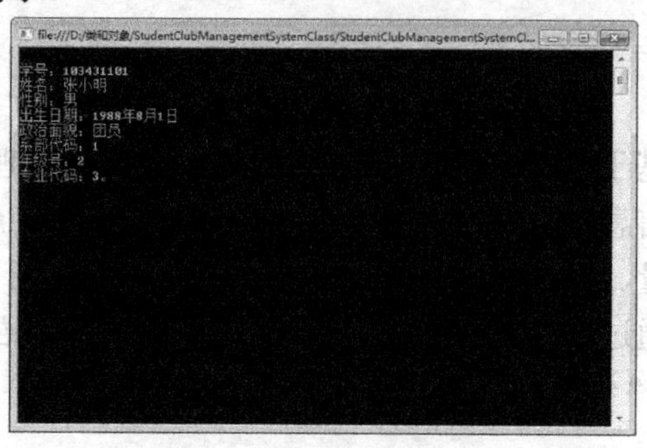

图 3-1-1　测试程序结果

任务分析

类是具有相同属性和行为（或者称之为方法）的一组对象的集合。本节任务是创建一个 Student（学生类），它的结构可以用类图来表示，如图 3-1-2 所示。

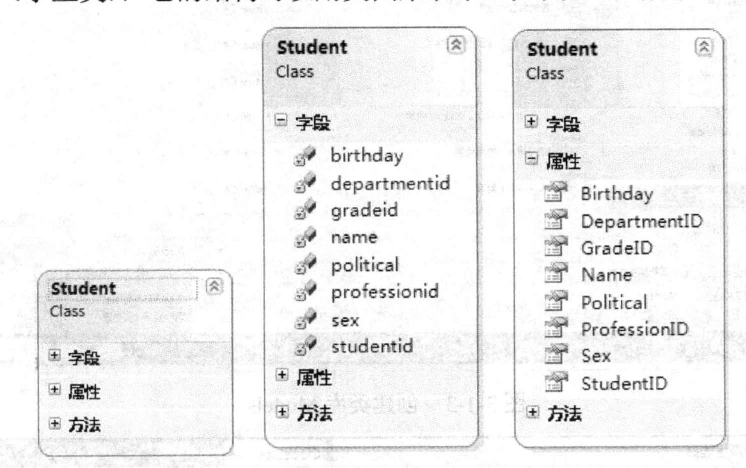

图 3-1-2　学生类类图

在 Student 类中包含的成员类型有：字段、属性和方法。所包含的字段成员、属性成员、构造函数如图 3-1-2 所示。其中字段类型和字段名如表 3-1-1 所示，属性类型与对应字段类型相同，构造函数有无参构造函数和带参构造函数。

表 3-1-1　Student 类字段列表

字段类型	字段名	说　明
string	studentid	学号
int	gradeid	年级编号
int	departmentid	系部代码
int	professionid	专业代码
string	name	姓名
DateTime	birthday	出生日期
string	sex	性别
string	political	政治面貌

实现过程

步骤一：创建实体类库项目。启动 Visual Studio.NET 应用程序，单击“文件” | “新建” | “项目”命令，选择类库，项目名为 Models，如图 3-1-3 所示。

步骤二：查看“解决方案管理器”中的项目节点，右击项目 Models，在弹出的快捷菜单中，单击“添加” | “类”命令，如图 3-1-4 所示，在打开的添加新项对话框中，将“名称”改为 Student.cs，如图 3-1-5 所示。

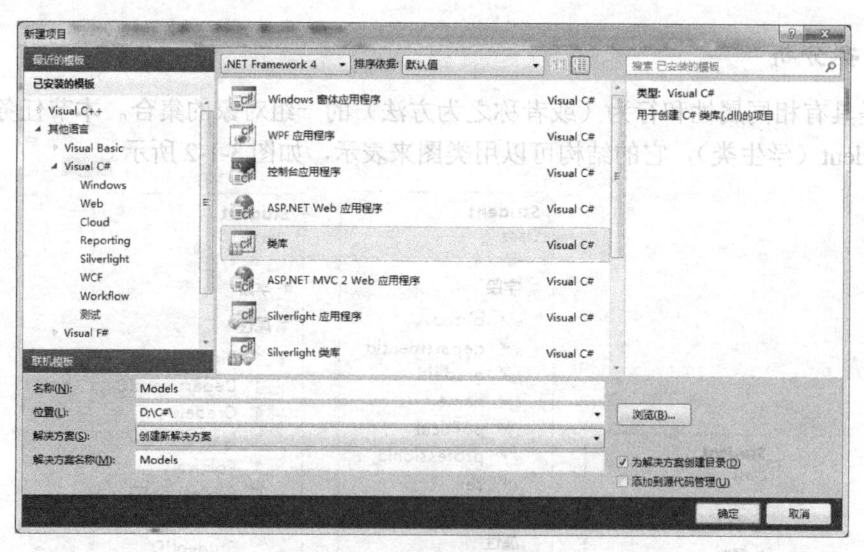

图 3-1-3　创建类库 Models

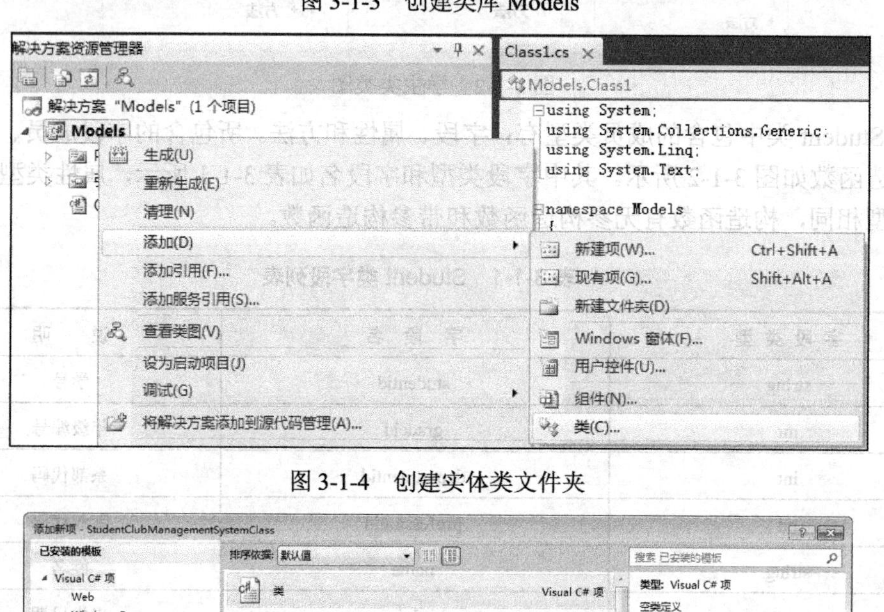

图 3-1-4　创建实体类文件夹

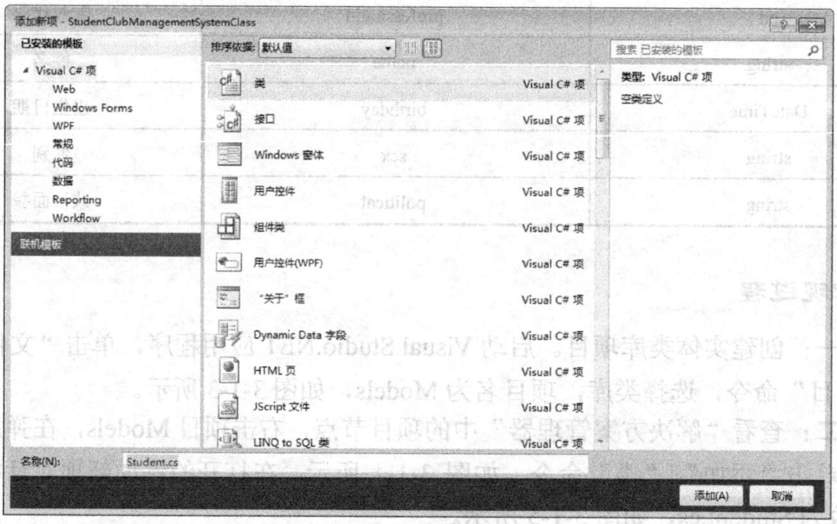

图 3-1-5　创建类文件

步骤三：由于 Class1.cs 类文件是自动创建的，这里可以删除。右击 Class1.cs 文件，在弹出的菜单中，单击“删除”命令，将它删除，如图 3-1-6 所示。

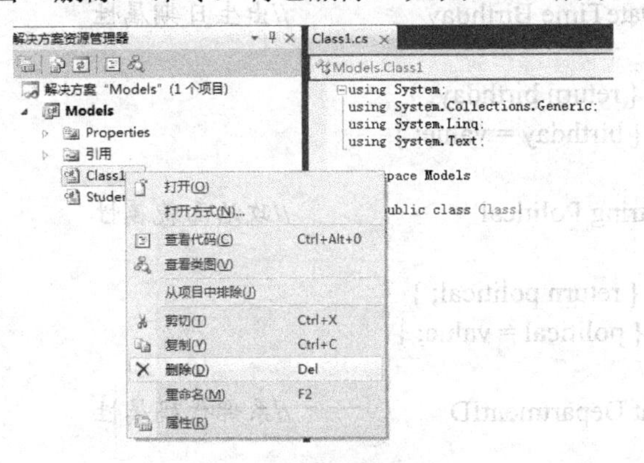

图 3-1-6　删除类文件

步骤四：双击打开 Student.cs 文件，定义类的成员，类的成员包括常量、字段、属性、方法、索引器、运算符、事件等。本步骤首先定义类字段，所谓“字段”实际就是类中的变量。按照如表 3-1-1 所示的字段列表来创建，代码如下。

```
1.  public class Student
2.      {
3.          string studentid;           //学号
4.          string name;            //姓名
5.          string sex;             //性别
6.          DateTime birthday;          //出生日期
7.          string political;           //政治面貌
8.          int departmentid;       //系部代码
9.          int gradeid;            //年级号
10.         int professionid;           //专业代码
11. }
```

步骤五：接下来定义属性。属性提供对类的字段进行安全访问。一个对象的属性可以是一些重要的信息，甚至是保密的信息，如个人的身份证号码、银行账号的密码等，也可以是一些无关紧要的信息。为了在反映这些信息时有所区分，对象的属性可设置为公有、保护和私有等多种访问权限，将在“拓展学习”中进行详细介绍。定义属性的代码如下。

```
1.          public String StudentID         //学号属性
2.          {
3.              get { return studentid; }
4.              set { studentid = value; }
5.          }
6.          public String Name              //姓名属性
7.          {
8.              get { return name; }
9.              set { name = value; }
10.         }
11.          public String Sex              //性别属性
12.          {
13.              get { return sex; }
```

```
14.             set { sex = value; }
15.         }
16.         public DateTime Birthday                //出生日期属性
17.         {
18.             get { return birthday; }
19.             set { birthday = value; }
20.         }
21.         public String Political                 //政治面貌属性
22.         {
23.             get { return political; }
24.             set { political = value; }
25.         }
26.         public int DepartmentID                 //系部代码属性
27.         {
28.             get { return departmentid; }
29.             set { departmentid = value; }
30.         }
31.         public int GradeID                      //年级号属性
32.         {
33.             get { return gradeid; }
34.             set { gradeid = value; }
35.         }
36.         public int ProfessionID                 //专业代码属性
37.         {
38.             get { return professionid; }
39.             set { professionid = value; }
40.         }
```


步骤六：定义构造函数。构造函数是一个特殊的方法（函数），每当创建一个对象时，都会先调用类中定义的构造函数。构造函数的作用是确保类的每一个对象在被使用之前都适当地进行初始化。

```
41.  public Student()  //定义无参构造函数
42.  {
43.
44.  }
45. public Student(string sid, string name, string sex, DateTime birthday, string
    political, int departmentid, int gradeid, int professionid)  //定义带参构造函数
46. {
47.         this.StudentID = sid;
48.         this.Name = name;
49.         this.Sex = sex;
50.         this.Birthday = birthday;
51.         this.Political = political;
52.         this.DepartmentID = departmentid;
53.         this.GradeID = gradeid;
54.         this.ProfessionID = professionid;
55. }
```

步骤七：由于本任务不能直接预览结果，因此这里将编写测试代码。添加一个新的用于测试的项目，编写测试代码。

右击“解决方案管理器”中的解决方案名称，在弹出的菜单中，单击“添加”|“新建项目”命令，如图3-1-7所示。在打开的“添加新项目”对话框中，选择“控制台应用程序”，名称自定，这里设置为Test。保存位置同上面的Models类库项目的位置，如图3-1-8所示。

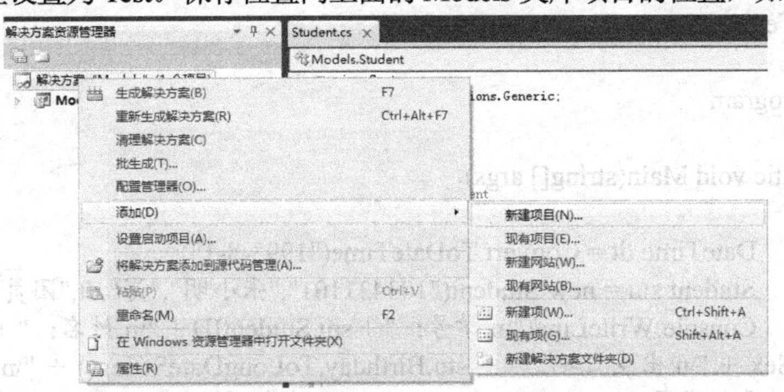

图3-1-7　添加新项目

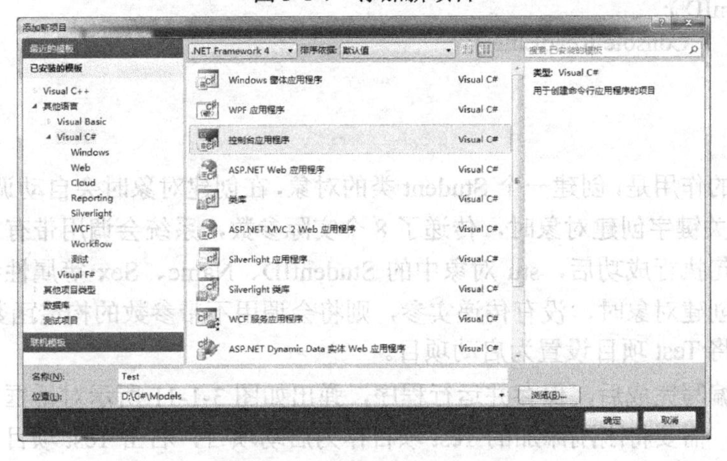

图3-1-8　添加新项目对话框

步骤八：由于Test项目需要访问Models项目中的类，所以需要添加引用。右击Test项目，在弹出的菜单中，单击“添加引用”命令，如图3-1-9所示。弹出对话框，选择要引用的项目Models，如图3-1-10所示。

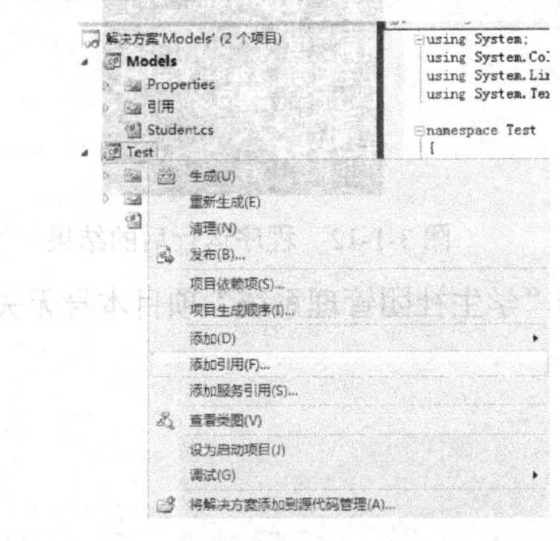

图3-1-9　添加引用

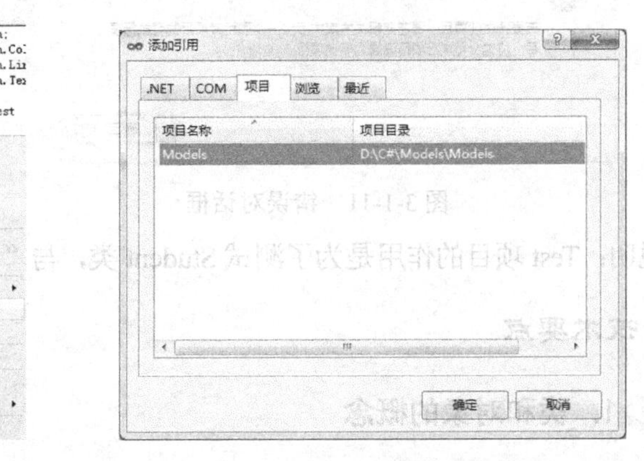

图3-1-10　添加引用对话框

步骤九：双击打开 Test 项目节点下的 Program.cs 文件，在 Main 主方法中编写如下测试代码。

（1）在命名空间引用代码处添加语句 using Models;，引用命名空间 Models。

（2）在 Main 方法中编写如下代码：

```
1.  using Models;
2.  namespace Test
3.  {
4.      class Program
5.      {
6.          static void Main(string[] args)
7.          {
8.              DateTime dt = Convert.ToDateTime("1993-8-1");
9.              Student stu = new Student("103431101","张小明","男",dt,"团员",1,2,3);
10.             Console.WriteLine("\n 学号： " + stu.StudentID + "\n 姓名： " + stu.Name + "\n 性别： " + stu.Sex + "\n 出生日期： " + stu.Birthday.ToLongDateString() + "\n 政治面貌： " + stu.Political + "\n 系部代码: " + stu.DepartmentID + "\n 年级号: " + stu.GradeID + "\n 专业代码: " + stu.ProfessionID );
11.             Console.ReadLine();
12.         }
13.     }
14. }
```

上述代码的作用是，创建一个 Student 类的对象，在创建对象时会自动调用构造函数，由于通过 new 关键字创建对象时，传递了 8 个实际参数，系统会调用带有 8 个参数的构造函数。该语句执行成功后，stu 对象中的 StudentID、Name、Sex 等属性都将具有相应的值。如果在创建对象时，没有传递实参，则将会调用不带参数的构造函数。

步骤十：将 Test 项目设置为启动项目。

测试代码编写完成后，保存并运行程序，弹出如图 3-1-11 所示对话框。原因是类库不能直接启动，需要将刚刚添加的 Test 项目作为启动项目，右击 Test 项目，在弹出的快捷菜单中单击“设为启动项目”命令即可。

设置成功后，再次执行程序，结果如图 3-1-12 所示。

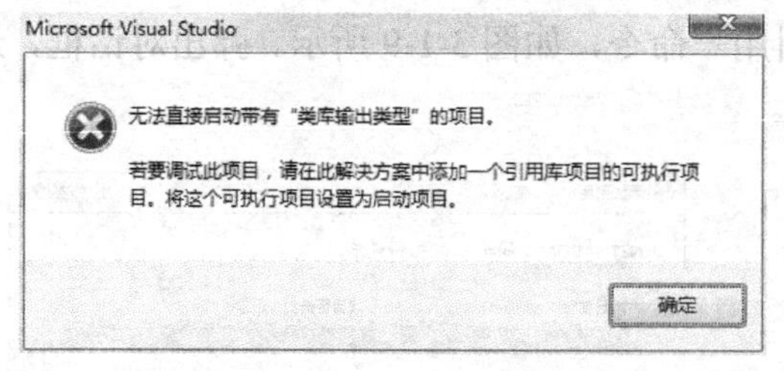

图 3-1-11　错误对话框

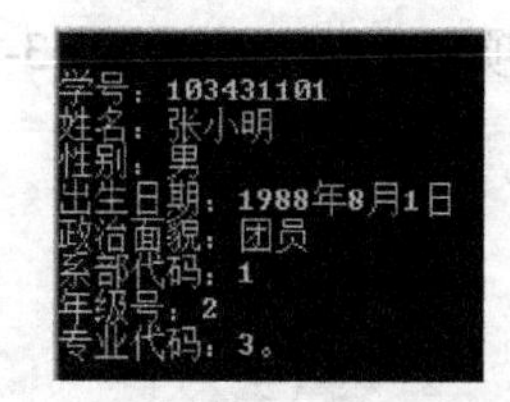

图 3-1-12　程序运行后的结果

说明：Test 项目的作用是为了测试 Student 类，与“学生社团管理系统”项目本身无关。

技术要点

1. 类和对象的概念

C#是面向对象的语言，“类”和“对象”是面向对象程序设计中的核心概念。对象是人们要进行研究的任何事物，大到一个星球，小到一个灰尘均可看作对象，当然，对象不仅能表示具体的事物，还能表示抽象的规则、计划或事件等。

在面向对象的编程语言中，类是一个独立的程序单位，所有的内容都被封装在类中，是一种复杂的数据类型。类的主要作用是来定义对象。类与对象的关系如同一个模具和用这个模具铸造出来的铸件之间的关系。类给出了属于该类的全部对象的抽象定义，而对象则是符合这种定义的一个实体，也可以说对象是类的一个实例。

2. 定义类和实例化类

（1）定义类。类是一种数据结构，它定义数据和操作这些数据的代码。

C#使用 class 关键字来定义类，其基本结构如下：

```
类修饰符  class  类名
{
    主体
}
```

类作为复杂的数据类型，主体内部中可以包含字段、属性、方法、事件等成员。

类修饰符如表 3-1-2 所示。

表 3-1-2　类修饰符

修 饰 符	作 用 说 明
public	表示不限制对类的访问。类的访问权限省略时默认为 public
protected	表示该类只能被这个类的成员或派生类成员访问
private	表示该类只能被这个类的成员访问
internal	表示该类能够由程序集中的所有文件使用，不能由程序集之外的对象使用
new	只允许用在嵌套类中，它表示所修饰的类会隐藏继承下来的同名成员
abstract	表示一个抽象类，该类含有抽象成员，因此不能被实例化，只能用作基类
sealed	表示这是一个密封类，不能从这个类再派生出其他类。显然密封类不能同时为抽象类

根据代码规范化的要求及其行业规范，类名一般由能代表实际作用的英文单词组成，采用 Pascal 命名法，即每个英文单词的首字母大写。同时，类名还必须符合标识符的命名规则。

例如，创建一个用来表示商品信息的商品类，类名为 Goods。

```
public  class  Goods
{
    string   name;    //商品名称
    double   price;   //价格
    double   type;    //类型
}
```

这样，Goods 就成了一种新的数据类型，可以和整型等基本数据类型一样用于声明变量。

创建类时，应该把一个类的声明放在一个独立的源文件中，只有在少数情况下，如当两个类有非常密切的关系时才考虑把它们放在同一个源文件中。

（2）创建类的对象。

与创建简单数据类型的变量一样，复杂数据类型的变量在使用前也需要事先声明，称为类的对象，但与普通变量不一样的是，类声明的对象还必须先通过 new 关键字创建后才能使用，其语法格式为：

```
类名 对象名;      //声明类的对象
对象名=new 类名();  //创建对象
```

例如，创建 Goods 商品类的对象 mygoods 的示例：

```
Goods mygoods;
mygooods=new Goods();
```

上述语句也可以写成下面的格式：

```
类名 对象名=new 类名();
Goods mygoods= new Goods();
```

打个比方来进一步解释一下类和对象之间的关系，类好比建造房子前设计的蓝图，只是一张设计图纸，并没有真的房子，而用 new 类名()后就真的有房子了，这叫对象或实例。

3. 类的成员及其声明方法

在面向对象程序设计技术中，对象是具有属性和操作（方法）的实体。对象的属性表示了它所处的状态，对象的操作则用来改变对象的状态达到特定的功能。

类的定义包括类头和类体两部分，其中类体用一对大花括号{ }括起来，类体用于定义该类的成员。

类成员声明主要包括：常数声明、字段声明、方法声明、属性声明、事件声明、索引器声明、运算符声明、构造函数声明、析构函数声明等。

（1）字段。字段是类中的数据，也称为类中的变量。它的声明与普通变量的声明格式没有区别，既可以是基本数据类型，也可以是其他类声明的对象。声明字段语法形式：

```
访问修饰符  类型  变量声明列表;
```

- 变量声明列表。变量声明列表——用逗号“,”分隔的多个标识符，变量标识符还可用赋值号“=”设定初始值。

例如下面的类 Test 中声明了 x、y、sum 3 个字段。

```
class Test
{
    int  x=100 ,  y = 200;
    float  sum = 1.0f;
}
```

创建对象后，通过成员访问运算符“.”实现对类中字段的访问，例如：

```
Test  obj=new  Test();
Console.WriteLine(obj.x);
```

- 访问修饰符。在编写程序时，可以对类的成员（不仅仅是字段）使用不同的访问修饰符从而定义它们的访问级别。C#中的成员访问修饰符一共有 5 种，表 3-1-3 罗列了这 5 种访问修饰符及其说明。

表 3-1-3　成员访问修饰符

修　饰　符	可 访 问 性	作 用 说 明
public	公共	不限制访问
protected	私有	只能被本类访问
private	保护	只能被本类及其子类访问
internal	内部	只能被本程序集内所有的类访问
protected internal	内部保护	能被本程序集内所有的类和这些类的子类所访问

下面对C#有两种特殊的字段作特别介绍：只读字段和静态字段。

使用 readonly 关键字修饰的字段表示只读字段，只读字段不能进行写操作，它和常量的区别在于，常量只能在声明时初始化，只读字段可以在声明时初始化，也可以在构造函数中初始化。

使用 static 关键字修饰的字段称为静态字段，静态字段属于类，为类的全部成员所共用。非静态字段属于某个具体的对象，为特定的对象专有。

阅读下面的代码，了解静态变量的使用。

```
class Test
{
    static int i = 2; //声名一个静态字段
    int j = 3; //声名一个实例字段
    static void Main(string[] args)
    {
        Test  a = new Test ();              //建立对象引用，并实例化。
        Console.WriteLine(a.j);             //用对象来访问字段j
        Console.WriteLine(Test.i);          //静态字段用类名来访问
    }
}
```

运行程序，输出结果如下：

```
3
2
```

从这个例子可以看出，静态字段是属于类的，实例字段是属于对象的。

（2）属性。为了实现良好的数据封装和数据隐藏，C#不提倡将字段的访问级别设置为 public。因为这样做，用户可以直接读写字段的值，存在不安全因素。一般将类的字段成员的访问权限设置成 private。同时，C#提供了属性（property）这个更好的方法，把字段域和访问它们的方法相结合。对类的用户而言，属性值的读/写与字段域读/写的语法相同；对编译器来说，属性值的读/写是通过类中封装的特别方法 get 访问器和 set 访问器实现的。

属性的声明语法形式如下：

```
属性修饰符　类型 成员名
{
   访问器声明
}
```

其中，访问器声明语法形式如下：

```
get                    // 读访问器
{
        …              // 访问器语句块
}
set                    // 写访问器
{
        …              // 访问器语句块
}
```

get 访问器的返回值类型与属性的类型相同，所以在语句块中的 return 语句必须有一个可隐式转换为属性类型的表达式。

set 访问器没有返回值，但它有一个隐式的值参数，其名称为 value，它的类型与属性的类型相同。

同时包含 get 和 set 访问器的属性是读/写属性，只包含 get 访问器的属性是只读属性，只包含 set 访问器的属性是只写属性。

本任务中，我们为 Student 类创建了多个属性，如 Name 属性：

```
class Student
{
    private string name;
    public string Name//姓名属性
    {
            get { return name; }
            set { name = value; }
    }
    ...
}
```


和字段一样，属性也有 5 种访问修饰符，往往将属性声明为 public，否则属性就失去了作为类的公共接口的意义。对属性的访问与字段的访问方法是一样的，访问 Student 类中的 Name 属性的代码：

```
Student s=new Student();
s.Name="李明";
```

在 Visual Studio 2010 中，利用已声明的字段和 IDE 的功能，可以通过菜单命令将字段封装成属性，具体方法如下。

首先，右击已声明的属性，弹出快捷菜单，如图 3-1-13。

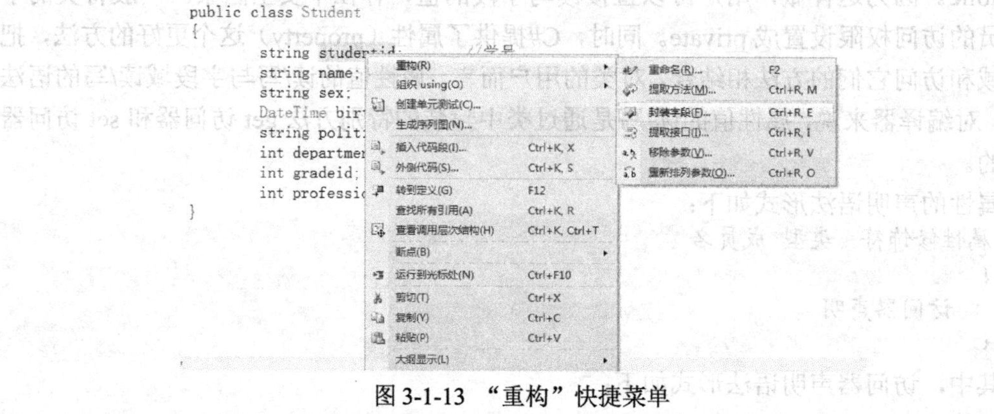

图 3-1-13 “重构”快捷菜单

其次，选中“重构”菜单项，选择“封装字段”命令，弹出“封装字段”对话框。如图 3-1-14 所示。

最后，在“封装字段”对话框中设置属性名，并单击“确定”按钮完成。

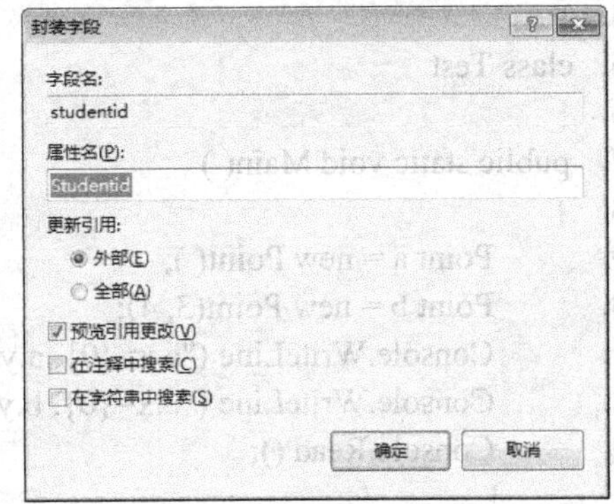

图 3-1-14 “封装字段”对话框

（3）构造函数。构造函数（也称为构造方法）是在创建类的对象时执行的方法。构造函数具有与类相同的名称，它通常初始化新对象的数据成员。用 new 运算符来实例化类，在为新对象分配内存之后，new 运算符立即调用类的构造函数。

类在实例化时会自动调用构造函数，这个构造函数可以是默认的构造函数，也有可能是自定义的构造函数。所谓默认的构造函数指的是无参构造函数，在没有自定义构造函数的情况下，该构造函数可以不显式定义，也称为系统的默认构造函数，该构造函数将类的所有成员都初始化为默认值。在类中也可以自定义构造函数，只要类中有自定义的构造函数，则系统的默认构造函数就不起作用。

构造函数声明的语法形式如下：

```
构造函数修饰符 标识符 ( 参数列表 )
{
    构造函数语句块
}
```

其中：

① 构造函数修饰符——public、protected、internal、private、extern。一般地，构造函数总是 public 类型的。

② 标识符——构造函数名，必须与所在类同名，不声明返回类型，并且没有任何返回值。它与返回值类型为 void 的函数不同。

③ 构造函数语句块——这部分语句常常用来对类的对象进行初始化。

在一个类中可以同时定义多个不同签名的构造函数，这种现象称为构造函数的重载，本任务中声明了两个构造函数（无参和带参），实现了重载。用 new 运算符创建一个类的对象时，类名后的一对圆括号提供初始化列表，这实际上就是提供给构造函数的参数。系统根据这个初始化列表的参数个数、参数类型和参数顺序调用不同的构造函数。

来看下面的例子。

```
1.  using System;
2.  class Point
3.  {
4.      public double x, y;
5.      public Point( )
6.      {
7.          x = 0;    y = 0;
8.      }
9.  public Point(double x, double y)
10.     {
11.         this.x = x;                    // 当 this 在实例构造函数中使用时，
```

```
12.         this.y = y;                         // 它的值就是对该构造的对象的引用
13.     }
14. }
15. class Test
16. {
17. public static void Main( )
18. {
19.         Point a = new Point( );
20.         Point b = new Point(3, 4);                   // 用构造函数初始化对象
21.         Console.WriteLine ("a.x={0}, a.y={1}", a.x, a.y );  //a.x=0, a.y=0
22.         Console.WriteLine ("b.x={0}, b.y={1}", b.x, b.y );  //b.x=3, b.y=4
23.         Console.Read ();
24.     }
25. }
```

（4）代码解读。

```
1. using Models;
2. namespace Test
3. {
4.     class Program
5.     {
6.         static void Main(string[] args)
7.         {
8.             DateTime dt = Convert.ToDateTime("1993-8-1");
9.             Student stu = new Student("103431101","张小明","男",dt,"团员",1,2,3);
10.             Console.WriteLine("\n 学号: " + stu.StudentID + "\n 姓名: " + stu.Name + "\n
性别: " + stu.Sex + "\n 出生日期: " + stu.Birthday.ToLongDateString() + "\n 政治面貌: " +
stu.Political + "\n 系部代码: " + stu.DepartmentID + "\n 年级号: " + stu.GradeID + "\n 专业代码:
" + stu.ProfessionID + "。");
11.             Console.ReadLine();
12.         }
13.     }
14. }
```

第 8 行：定义一个 DateTime 类型的变量，通过 Convert.ToDateTime()方法进行类型转换，将字符串“1993-8-1”转换为 DateTime 类型的常量。

第 9 行：在创建对象的时候会自动调用相应的构造函数，Student 类有两个构造函数，一个是无参构造函数，另一个是带参构造函数。创建对象时调用的是带参构造函数，有 8 个参数，因此需要传递 8 个实参的值，实参的类型必须和定义时形参的类型保持一致。

第 10 行：使用成员访问运算符访问类的成员。如 stu. Name 读取的是 stu 对象的 Name 属性，即“张小明”。当然，如果该属性具有写权限的话，也可以对 stu 对象的 Name 属性赋值，如：stu. Name=“李小天”。关于属性的读写权限，在下面的“技术要点”中有详细介绍。

此外，ToLongDateString()方法是 DateTime 对象中转换时间格式的方法，如 stu.Birthday.ToLongDateString()得到的时间格式是“1993 年 8 月 1 日 ”，其中的 stu.Birthday 是一个 DateTime 类型的数据，ToLongDateString()是将该数据的显示格式转换。

拓展学习

1. 面向对象编程思想

面向对象编程是一种新的程序设计范型，其基本思想是使用对象、类、继承、封装、消息等基本概念来进行程序设计。它是从现实世界中客观存在的事物（即对象）出发来构造软件系统，并在系统构造中尽可能运用人类的自然思维方式，强调直接以现实世界中的事物为中心来思考问题，认识问题，并根据这些事物的本质特点，把它们抽象地表示为系统中的对象，作为系统的基本构成单位。面向对象编程是当前软件开发技术的主流。

面向对象编程技术有3大特点：封装性、继承性和多态性。所谓“封装”，就是用一个框架把数据和代码组合在一起，形成一个对象。在C#中，类是支持对象封装的工具，对象则是封装的基本单元。“继承”是父类和子类之间共享数据和方法的机制，通常把父类称为基类，子类称为派生类。如果一个类有两个或两个以上的直接基类，这样的继承结构被称为多重继承或多继承。C#通过接口来实现多重继承。接口可以从多个基接口继承。在面向对象编程中，“多态”是指同一个操作作用于不同的对象，可以有不同的解释，产生不同的执行结果。多态性有两种，一种是静态多态，一种是动态多态。

2. 类的方法

除了“技术要点”中介绍的字段、属性、构造函数等成员外，类中还包含其他的成员，其中一个重要的成员就是类的方法。

C#没有全局常量、全局变量和全局方法，任何事物都必须封装在类中。通常，程序的其他部分通过类所提供的方法与它们进行交互操作。

对方法的理解可以从方法的声明、方法的参数、静态方法与实例方法、方法的重载与覆盖等方面切入。

（1）方法的声明。方法是按照一定格式组织的一段程序代码，在类中用方法声明的方式来定义。语法形式如下：

```
方法修饰符 返回类型 方法名(形参列表)
{
    方法体
}
```

方法修饰符如表3-1-4所示。

表3-1-4　方法修饰符

修 饰 符	作 用 说 明
new	在一个继承结构中，用于隐藏基类同名的方法
public	表示该方法可以在任何地方被访问
protected	表示该方法可以在它的类体或派生类类体中被访问，但不能在类体外访问
private	表示该方法只能在这个类体内被访问

续表

修 饰 符	作 用 说 明
internal	表示该方法可以被同处于一个工程的文件访问
static	表示该方法属于类型本身，而不属于某特定对象
virtual	表示该方法可在派生类中重写，来更改该方法的实现
abstract	表示该方法仅仅定义了方法名及执行方式，但没有给出具体实现，所以包含这种方法的类是抽象类，有待于派生类的实现
override	表示该方法是将从基类继承的 virtual 方法的新实现
sealed	表示这是一个密封方法，它必须同时包含 override 修饰，以防止它的派生类进一步重写该方法
extern	表示该方法从外部实现

以下代码是商品类 Goods 中 ShowMessage()方法的声明。

```
class Goods
{
    …
    public void ShowMessage()
    {
        Console.Write("商品名称：{0}，商品价格：{1}", name, price);
    }
}
```


下面的 GetMax()方法求 3 个整数中最大值。

```
public int  GetMax (int a,int b,int c)
{
    int max;
    if(a>b) {  max=a;  } else {  max=b;  }
    if(c>max) {  max=c;  }
    return max;
}
```

关于方法的几点说明。

方法名：每个方法都必须有一个方法名，方法名的命名也要遵照 C#标识符的命名规则，常常用动宾结构的短语。Main()是为开始执行程序的方法预留的，不要使用 C#的关键字作为方法名。

形参列表：由零个或多个用逗号分隔的形式参数组成，形式参数可用属性、参数修饰符、类型等描述。当形参列表为空时，外面的圆括号也不能省略。

方法体：用花括号括起的一个语句块，实现方法的功能。

返回类型：方法可以具有返回值也可以不返回值。如果返回值，则需要说明返回值的类型，默认情况下为 void。

（2）方法的参数。参数的传入或传出是在实参与形参之间发生的。在 C#中，实参与形参之间有 4 种传递方式。

① 值参数。方法声明时不加修饰的形参就是值参数，它表明实参与形参之间按值传递。这种传递方式的好处是，在方法中对形参的修改不影响外部的实参，也就是说，数据只能传入方法而不能从方法传出，所以值参数也被称为入参数。

看下面的例子。

```
1.  public class MyClass
2.  {
3.        public MyClass()
4.        {
5.
6.        }
7.        public void ChangeValue(string value)
8.        {
9.        value = "Value is Changed!";
10.        }
11.  }
12.   //测试类
13.  class Test
14.  {
15.        static void Main(string[] args)
16.        {
17.              string value = "Value";
18.              Console.WriteLine(value);
19.              MyClass mc = new MyClass();
20.              mc.ChangeValue(value);
21.              Console. WriteLine (value);
22.        }
23.  }
```

输出结果:

```
Value
Value
```

② 引用参数。使用 ref 关键字可以使参数按照引用传递。在需要传递回调用方法时，在方法中对参数所做的任何更改都将反映在该变量中，若使用 ref 关键字，则在方法定义和调用方法时都必须显式使用 ref 关键字。

引用与值参数不同，引用参数并不创建新的存储单元，它与方法调用中的实际参数变量同处一个存储单元。因此，在方法内对形参的修改就是对外部实参变量的修改。

使用 ref 关键字时请注意：

- ref 关键字仅对跟在它后面的参数有效，而不能应用于整个参数表。
- 在调用方法时，也用 ref 修饰实参变量，因为是引用参数，所以要求实参与形参的数据类型必须完全匹配，而且实参必须是变量，不能是常量或表达式。
- 在方法外，ref 参数必须在调用之前明确赋值，在方法内，ref 参数被视为已赋过初始值。

请看下面的例子。

```
1.  public class MyClass
2.  {
3.              public MyClass()
4.              {
5.              }
6.
7.              public void ChangeValue(ref string value)
```

```
8.          {
9.                   value = "Value is Changed!";
10.         }
11. }
12. //测试类
13. class Test
14. {
15.         static void Main()
16.         {
17.                 string value = "Value";
18.                 Console.WriteLine (value);
19.                 MyClass mc = new MyClass();
20.                 mc.ChangeValue(ref value);
21.                 Console.WriteLine (value);
22.         }
23. }
```

输出结果:

```
Value
Value is Changed!
```


③ 输出参数。使用 out 关键字来进行引用传递，这和 ref 关键字很类似，不同之处在于 ref 要求变量必须在传递之前就进行初始化，若使用 out 关键字，则方法定义和调用时都必须显式地使用 out 关键字。

下面的例子展示了输出参数的使用方法。

```
1.  public class MyClass
2.  {
3.      public MyClass()
4.      {
5.      }
6.
7.      public void ChangeValue(out string value)
8.      {
9.          value = "Value is Changed!";
10.     }
11. }
12. //测试类
13. class Test
14. {
15.         static void Main(string[] args)
16.         {
17.                 string value ;
18.                 MyClass mc = new MyClass();
19.                 mc.ChangeValue(out value);
20.                 Console.WriteLn (value);
21.         }
22. }
```

输出结果：

```
Value is Changed!
```

④ 数组型参数。数组型参数就是声明 params 关键字，用于指定在参数数目可变处采用参数的方法参数。在方法声明中的 params 关键字之后不允许有任何其他参数，并且在方法声明中只允许一个 params 关键字。

数组型参数的使用示例如下：

```
1.  public class MyClass
2.  {
3.          public MyClass()
4.          {
5.          }
6.
7.          public void ChangeValue(params string[] value)
8.          {
9.                  foreach (string s in value)
10.                 {
11.                         Console.WriteLn (s + " ");
12.                 }
13.         }
14. }
15. //测试类
16. class Test
17. {
18.         static void Main(string[] args)
19.         {
20.                 string value1 = "Value1";
21.                 string value2 = "Value2";
22.                 MyClass mc = new MyClass();
23.             mc.ChangeValue(value1, value2);
24.         }
25. }
```

输出结果：

```
Value1
Value2
```

（3）方法的重载。一个方法的名字和形式参数的个数、修饰符及类型共同构成了这个方法的签名，同一个类中不能有相同签名的方法。如果一个类中有两个或两个以上的方法同名，而它们的形参个数或形参类型有所不同是允许的，它们属于不同的方法签名。但是仅仅是返回类型不同的同名方法，编译器是不能识别的。

例子：下面程序定义的 Myclass 类中含有 4 个名为 GetMax 的方法，但它们或者参数个数不同，或者参数类型不同，在 Main 调用该方法时，编译器会根据参数的个数和类型确定调用哪个 GetMax 方法。

```
1.  using System;
2.  class Myclass                       // 该类中有 GetMax 方法的 4 个不同版本
3.  {                                   // 它们或者参数类型不同，或者参数个数不同
4.          public int GetMax (int x, int y)
5.          {
6.              return x>=y ? x : y ;
```

```
7.          }
8.          public double GetMax (double x, double y)
9.          {
10.         return x>=y ? x : y ;
11.         }
12.         public int GetMax (int x, int y, int z)
13.         {
14.              return GetMax (GetMax (x, y), z) ;
15.         }
16.         public double GetMax ( double x, double y, double z)
17.         {
18.              return GetMax (GetMax (x, y), z) ;
19.         }
20.  }
21.  //测试类
22.  class Test
23.  {
24.      static void Main(string[] args)
25.      {
26.              Myclass m = new Myclass ( );
27.              int a, b, c;
28.              double e, f, g ;
29.              a=10; b=20; c=30;
30.              e = 1.5; f = 3.5 ; g = 5.5;
31.              // 调用方法时，编译器会根据实参的类型和个数调用不同的方法
32.              Console.WriteLine ("max ({0},{1})= {2} " ,a,b, m. GetMax (a,b));
33.              Console.WriteLine ("max ({0},{1},{2})= {3} " ,a,b,c, m. GetMax (a,b,c));
34.              Console.WriteLine ("max ({0},{1})= {2} " , e,f,m. GetMax (e,f));
35.              Console.WriteLine ("max ({0},{1},{2})= {3} " ,e,f,g, m. GetMax (e,f,g));
36.              Console.ReadLine();
37.      }
38.  }
```

程序运行结果如下：

```
max(10,20)=20
max(10,20,30)=30
max(1.5,3.5)=3.5
max(1.5,3.5,5.5)=5.5
```

（4）静态方法和实例方法。方法声明含有 static 关键字，称为静态方法。静态方法是一种特殊的成员方法，它不属于类的某一个具体的实例，而是属于类本身。所以对静态方法不需要首先创建一个类的实例，而是采用“类名.静态方法”的格式。

例如，定义一个静态方法 Method。

```
class MyClass
{
    public static void Method ()
    {
            ...
    }
}
```

调用 Method 方法的语句为：

```
MyClass. Method();
```

关于静态方法的几点说明。

- static 方法是类中的一个成员方法，属于整个类，即不用创建任何对象也可以直接调用。
- 静态方法内部只能出现 static 变量和其他 static 方法，而且 static 方法中还不能使用 this 等关键字，因为它是属于整个类。
- 静态方法效率上要比实例方法高，静态方法的缺点是不自动进行销毁，而非静态的方法则可以销毁。
- 静态方法和静态变量创建后始终使用同一块内存，而使用实例方式会创建多个内存。

3. 析构函数

在类的成员中还有一种特殊的函数，称为析构函数。它和构造函数一样，与类同名，在类名前加~，没有返回值。它的声明形式为：

```
~函数名()
{
}
```


析构函数用来处理一些在对象释放时候的操作，释放资源是其中一种。程序员无法控制何时调用析构函数，因为这是由垃圾回收器决定的。 垃圾回收器检查是否存在应用程序不再使用的对象。如果垃圾回收器认为某个对象符合析构，则调用析构函数（如果有）并回收用来存储此对象的内存。程序退出时也会调用析构函数。

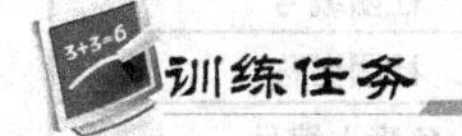

训练任务

按照下面要求分别创建 7 个类，类的字段和属性如下面类图所示，每个类有两个构造函数，分别为无参和带参构造函数。

1. 创建 User（用户）类，类图如图 3-1-15 所示，字段类型如表 3-1-5 所示。

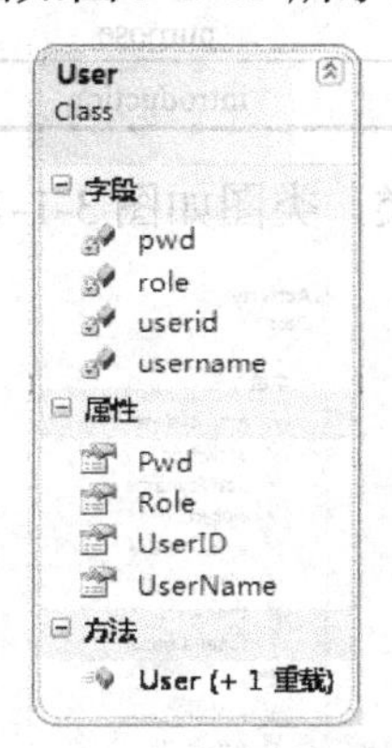

图 3-1-15　User 类图

表 3-1-5　User 类字段类型

字 段 类 型	字 段 名	说　明
int	userid	用户编号
string	username	用户名

续表

字 段 类 型	字 段 名	说 明
string	pwd	密码
string	role	用户类型

2. 创建 Club（社团）类，类图如图 3-1-16 所示，字段类型如表 3-1-6 所示。

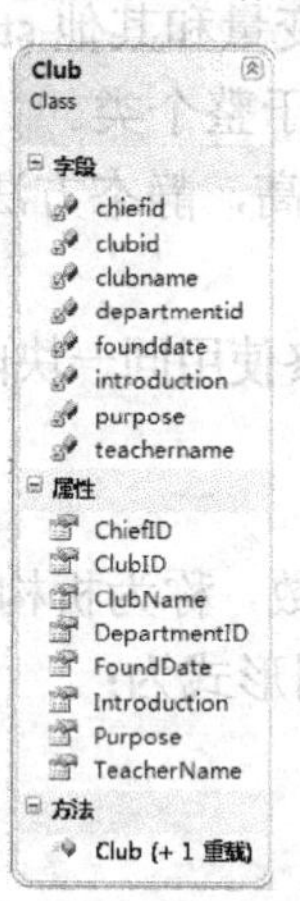

图 3-1-16 Club 类图

表 3-1-6 Club 类字段类型

字 段 类 型	字 段 名	说 明
int	clubid	社团编号
string	clubname	社团名称
string	chiefid	负责人编号
string	teachername	指导老师姓名
DateTime	Founddate	成立日期
string	departmentid	所属系部
string	purpose	社团目标
string	introduction	社团宗旨

3. 创建 Activity（社团活动）类，类图如图 3-1-17 所示，字段类型如表 3-1-7 所示。

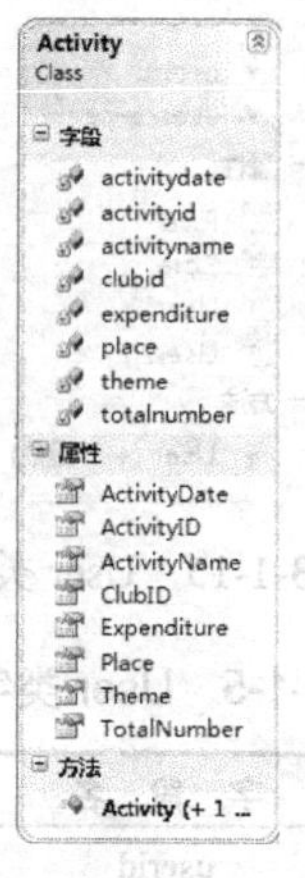

图 3-1-17 Activity 类

表 3-1-7　Activity 类字段类型

字 段 类 型	字 段 名	说　明
int	activityid	活动编号
string	activityname	活动名称
string	theme	活动主题
int	clubid	社团编号
DateTime	activitydate	活动日期
string	place	活动地点
float	expenditure	经费支出
int	attendance	应出勤人数

4．创建 Attendance（出勤）类，类图如图 3-1-18 所示，字段类型如表 3-1-8 所示。

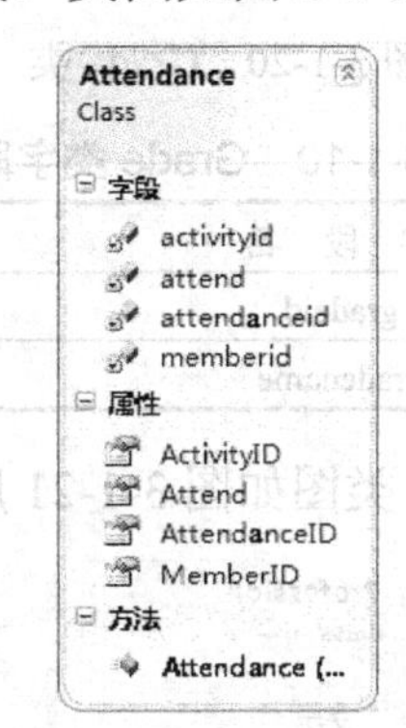

图 3-1-18　Attendance 类图

表 3-1-8　Attendance 类字段类型

字 段 类 型	字 段 名	说　明
int	attendanceid	出勤记录号
int	activityid	活动编号
string	memberid	成员编号
bool	attend	是否出勤

5．创建 Department（系部）类，类图如图 3-1-19 所示，字段类型如表 3-1-9 所示。

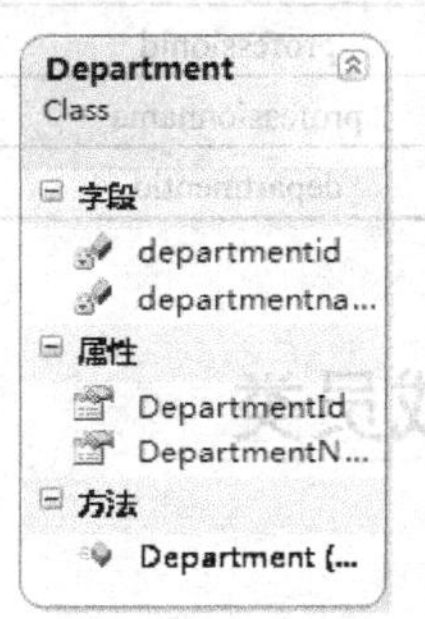

图 3-1-19　Department 类

表 3-1-9 Department 类字段类型

字段类型	字段名	说　明
int	departmentid	系部代码
string	departmentname	系部名称

6．创建 Grade（年级）类，类图如图 3-1-20 所示，字段类型如表 3-1-10 所示。

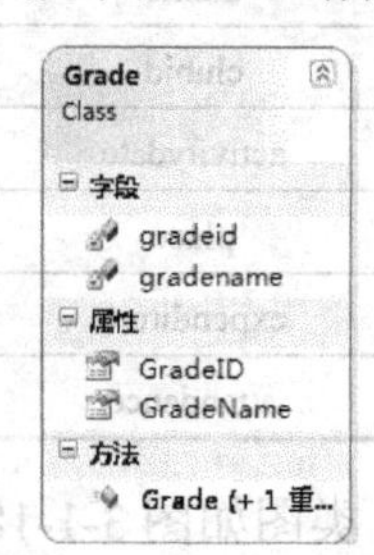

图 3-1-20　Grade 类

表 3-1-10　Grade 类字段类型

字段类型	字段名	说　明
int	gradeid	年级编号
string	gradename	年级名称

7．创建 Profession（专业）类，类图如图 3-1-21 所示，字段类型如表 3-1-11 所示。

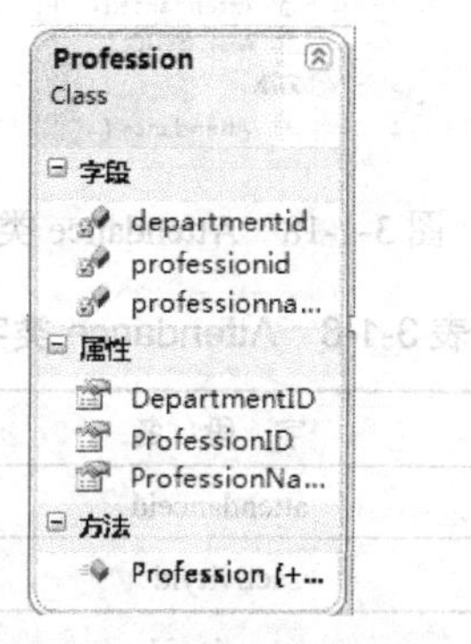

图 3-1-21　Profession 类图

表 3-1-11　Profession 类字段类型

字段类型	字段名	说　明
int	professionid	专业代码
string	professionname	专业名称
int	departmentid	系部代码

任务 3.2　创建社团成员类

本任务将创建“学生社团管理系统”社团成员类，编写测试程序，并编译、运行该

应用程序。测试程序运行结果如图 3-2-1 所示。

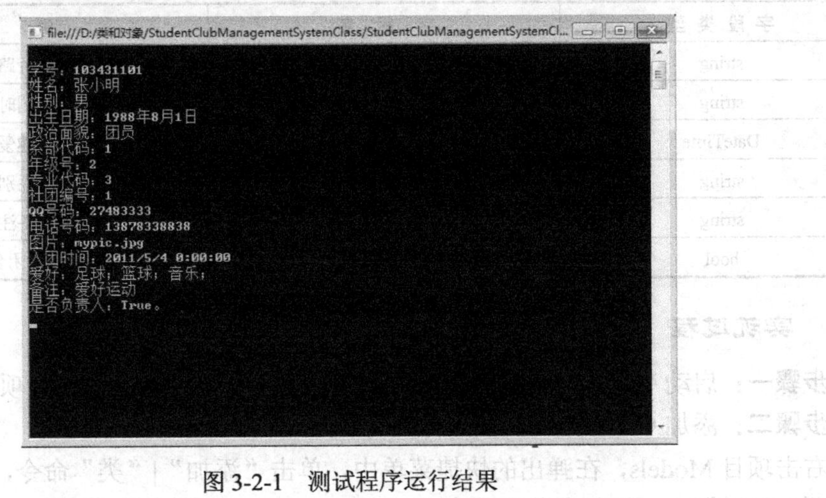

图 3-2-1　测试程序运行结果

任务分析

客观世界中的许多事物之间往往都具有相同的特征，具有继承的特点。本项目是“学生社团管理系统”，社团中的成员也必然是学生，具有学生所有的属性和行为。因此我们在创建社团成员类时，可以基于学生类来创建，避免了重复开发，用面向对象的观点来说，就是“继承”。本节任务是要创建一个社团成员类，类结构图如图 3-2-2 所示。

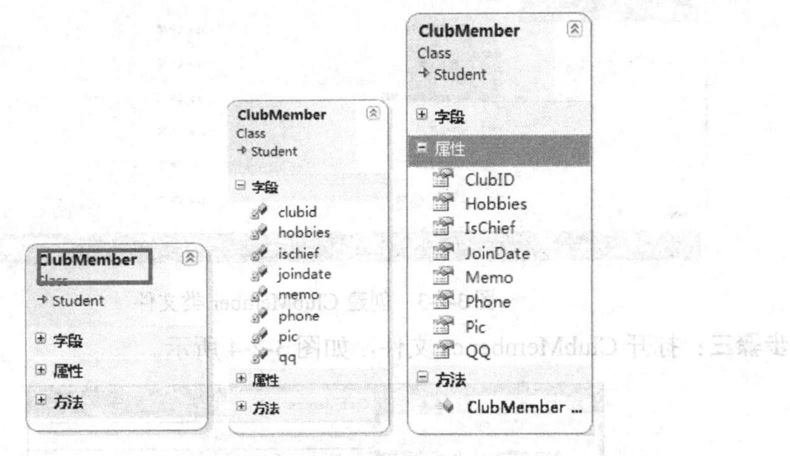

图 3-2-2　ClubMember 类图

ClubMember 类继承自 Student 类，其中包含的成员有：字段、属性和方法。类中的字段如表 3-2-1 所示，具有无参和带参构造函数。

表 3-2-1　ClubMember 类字段列表

字 段 类 型	字 段 名	说　明
int	clubid	社团编号
string	qq	QQ 号码
string	phone	联系电话

续表

字段类型	字 段 名	说 明
string	pic	图片路径
string	name	入团时间
DateTime	joindate	兴趣爱好
string	hobbies	性别
string	memo	备注
bool	ischief	是否社团负责人

实现过程

步骤一： 启动 Visual Studio.NET 应用程序，打开任务 3.1 中新建的项目 Model。

步骤二： 添加 ClubMember 类文件。

右击项目 Models，在弹出的快捷菜单中，单击"添加" | "类"命令，在打开的"添加新项"对话框中，将"名称"改为 ClubMember.cs，如图 3-2-3 所示。

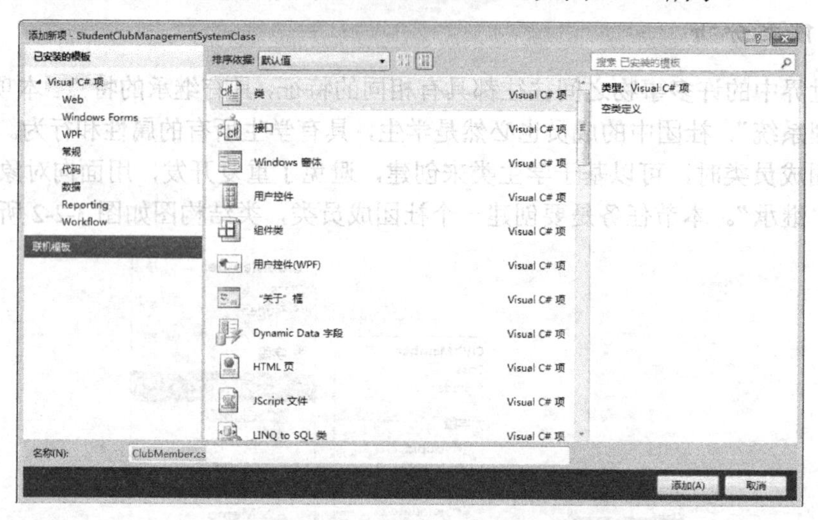

图 3-2-3　创建 ClubMember 类文件

步骤三： 打开 ClubMember.cs 文件，如图 3-2-4 所示。

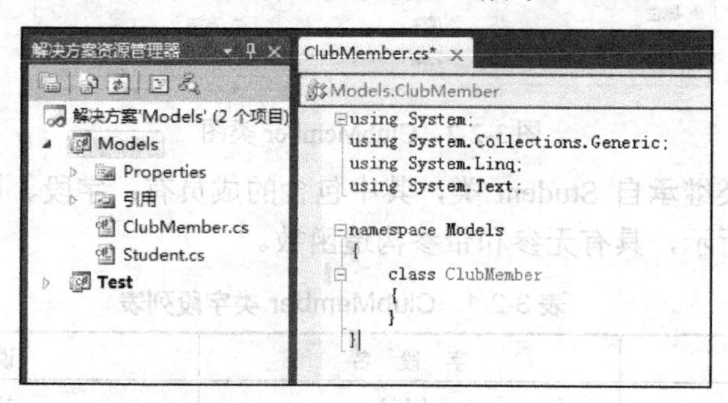

图 3-2-4　打开 ClubMember 类文件

步骤四： 实现继承。

由于该类继承 Student 类，可以用"："来实现继承，如图 3-2-5 所示。Student 类称作基类或父类，ClubMember 类称作子类或派生类。关于继承的详细讲解，参见"技术要点"。

```
解决方案资源管理器
解决方案'Models' (2 个项目)
Models
  Properties
  引用
  ClubMember.cs
  Student.cs
Test

ClubMember.cs
Models.ClubMember
using System;
using System.Collections.Generic;
using System.Linq;
using System.Text;

namespace Models
{
    class ClubMember:Student
    {
    }
}
```

图 3-2-5　继承 Student 类文件

说明：由于 ClubMember 类和 Student 类同在 Models 命名空间，所以不需要引用 Student 类所在的命名空间。

步骤五：为 ClubMember 类添加新字段。

ClubMember 类除了可以继承 Student 类中访问修饰符为 public 和 protected 类型的成员外，还可以定义自己的成员。首先定义类字段。

```
1. public class ClubMember:Student
2. {
3.         int clubid;                    //社团编号
4.         string qq;                     //QQ 号码
5.         string phone;                  //联系电话
6.         string pic;                    //照片路径
7.         DateTime joindate;             //入团时间
8.         string hobbies;                //兴趣爱好
9.         string memo;                   //备注
10.        bool ischief;                  //是社团否负责人
11. }
```

步骤六：定义 ClubMember 类的属性。

```
12.         public int ClubID
13.         {
14.             get { return clubid; }
15.             set { clubid = value; }
16.         }
17.         public string QQ
18.         {
19.             get { return qq; }
20.             set { qq = value; }
21.         }
22.         public string Phone
23.         {
24.             get { return phone; }
25.             set { phone = value; }
26.         }
27.         public string Pic
28.         {
29.             get { return pic; }
```

```
30.                     set { pic = value; }
31.             }
32.             public DateTime JoinDate
33.             {
34.                     get { return joindate; }
35.                     set { joindate = value; }
36.             }
37.             public string Hobbies
38.             {
39.                     get { return hobbies; }
40.                     set { hobbies = value; }
41.             }
42.             public string Memo
43.             {
44.                     get { return memo; }
45.                     set { memo = value; }
46.             }
47.             public bool IsChief
48.             {
49.                     get { return ischief; }
50.                     set { ischief = value; }
51.             }
```


步骤七：声明构造函数。

```
52.             //定义无参构造函数
53.             public ClubMember() {       }
54.
55.             //定义带参构造函数
56.                 public ClubMember(string sid,string name,DateTime birthday,string sex,int
gradeid,int departmentid,string  political,int professionid,int clubid,string qq,string phone,string
pic,DateTime joindate,string hobbies,string memo,bool ischief)
57.  :base(sid, name, sex,birthday,political, departmentid, gradeid,   professionid)
58.             {
59.                     this.ClubID = clubid;
60.                     this.QQ = qq;
61.                     this.Phone = phone;
62.                     this.pic = pic;
63.                     this.JoinDate = joindate;
64.                     this.Hobbies = hobbies;
65.                     this.Memo = memo;
66.                     this.IsChief = ischief;
67.             }
```

由于ClubMember类继承自Student类，第57行代码是通过base关键字调用基类Student的构造函数，关于基类、子类与构造函数之间的关系，在“技术要点”有详细的讲解。

步骤八：编写测试代码。

打开“解决方案管理器”中的Test项目节点下的Program.cs文件，在Main主函数中编写测试代码，由于Main函数中已经有任务3.1中编写的测试代码，可以将它删除或者注释。选中要注释的代码行，单击常用工具栏的“注释选中行”按钮，如图 3-2-6 所示。

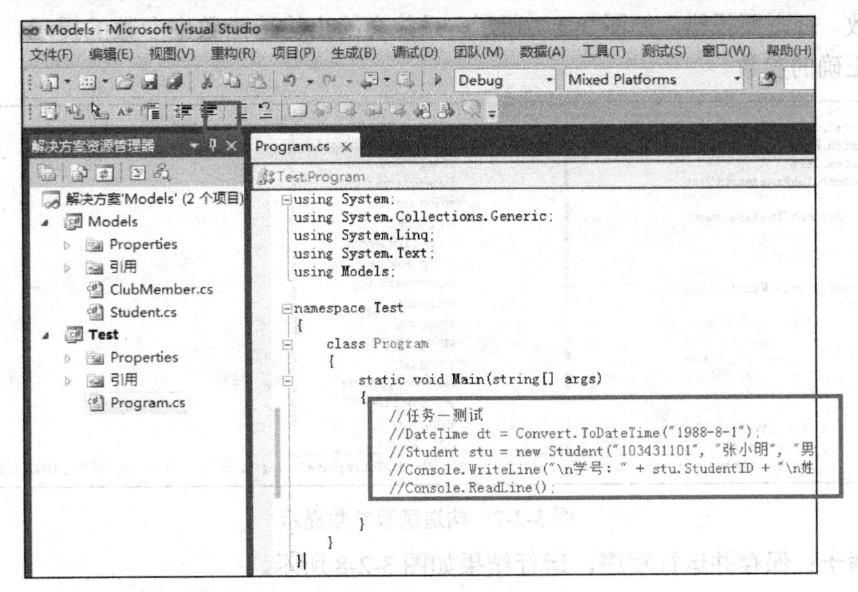

图 3-2-6 注释代码

步骤九： 编写测试代码。

Main 主函数中的测试代码如下：

```
1.  namespace Test
2.  {
3.          class Program
4.          {
5.              static void Main(string[] args)
6.              {
7.                DateTime dt = Convert.ToDateTime("1993-8-1");
8.                DateTime jdt=Convert.ToDateTime("2011-5-4");
9.                ClubMember member = new ClubMember("103431101","张小明",dt,"男",2,1,"团员",3,1,"27483333","13878338838","mypic.jpg",jdt,"足球; 篮球; 音乐; ","爱好运动",true);
10.               Console.WriteLine("\n 学号: " + member.StudentID + "\n 姓名: " + member.Name + "\n 性别: " + member.Sex + "\n 出生日期: " + member.Birthday.ToLongDateString() + "\n 政治面貌: " + member.Political + "\n 系部代码: " + member.DepartmentID + "\n 年级号: " + member.GradeID + "\n 专业代码: " + member.ProfessionID + "\n 社团编号: "+member.ClubID+"\nQQ 号码: "+member.QQ+"\n 电话号码: "+member.Phone+"\n 图片: "+member.Pic+"\n 入团时间: "+member.JoinDate+"\n 爱好: "+member.Hobbies+"\n 备注: "+member.Memo+"\n 是否负责人: "+member.IsChief+"。");
11.                Console.ReadLine();
12.             }
13.         }
14. }
```

上述代码的作用是，创建一个 ClubMember 类的对象，在创建对象时系统会自动调用构造函数，关于创建对象时基类、子类构造函数的调用在“技术要点”中有详细讲解。

需要注意的是，在创建对象时，实参的个数、顺序和类型必须与构造函数中的声明完全一致，否则要报错。如图 3-2-7 所示，系统会给出构造函数中参数的提示，帮助程序员给出正确的参数。

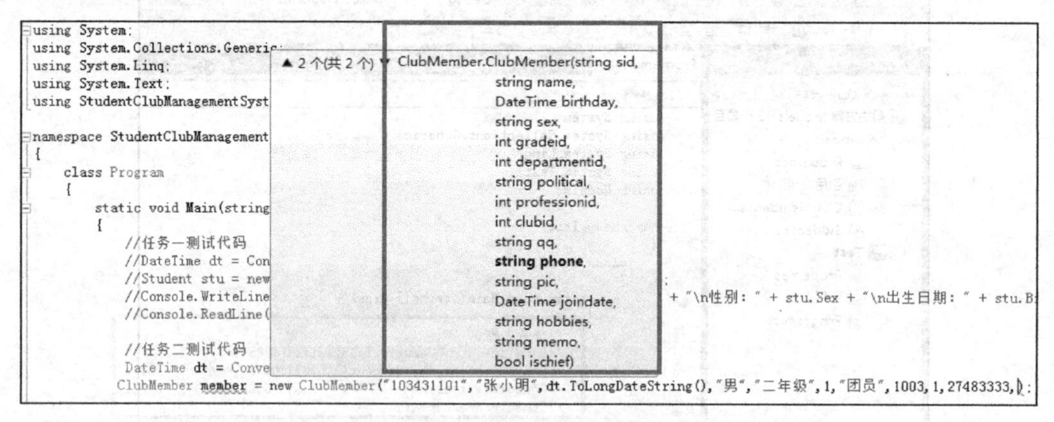

图 3-2-7　构造函数参数提示

步骤十： 保存并运行程序，运行结果如图 3-2-8 所示。


```
file:///C:/Users/T@angT@ng/Desktop/Models/Test/bin/Debug/Test.EXE
学号：103431101
姓名：张小明
性别：男
出生日期：1993年8月1日
政治面貌：团员
系部代码：1
年级号：2
专业代码：0
社团编号：1
QQ号码：27483333
电话号码：13878338838
图片：mypic.jpg
入团时间：2011/5/4 0:00:00
爱好：足球；篮球；音乐；
备注：爱好运动
是否负责人：是
```

图 3-2-8　程序运行结果

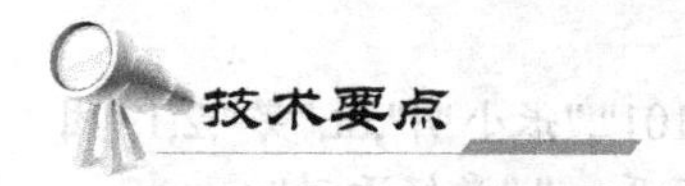

技术要点

1. 继承的概念

当一个类 A 能够获取另一个类 B 中所有非私有的数据和操作的定义作为自己的部分或全部成员时，就称这两个类之间具有继承关系。被继承的类 B 称为父类或基类，继承了父类或基类的数据和操作的类称为子类或派生类。

如图 3-2-9 就是一个典型的继承关系。

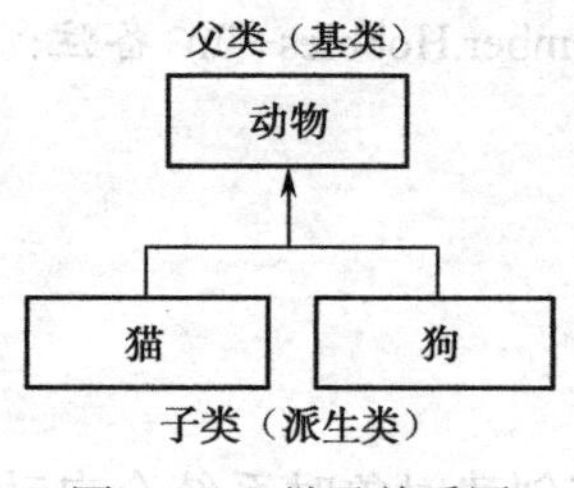

图 3-2-9　继承关系图

通过继承机制，子类可以从其父类中继承属性和方法，通过这种关系模型可以简化类的操作。假如已经定义了 A 类，接下来准备定义 B 类，而 B 类中有很多属性和方法与 A 类相同，那么就可以通过“：”实现 B 类继承 A 类，这样就无须再在 B 类中定义 A 类已具有的属性和方法，在很大程度上提高程序的开发效率。子类从基类继承属性和方法，实现了代码重用，派生类变得更专门化。

2. 继承的实现和特点

（1）继承的实现。一般基类都可以通过继承关系来产生子类。在声明子类时，子类名称后紧跟一个冒号，冒号后指定基类的名称。语法格式如下：

```
访问修饰符 class 派生类名:基类名
{
    //类体
}
```

（2）继承的规则和特点。

C#中的继承具备以下特点。

- 继承是可传递的。如果 C 从 B 中派生，B 又从 A 中派生，那么 C 不仅继承了 B 中声明的成员，同样也继承了 A 中的成员。
- 派生类应当是对基类的扩展。派生类可以添加新的成员，但不能除去已经继承的成员的定义。
- 构造函数和析构函数不能被继承。除此以外的其他成员，不论对它们定义了怎样的访问方式，都能被继承。基类中成员的访问方式只能决定派生类能否访问它们。
- 派生类如果定义了与继承而来的成员同名的新成员，就可以覆盖已继承的成员。但这并不因为派生类删除了这些成员，只是不能再访问这些成员。

这里需要注意的以下几点。

- C#中只支持单继承，但可以实现多个接口。
- 如果要防止被继承，可以使用 sealed 关键字（密封类）。
- 静态类是仅包含静态方法的密封类，也不能被继承。
- Object 类作为所有类的基类。

（3）基类成员修饰符。如果基类中的成员均为私有的，则派生类无法从基类中继承，这样就失去了继承的意义；然而如果将基类的成员全部定义为公有的，虽然派生类可以直接访问基类的成员，但这又不符合面向对象封装性的特点。为了解决这个问题，在 C#中增加了一个访问修饰符 protected。

基类成员修饰符在子类和其他类中的访问权限如表 3-2-2 所示。

表 3-2-2　基类成员修饰符访问权限

修饰符	类内部	子类	其他类
public	可以	可以	可以
private	可以	不可以	不可以
protected	可以	可以	不可以

3. 继承中的构造函数

派生类不能继承基类的构造函数和私有成员。派生类可以有自己的构造函数、数据成员和方法成员，派生类不能直接访问基类的构造函数和私有成员，只能通过继承的基类方法间接地访问基类的私有成员。

（1）使用 base 关键字调用基类的构造函数。基类的构造函数无法被继承，所以派生类不能直接调用基类的构造函数，而派生类还必须有一种方式调用基类的构造函数，这是因为基类的数据必须被基类的构造函数初始化。

例如下面的程序：

```
1.  class Circle
2.  {
3.      int raduis;
4.      public Circle(int raduis)
5.      {
6.          this. raduis= raduis;
7.      }
8.  }
9.  class Cylinder : Circle
10. {
11.     int height;
12.     //使用 base 关键字调用基类构造函数
13.     public Cylinder (int raduis, int height): base(raduis)
14.     {
15.             this. height = height;
16.     }
17. }
```


（2）多个基类构造函数的调用。当基类的构造函数不止一个时，此时根据 base 关键字后传递的参数的个数、参数的次序、类型来确定到底调用基类的哪个构造函数，见下面的例子。

```
1.  class Circle
2.  {
3.          int raduis;
4.          public Circle()                    //无参构造函数
5.          {
6.              this. raduis=5;
7.          }
8.
            public Circle(int raduis)          //定义构造函数，含有一个参数
9.          {
10.             this. raduis= raduis;
11.         }
12. }
```

下面的类 Cylinder 中使用 base 关键字调用基类 Circle 的构造函数 Circle (int raduis)，这是因为 base 后有一个参数 raduis。

```
14.     class Cylinder: Circle
15.     {
16.         int height;
17.         //该构造函数首先调用基类 Cylinder 的构造函数 Cylinder (int raduis)
18.         public Square(int raduis, int height) : base(raduis)
19.         {
20.             this. height = height;
21.         }
22.     }
```

（3）隐式调用基类的构造函数。如果基类没有定义构造函数，此时在实例化派生类对象时将会隐式调用基类的无参构造函数。如果基类定义了构造函数，但不含无参数的构造函数，此时在派生中定义带参数的构造函数时，就会出现编译错误。

```
1.  public class Shape        //基类 Shape，未显示声明构造函数
2.  {
3.      int linewidth;
4.      public void DisplayWidth()
5.      {
6.          Console.WriteLine(linewidth);
7.      }
8.  }
9.  public class Circle : Shape     //基类派生类 Circle
10. {
11.     float radius;
12.     public Circle(float r)
13.     {
14.         radius = r;
15.     }
16. }
17. class Program
18.     {
19.         static void Main(string[] args)
20.         {
21.             Circle c = new Circle(6);  //将调用基类的无参构造函数
22.             c.DisplayWidth();
23.         }
24.     }
```

定义类 Circle 的构造函数时，并没有使用 base 关键字。如果创建 Circle 类的一个实例，就会首先调用基类的默认构造函数，该基类的默认构造函数就将基类的成员变量 linewidth 初始化为 0。

【ClubMember 类代码解读】

请看下面的代码。

```
52.         //定义无参构造函数
53.         public ClubMember() {  }
54.
55.         //定义带参构造函数
56.             public ClubMember(string sid,string name,DateTime birthday,string sex,int gradeid,int departmentid,string political,int professionid,int clubid,string qq,string phone,string pic,DateTime joindate,string hobbies,string memo,bool ischief)
57.  :base(sid, name, sex,birthday,political, departmentid, gradeid, professionid)
58.         {
59.             this.ClubID = clubid;
60.             this.QQ = qq;
61.             this.Phone = phone;
62.             this.pic = pic;
63.             this.JoinDate = joindate;
64.             this.Hobbies = hobbies;
65.             this.Memo = memo;
66.             this.IsChief = ischief;
67.         }
```

第 57 行：定义含有 16 个参数的构造函数，通过 base 关键字调用基类 Student 类中的构造函数，传递 8 个实参。

第 59～66 行：初始化子类 ClubMember 中的字段。

【Main 主函数代码解读】

```
7.          DateTime dt = Convert.ToDateTime("1993-8-1");
8.          DateTime jdt=Convert.ToDateTime("2011-5-4");
9.              ClubMember member = new ClubMember("103431101","张小明",dt,"男",2,1,"团员",3,1,"27483333","13878338838","mypic.jpg",jdt,"足球；篮球；音乐；","爱好运动",true);
10.             Console.WriteLine("\n 学号: " + member.StudentID + "\n 姓名: " + member.Name + "\n 性别: " + member.Sex + "\n 出生日期: " + member.Birthday.ToLongDateString() + "\n 政治面貌: " + member.Political + "\n 系部代码: " + member.DepartmentID + "\n 年级号: " + member.GradeID + "\n 专业代码: " + member.ProfessionID + "\n 社团编号: "+member.ClubID+"\nQQ 号码: "+member.QQ+"\n 电话号码: "+member.Phone+"\n 图片: "+member.Pic+"\n 入团时间: "+member.JoinDate+"\n 爱好: "+member.Hobbies+"\n 备注: "+member.Memo+"\n 是否负责人: "+member.IsChief+"。");
11.             Console.ReadLine();
```


第 9 行代码：创建派生类的对象时，先执行基类的构造函数，再执行派生类的构造函数。创建对象时，根据 ClubMember 类中构造函数的声明形式，传递了 16 个实参。在创建对象时，首先是调用基类 Student 类的构造函数，对基类进行初始化。然后再对子类 ClubMember 类进行初始化。

拓展学习

1. 隐藏基类的成员

new 关键字出来创建对象和调用构造函数外，它还能在类的继承中使用。它表示在派生类中定义一个新的同名方法，将隐藏基类中的成员。当在派生类中创建与基类方法或数据成员同名的成员时，基类中的原有方法或成员将被隐藏。下面的例子中说明了关键字 new 的使用方法。

```
1.  class Animal
2.  {
3.      public void Eat()
4.      {
5.          Console.WriteLine("Eat something");
6.      }
7.  }
8.  class Cat : Animal
9.  {
10.     public new void Eat()
11.     {
12.         //暂时隐藏基类的方法
13.         Console.WriteLine("Eat small fishes");
14.     }
15. }
16. class Test
```

```
17. {
18.         public static void Main(string[] args)
19.         {
20.                 Cat mycat = new Cat();
21.                 mycat.Eat();   //调用子类方法
22.         }
23. }
```

输出结果:

```
Eat small fishes
```

2. 虚方法

要实现面向对象的多态性，通常是在基类与派生类定义之外再定义一个含基类对象形参的方法。多态性的关键就在该方法中的形参对象在程序运行前根本就不知道是什么类型的对象，要一直到程序运行时，该方法被调用，接受了对象参数才知道。因为基类对象不仅可以接受本类型的对象实参，也可以接受其派生类类型或派生类的派生类类型的实参，并且可以根据接受的对象类型不同来调用相应类定义中的方法，从而实现多态性。为了实现多态，可以在基类中声明虚方法。

（1）虚方法的概念。若一个实例方法的声明中含有 virtual 修饰符，则称该方法为虚方法。若其中没有 virtual 修饰符，则称该方法为非虚方法。

如果在类中声明一个方法的时候用了 virtual 关键字，那么，在它的派生类中，就可以使用 override 或者 new 关键字来重写这个方法。

（2）虚方法的声明。

基类中的声明格式：

```
public virtual  方法名称(参数列表)
{ ... }
```

派生类中的方法重写声明格式：

```
public override  方法名称(参数列表)
{ ... }
```

在派生类中声明与基类同名的方法，也叫方法重写。在派生类重写基类方法后，如果想调用基类的同名方法，也可以使用 base 关键字。下面是一个综合的例子。

```
1.  namespace Example{
2.  class A
3.  {
4.          public virtual void Func()            //virtual 关键字，表明这是一个虚拟函数
5.          {
6.             Console.WriteLine("Func In A");
7.          }
8.  }
9.
10.  class B : A                                  //B 类继承 A 类
11.  {
12.          public override void Func()          //注意关键字 override，表明重新实现了 Func
13.          {
```

```
14.             Console.WriteLine("Func In B");
15.         }
16.  }
17.
18.  class C : B                     //C 类继承 B 类
19.  {
20.  }
21.
22.  class D : A                     //D 类也继承 A 类
23.  {
24.                 // 注意关键字 new，表明隐藏父类中的同名类，而不是重新实现
25.      public new void Func()
26.      {
27.          Console.WriteLine("Func In B");
28.      }
29.  }
30.
31.  class Test
32.      {
33.         static void Main(string[] args)
34.         {
35.             A a;            // 声明一个 A 类的对象 a
36.             A b;            // 声明一个 A 类的对象 b，父类 A 的引用指向了子类 B 的对象
37.             A c;            // 声明一个 A 类的对象 c
38.             A d;            // 声明一个 A 类的对象 d
39.
40.             a = new A();    // 实例化 a 对象，
41.             b = new B();    // 实例化 b 对象
42.             c = new C();    // 实例化 c 对象
43.             d = new D();    // 实例化 d 对象
44.
45.             a.Func();
46.             b.Func();
47.             c.Func();
48.             d.Func();
49.             D d1 = new D();
50.             d1.Func();
51.             Console.ReadLine();
52.         }
53.     }
54.  }
```

输出结果：

```
Func In A
Func In B
Func In B
Func In A
Func In D
```

第 45 行：执行 a.Func()：先检查声明类 A，发现 Func 是虚拟方法，a 是类 A 的对象，执行实例类 A 中定义的方法 Func()，输出结果 Func In A。

第 46 行：执行 b.Func()：因为父类 A 的引用指向了子类 B 的对象，子类 B 重写了父类 A 的虚方法 Func()，将调用类 B 中的方法，输出结果 Func In B，这是多态性的体现，也称为动态连接。

第 47 行：执行 c.Func()：父类 A 的引用指向了子类 B 的子类 C 的对象，子类 C 没有重写父类 A 的虚方法 Func()，但其父类 B 中重写了该方法，将调用类 B 中的方法，输出结果 Func In B。

第 48 行：执行 d.Func：父类 A 的引用指向了子类 D 的对象，子类 D 没有重写父类 A 的虚方法 Func()（注意：类 D 里有实现 Func()，但没有使用 override 关键字，所以不会被认为是重写），因此将执行父类 A 中的 Func 方法，输出结果 Func In A。

第 49～50 行代码：D 类的对象 d1 调用方法 Func()，输出结果 Func In D。

3. 抽象类

（1）抽象类的概念。在实际的编程过程中，常常有很多类只用来继承，不需要实例化，比如编程一个俄罗斯方块的小游戏，我们设计基类图形类 Shape，然后派生 LShape 类，TShape 类，等等，每个类都有方法 Draw()来绘制图形。对于基类 Shape 来说，Draw() 方法并不好实现，Shape 这个概念只是具体图形的抽象。在这种情况下，在定义基类时，对于其中的方法可以不去做具体的方法实现，而用抽象方法进行描述，那么这个类也就成了抽象类。

抽象类是指基类的定义中声明不包含任何实现代码的方法，实际上就是一个不具有任何具体功能的方法。这个方法的唯一作用就是让派生类重写。

在基类定义中，只要类体中包含一个抽象方法，该类即为抽象类。在抽象类中也可以声明一般的虚方法。

（2）抽象类的定义。

声明抽象类与抽象方法均需使用关键字 abstract，其格式为：

```
public abstract class 类名称
{
    …
    public abstract 返回类型 方法名称(参数列表);
    …
}
```

抽象方法不是一般的空方法，抽象方法声明时，没有方法体，在方法头后跟一个分号。继承抽象类和继承非抽象类主要有以下几个方面的区别。

- 抽象类可以声明实例，但不能实例化。抽象类实例只能引用派生类的对象，通过派生类的对象去访问抽象类中的成员。

假定 A 是抽象类，B 是抽象类 A 的派生类，A 中有共有成员方法 C。下列代码显示了如何通过 A 的实例访问 A 中成员方法 C。

```
A a=new B();           //定义抽象类 A 的实例 a，并让其引用派生类 B 的对象
a.C();                 //访问 A 中的方法 C
```

- 抽象类可以含有抽象方法和抽象属性，此时派生类必须实现基类的抽象成员。普通基类也可以定义虚成员以让其派生类可以有自己的实现，但派生类可以不实现基类的虚成员，而是继承基类的虚成员。

（3）抽象类的重载。当定义抽象类的派生类时，派生类自然从抽象类继承抽象方法成员，并且必须重写（重载）抽象类的抽象方法，这是抽象方法与虚方法的不同，因为对于基类的虚方法，其派生类可以不必重写（重载）。重载抽象类方法必须使用 override 关键字。

重载抽象方法的格式为：

```
pulbic override 返回类型 方法名称(参数列表)
{
    方法体
}
```

其中，方法名称与参数列表必须与抽象类中的抽象方法完全一致。

4. 虚方法和抽象方法的比较

（1）虚方法必须有实现部分，并为派生类提供了覆盖该方法的选项抽象方法没有提供实现部分，抽象方法是一种强制派生类覆盖的方法，否则派生类将不能被实例化。如：

```
public abstract class Animal
{
        public abstract void Sleep();                    //定义抽象方法
        public abstract void Eat();
}
public class Animal
{
    public virtual void Sleep(){}                        //定义虚方法
    public virtual void Eat(){}
}
```

（2）抽象方法只能在抽象类中声明， 抽象方法必须在派生类中重写。如果类包含抽象方法，那么该类也是抽象的，也必须声明为抽象的。如下面的程序，编译器会报错。

```
public class Animal
{
     public abstract void Sleep();
     public abstract void Eat();
}
```

（3）抽象方法必须在派生类中重写，这一点跟接口类似，虚方法则不必。抽象方法不能声明方法实体，而虚方法可以。包含抽象方法的类不能实例化，而包含虚方法的类可以实例化。如：

```
public abstract class Animal
{
      public abstract void Sleep();
      public abstract void Eat();
}
public class Cat : Animal
{
      public override void Sleep()
```

```
        {
            Console.WriteLine( "Cat is sleeping" );
        }
}
```

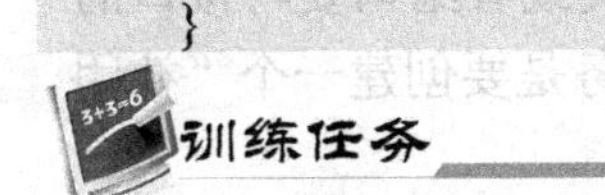

1．创建一个长方体类 Cuboid，类图如 3-2-10 所示，类的定义中包含字段、属性和构造函数。构造函数有无参和带参构造函数。此外，再定义一个求长方体体积的方法 Cubage。

2．创建一个正方体类 Cube，类图如 3-2-10 所示，该类继承自 Cuboid 类。该类包含无参和带参构造函数，要求通过 base 关键字调用 Cuboid 类构造函数。此外，重写基类的求长方体体积的虚方法，实现求正方体体积的方法。

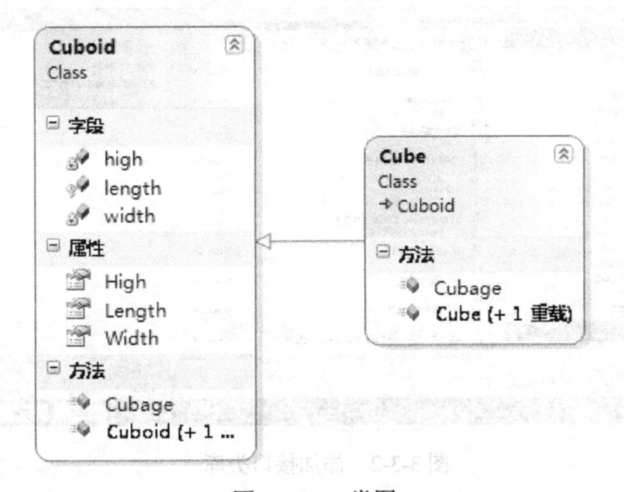

图 3-2-10　类图

任务 3.3　创建成员管理数据访问接口

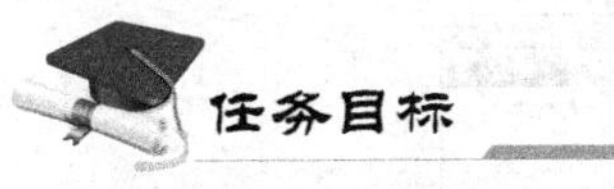

本任务将创建“学生社团管理系统”社团成员数据访问接口，编写测试程序，并编译、运行。

接口成员结构如图 3-3-1 所示。

图 3-3-1　接口结构图

任务分析

C#接口（interface）用来定义一种程序的协定。实现接口的类或者结构要与接口的定义严格一致，使用接口可以使程序更加清晰和条理化。本节任务是要创建一个“社团成员数据访问的接口”。

实现过程

步骤一：启动 Visual Studio.NET 应用程序，打开任务 3.1 中新建的解决方案 Models。

步骤二：创建接口类库项目。

在“解决方案资源管理器”中，右击解决方案名称，单击“添加”→“新建项目”命令，将会弹出“添加新项目”对话框，如图 3-3-2 所示。

图 3-3-2　添加接口类库

步骤三：创建接口 IMemberService。

右击解决方案资源管理器中的 IDAL 项目，单击“添加”→“新建项”命令，选择“接口”模板，如图 3-3-3 所示。在 IDAL 项目中添加一个接口文件 IMemberService.cs 并确定，此时代码编辑器窗口将自动生成接口声明的代码，如图 3-3-4 所示。

图 3-3-3　添加 IMemberService 接口

```
IMemberService.cs*  Interface1.cs  Class1.cs
IDAL.IMemberService
using System;
using System.Collections.Generic;
using System.Linq;
using System.Text;

namespace IDAL
{
    interface IMemberService
    {

    }
}
100 %
```

图 3-3-4　IMemberService 接口声明

步骤四：声明接口中的成员。

接口可以包含属性、方法、索引指示器和事件等成员，并不包括它们的实现。方法的实现是在实现接口的类中完成的。本接口主要是提供社团成员管理数据访问，而社团成员管理数据访问主要包括社团成员信息查询、增加社团成员、删除社团成员、修改社团成员等操作，因此，要在接口中依次声明这些方法。代码如下：

```
1.  interface IMemberService
2.  {
3.      //获取所有社团成员信息
4.      DataTable GetAllMembers();
5.
6.      //根据成员编号获得社团成员信息
7.      ClubMember GetMemberByID(string id);
8.
9.      //添加成员
10.     bool AddMember(ClubMember    member);
11.
12.     //修改成员
13.     bool UpdateMember(ClubMember member);
14.
15.     //根据编号删除成员
16.     bool DeleteMember(string id);
17. }
```

步骤五：添加项目引用。

在接口方法声明中，由于用到 Models 项目中的类，所以需要添加引用项目 Models。添加和引用的方法在前面两个任务中已介绍过，在此不再赘述。此外在方法中还用到 DataTable 类，而该类所在的命名空间是 System.Data，所以需要在程序头部添加该命名空间的引用，添加的两行引用代码如下所示：

```
using Models;
using System.Data;
```

步骤六：创建 MemberManageTest 类实现接口 IMemberService。

在解决方案 Model 的 Test 项目中添加类 MemberManageTest，该类将实现接口

IMemberService。真正实现 IMemberService 接口中的方法还需要后续的知识，这里仅仅做简单实现演示，后面的内容将介绍该接口中方法的真正实现。MemberManageTest 代码如下：

```
1.  class MemberManageTest:IMemberService
2.  {
3.          //获取所有社团成员信息
4.          DataTable GetAllMembers()
5.          {
6.                  Console.WriteLine("查询所有成员信息！");
7.                  return null;
8.          }
9.          //根据成员编号获得社团成员信息
10.          ClubMember GetMemberByID(string id)
11.          {
12.                  Console.WriteLine("查询编号"+id+"的成员！");
13.                  return null;
14.          }
15.          //添加成员
16.          bool AddMember(ClubMember member)
17.          {
18.                  Console.WriteLine("添加新成员" +member.Name+"成功！");
19.                  return true;
20.          }
21.          //修改成员
22.          bool UpdateMember(ClubMember member)
23.          {
24.                  Console.WriteLine("修改成员" +member.Name+"成功！");
25.                  return true;
26.          }
27.
28.           //根据编号删除成员
29.           bool DeleteMember(string id)
30.          {
31.                Console.WriteLine("删除编号"+id+"成员成功！");
32.                return true;
33.          }
34.  }
```

步骤七：在 Test 项目中编写测试代码并运行。

在 Main 方法中编写如下代码：

```
1.  static void Main(string[] args)
2.  {
3.          Console.WriteLine(" ***********欢迎使用学生社团管理系统********");
4.          Console.WriteLine(" >>社团成员管理                                    ");
5.          Console.WriteLine("                                                   ");
6.          Console.WriteLine("                  1.社团成员信息查询               ");
7.          Console.WriteLine("                  2.社团成员信息添加               ");
```

```
8.       Console.WriteLine("                3.社团成员信息修改           ");
9.       Console.WriteLine("                4.社团成员信息删除           ");
10.        Console.WriteLine("                                       ");
11.        Console.WriteLine(" *****************************************");
12.        Console.Write("请选择（1-4）：");
13.        MemberManageTest membermanageobj = new MemberManageTest();
14.        string key=Console.ReadLine();
15.        switch (key)
16.        {
17.            case "1": membermanageobj.GetAllMembers(); break;
18.            case "2":
19.                    ClubMember member1=new ClubMember();
20.                    member1.Name="张小平";
21.                    membermanageobj.AddMember(member1) ;
22.                    break;
23.            case "3":
24.                    ClubMember member2=new ClubMember();
25.                    member2.Name="李波";
26.                    membermanageobj.UpdateMember(member2);
27.                    break;
28.            case "4": membermanageobj.GetMemberByID("10234542"); break;
29.           default: Console.WriteLine("输入错误！"); break;
30.        }
31.      Console.ReadLine();
32. }
```

技术要点

1. 接口的概念

前一个任务中介绍了抽象类，如果一个抽象类中的所有方法都是抽象的，就可以将这个类用另外的方式来定义，那就是接口。在C#中，接口用来定义一种程序的协定。通俗地说，接口就是说明一个类“能做什么”。实现接口的类或者结构要与接口的定义严格一致。定义接口，里面包含方法，但没有方法具体实现的代码，然后在继承该接口的类里面要实现接口的所有方法的代码。

2. 接口的定义

接口中只能包含方法、属性、索引器和事件的声明。不允许声明成员的访问修饰符，即使是pubilc都不行，因为接口成员总是公有的，也不能声明为虚拟和静态。如果需要修饰符，最好让接口的实现类来声明。

C#使用interface关键字来定义接口。其基本结构如下：

```
访问修饰符   interface    接口名
{
    接口成员
}
```

例如：定义一个名为 Iflyable 和 IPrint 的接口。

```
public interface Iflyable //定义接口
{
    void Fly();
}
public interface IPrint //定义接口
{
    void Print();
}
```

下面的接口定义有错误：

```
1.  interface IShape          //定义接口
2.  {
3.      public string name;
4.      public void Draw() {   }
5.  }
```

上述接口定义有两处错误，一处是第 3、4 行，在声明变量和方法时，不能设置访问权限。另外一处是第 4 行，声明的方法中不能有实现，哪怕是空方法也不可以。

接口定义时应当注意以下几点。

（1）接口的成员是从基接口继承的成员和由接口本身定义的成员。

（2）接口定义可以定义零个或多个成员。接口的成员必须是方法、属性、事件或索引器。接口不能包含常数、字段、运算符、实例构造函数、析构函数或类型，也不能包含任何种类的静态成员。

（3）定义一个接口，该接口对于每种可能种类的成员都包含一个：方法、属性、事件和索引器。

（4）接口成员默认访问方式是 public。接口成员定义不能包含任何修饰符，比如成员定义前不能加 abstract、public、protected、internal、private、virtual、override 或 static 修饰符。

（5）接口的成员之间不能相互同名。继承而来的成员不用再定义，但接口可以定义与继承而来的成员同名的成员，这时接口成员覆盖了继承而来的成员，这不会导致错误，但编译器会给出一个警告。关闭警告提示的方式是在成员定义前加上一个 new 关键字。但如果没有覆盖父接口中的成员，使用 new 关键字会导致编译器发出警告。

（6）方法的名称必须与同一接口中定义的所有属性和事件的名称不同。此外，方法的签名必须与同一接口中定义的所有其他方法的签名不同。

（7）属性或事件的名称必须与同一接口中定义的所有其他成员的名称不同。

（8）接口方法声明中的属性（attributes）、返回类型（return-type）、标识符（identifier）和形式参数列表（formal-parameter-lis）与一个类的方法声明中的哪些有相同的意义。一个接口方法声明不允许指定一个方法主体，而声明通常用一个分号结束。

（9）接口属性声明的访问符与类属性声明的访问符相对应，除了访问符，主体通常必须用分号。因此，无论属性是读/写、只读或只写，访问符都完全确定。

3. 实现接口

接口可由类实现，实现的接口的标识符出现在类的基列表中。例如：

```
class MyClass: Iface1, Iface2
{
    //类的成员
}
```

冒号（:）是类实现接口的标志符，表示类 MyClass 实现了接口 Iface1 和 Iface2，如果要实现多个接口，可用逗号（,）隔开。如果一个类既继承了一个基类又实现一个接口，基类放在最前面。

下面的两个类继承并实现 Iflyable 接口：

```
1.  public class   Plane: Iflyable                //飞机类实现接口 Iflyable
2.  {
3.      public void   Fly()
4.      {
5.          Console.WriteLine("飞机使用引擎和机翼飞行");
6.      }
7.  }
8.  public class Bird: Iflyable                    //鸟类实现接口 Iflyable
9.  {
10.     public void   Fly()
11.     {
12.         Console.WriteLine("鸟类使用翅膀飞行");
13.     }
14. }
```

在上面的代码中，类 Plane 和 Bird 实现接口 Iflyable，用“:”表示正在实现接口，因此，在类中必须要实现接口 Iflyable 中所声明的所有成员。

注意，在实现接口 Iflyable 中声明的 Fly 方法，必须要加上访问修饰符 public，否则无法实现接口成员。

关于接口继承的注意事项。

（1）C#中的接口是独立于类来定义的。

（2）接口和类都可以继承多个接口。

（3）类可以继承一个基类，接口根本不能继承类。C#的简化接口模型有助于加快应用程序的开发。

（4）一个接口定义一个只有抽象成员的引用类型。C#中一个接口实际所做的，仅仅只存在着方法标志，但没有执行代码。这就暗示了不能实例化一个接口，只能实例化一个派生自该接口的对象。

（5）接口可以定义方法、属性和索引。所以，对比一个类，接口的特殊性是：当定义一个类时，可以派生自多重接口，而你只能可以从仅有的一个类派生。

4. 接口的作用

就像上面说的那样，利用接口可实现多重继承，即一个类可以实现多个接口，在实现接口“:”的后面罗列多个接口，并用逗号分隔。C#不支持多重继承，也就是一个类只能有一个父类，利用接口可以达到多继承的效果。

拓展学习

1. 接口作用的进一步讨论

C#接口是一个让很多初学 C#者感觉比较迷糊的知识，用起来好像很简单，表面看来只需要定义接口，里面包含方法，但没有方法具体实现的代码，然后在继承该接口的类里面要实现接口的所有方法的代码。但如果没有真正认识到接口的作用，就会觉得用接口是多此一举。下面通过一个具体的实例给读者介绍一下接口的作用。

首先定义一个接口 IBark。

```
public interface IBark
{
    void Bark();
}
```

再定义一个类，继承于 IBark，并且必须实现其中的 Bark()方法。

```
public class Dog:IBark
{
    public Dog()  {      }
   public void Bark()
   {
        Consol.write("汪汪汪");
   }
}
```

然后，在测试类中声明 Dog 的一个实例，并调用 Bark()方法。

```
Dog 旺财=new Dog();
旺财.Bark();
```

试想一样，若是想调用 Bark()方法，只需要在 Dog()中声明这样的一个方法不就行了吗，为何还要用接口呢？因为接口中并没有 Bark()具体实现，真的实现还是要在 Dog()中，那么使用接口不是多此一举吗？

还有人是这样认为的：从接口的定义方面来说，接口其实就是类和类之间的一种协定，一种约束。还拿上面的例子来说，所有继承了 IBark 接口的类中必须实现 Bark()方法，那么从用户（使用类的用户）的角度来说，如果他知道了某个类是继承于 IBark 接口，那么他就可以放心大胆地调用 Bark()方法，而不用管 Bark()方法具体是如何实现的。比如，我们另外写了一个类：

```
public class Cat: IBark
{
  public Cat()
  {     }
  public void Bark()
  {
    Console.writeLine("喵喵喵");
  }
}
```

当用户用到 Cat 类或是 Dog 类的时候，知道它们继承于 IBark 接口，那么不用关心类里的具体实现，就可以直接调用 Bark()方法，因为这两个类中肯定有关于 Bark()方法的具体实现。

如果我们从设计的角度来看，一个项目中有若干个类需要去编写，由于这些类比较复杂，工作量比较大，这样每个类就需要占用多个工作人员进行编写。比如A程序员去定Dog类，B程序员去写Cat类，这两个类本来没什么联系的，可是由于用户需要他们都实现一个关于“叫”的方法，这就要对他们进行一种约束，让他们都继承于IBark接口，目的是方便统一管理。另一个是方便调用。当然了，不使用接口一样可以达到目的，只不过这样的话，这种约束就不那么明显，这样类还有Duck类、Pig类、Tiger类等，比较多的时候难免有人会漏掉这个方法。所以说还是通过接口更可靠一些，约束力更强一些。

2. 接口和抽象类的区别

接口与抽象类的相似之处有以下3点。

（1）接口和抽象类都不能实例化。

（2）接口和抽象类都包含未实现的方法声明。

（3）接口和抽象类的派生类都必须实现未实现的方法，对抽象类来说，只是实现抽象方法，对于接口，则是实现所有成员（不仅是方法，还包括其他成员）。

抽象类和接口的区别：

（1）类是对象的抽象，抽象类是类的抽象。也就是，将类当作对象而抽象成的类叫做抽象类。接口只是一个行为的规范或规定，微软的自定义接口总是后带able字段，证明其是表述一个类“我能做……”。抽象类更多的是定义在一系列紧密相关的类间，而接口大多数是在关系疏松但都能实现某一功能的类中。

（2）接口基本上不具备继承的任何具体特点，它仅仅承诺了能够调用的方法。

（3）一个类一次可以实现若干个接口，但是只能扩展一个父类。

（4）抽象类实现的具体方法默认为虚的，但实现接口的类中的接口方法默认为非虚的，当然也可以声明为虚的。

（5）接口与非抽象类类似，抽象类也必须为在该类的基类列表中列出的接口的所有成员提供它自己的实现。但是，允许抽象类将接口方法映射到抽象方法上。

（6）如果抽象类实现接口，则可以把接口中方法映射到抽象类中作为抽象方法且不必实现，而在抽象类的子类中实现接口中方法。

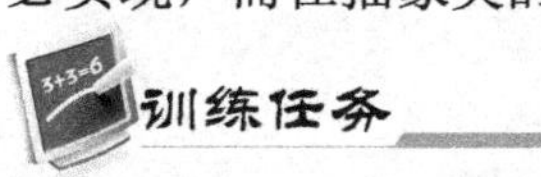

1．在IDAL项目中，添加一个新的接口文件IClubService.cs，主要提供社团管理数据访问接口。实现的方法成员列表如图3-3-5所示。

- AddClub(Models.Club)
- DeleteClub(int)
- GetAllClubs()
- GetClubByID(int)
- UpdateClub(Models.Club)

名称	类型
方法	
AddClub	bool
DeleteClub	bool
GetAllClubs	DataTable
GetClubByID	Club
UpdateClub	bool

图3-3-5　社团管理数据访问接口成员

添加社团：bool　AddClub(Club club)
修改社团：bool　UpdateClub(Club club)
删除社团：bool　DeleteClub(int id)
获取所有社团信息：DataTable　GetAllClubs()
依据编号获取社团信息：Club GetClubByID(int clubid)

2. 在 IDAL 项目中，添加一个新的接口文件 IActivityService.cs，主要提供社团活动管理数据访问接口。实现的方法成员列表如图 3-3-6 所示。

AddActivity(Models.Activity)
DeleteActivity(int)
GetActivityByID(int)
GetAllActivities()
UpdateActivity(Models.Activity)

名称	类型
方法	
AddActivity	bool
DeleteActivity	bool
GetActivityByID	Activity
GetAllActivities	DataTable
UpdateActivity	bool

图 3-3-6　社团活动管理数据访问接口成员

添加社团活动：bool　AddActivity (Activity club)
修改社团活动：bool　UpdateActivity (Activity club)
删除社团活动：bool　DeleteActivity (int id)
获取所有社团活动信息：DataTable　GetAllActivities()
依据编号获取社团活动信息：Club GetClubByID(int activityid)

项目小结

本项目实现了实体类及数据访问接口的创建，首先介绍了如何创建学生类，使读者掌握类和对象的概念，以及定义类和实例化类的方法；其次介绍了如何创建社团成员类，使读者掌握继承的概念、继承的特点和继承的实现；最后还介绍了创建社团成员管理数据访问接口的方法，使读者掌握接口概念、接口的定义和接口的实现方法。

项目 4 系统窗体界面设计

本项目将介绍 Visual Studio.NET 开发环境中“学生社团管理系统”Windows 应用程序的用户界面设计。Visual Studio.NET 应用程序提供了可视化的设计环境，使得 Windows 应用程序的界面设计更加简单、快捷。

开发大多数 Windows 应用程序的核心是窗体设计器，创建用户界面时，将控件从工具箱拖放到窗体上，把它们放在应用程序运行的地方，接着再为该控件添加处理程序，实现相应功能。通过人性化设计的窗体界面，实现与用户的交互与沟通。

学习重点：

☑ 在 Visual Studio.NET 开发环境中创建 Windows 应用程序；

☑ 熟悉按钮、标签、文本框、图片框、单选按钮、复选框、列表框、组合框等标准控件的常用属性、重要方法及事件；

☑ 了解控件命名规范；

☑ 了解事件驱动机制；

☑ 了解鼠标事件和键盘事件，会应用这些事件实现简单的用户交互。

本项目任务总览：

任务编号	任务名称
4.1	创建“Windows 窗体应用程序”项目
4.2	系统欢迎界面设计
4.3	用户登录窗体设计
4.4	成员信息管理窗体设计
4.5	成员照片选择及预览
4.6	系统主界面设计
4.7	用户界面交互性增强
4.8	窗体连接与数据传递

任务 4.1 创建“Windows 窗体应用程序”项目

任务目标

在本任务中，创建“学生社团管理系统”Windows 应用程序，并编译、运行该程序。

任务分析

“学生社团管理系统”是一个基于 Windows 的应用程序，通过友好的窗体界面，与用户进行良好的交互，因此，建立一个“Windows 窗体应用程序”类型的项目是整个系统开发的重要部分。Visual Studio 开发环境提供了“Windows 窗体应用程序”项目的模板，其创建的过程类似于之前创建“控制台应用程序”项目。

实现过程

步骤一： 启动 Visual Studio.NET 2010 软件，出现如图 4-1-1 所示的页面。

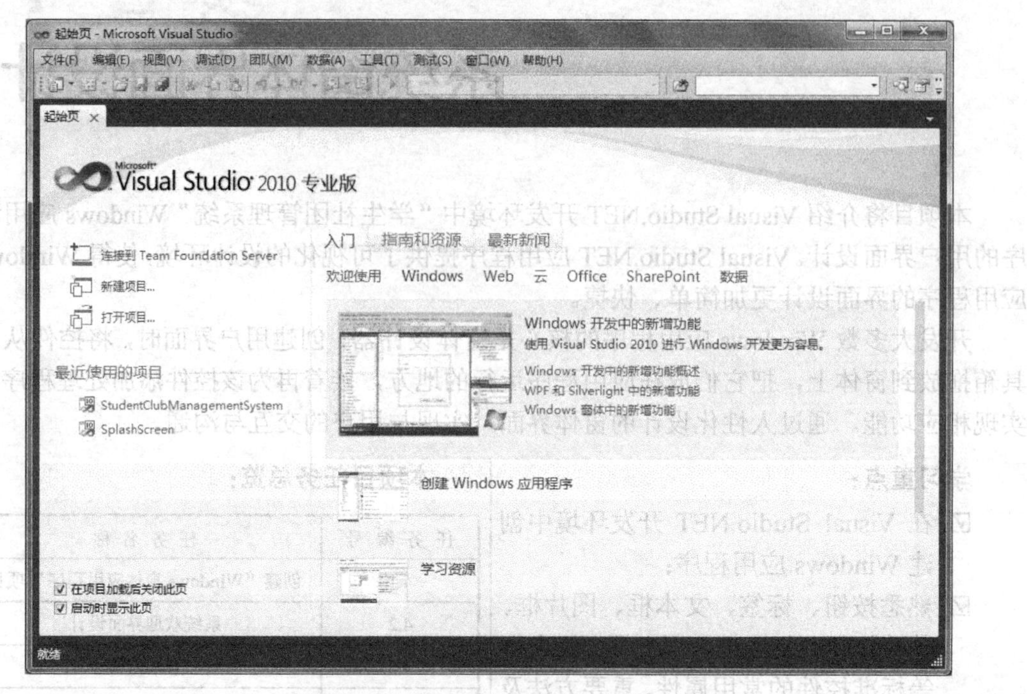

图 4-1-1　Visual Studio 2010 起始页

步骤二： 单击图 4-1-1“起始页”中的“新建项目…”快捷方式，或打开“文件”→“新建”→“项目”菜单命令，如图 4-1-2 和 4-1-3 所示。

图 4-1-2　“新建项目”快捷方式

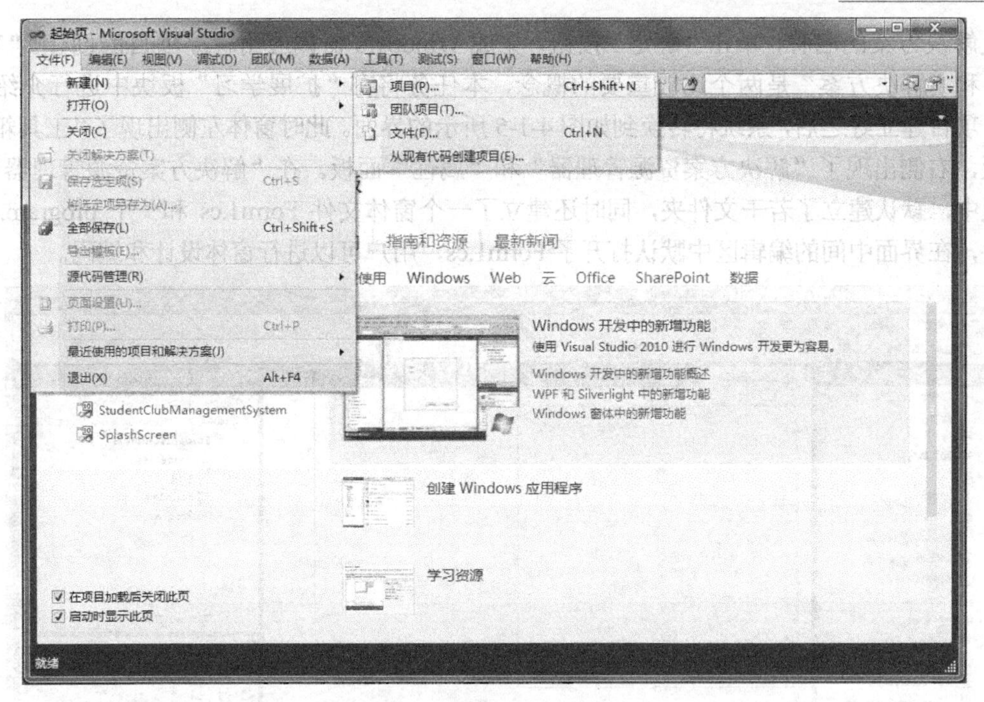

图 4-1-3 “新建项目”菜单命令

步骤三：选择项目类型，输入项目名称，创建项目，如图 4-1-4 所示。

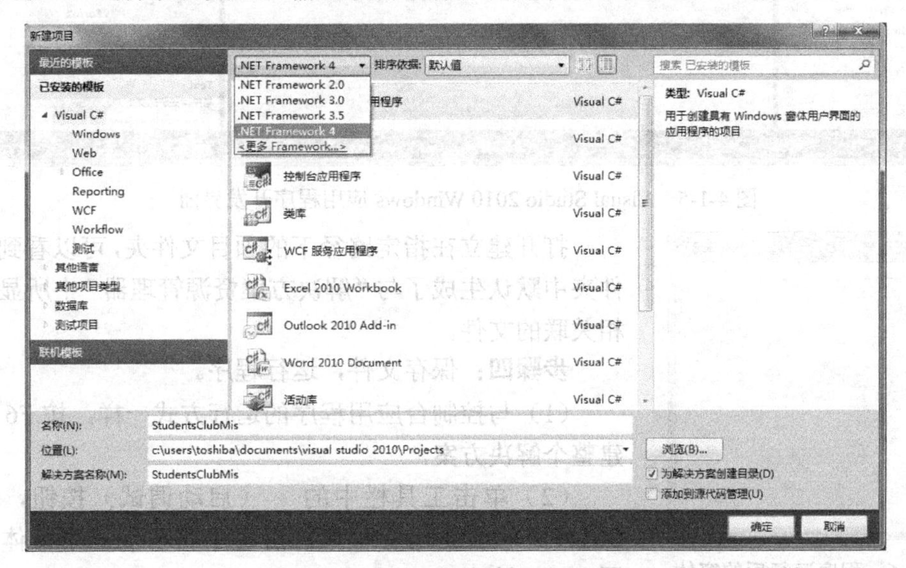

图 4-1-4 “新建项目”对话框

（1）在弹出的对话框左侧的“已安装的模板”列表中选择 Visual C#；在对话框中部的模板列表中，选择“Windows 窗体应用程序”。

（2）在窗体上方的列表框中，选择.NET Framework 4 选项，表示当前建立的 Windows 应用程序使用该版本的.NET Framework，这是系统默认选择的版本，也可以选择早期的其他版本，这项技术被微软称为多定向。

（3）在“名称”文本框中输入应用程序项目的名称，单击“浏览”按钮，选择项目保存的位置。在默认情况下，解决方案名称将自动与项目名称保持一致，用户也可以自定义解决方案的名称，单击“确定”按钮，完成 Windows 窗体应用程序项目的创建。“项目”和“解决方案”是两个比较重要的概念，本任务将在“扩展学习”板块中进行介绍。

项目建立好之后，系统将转换到如图 4-1-5 所示的界面。此时窗体左侧出现了“工具箱”面板，右侧出现了“解决方案资源管理器”和“属性”面板。在“解决方案资源管理器”面板中，默认建立了若干文件夹，同时还建立了一个窗体文件 Form1.cs 和一个 program.cs 文件，在界面中间的编辑区中默认打开了 Form1.cs，用户可以进行窗体设计和编码。

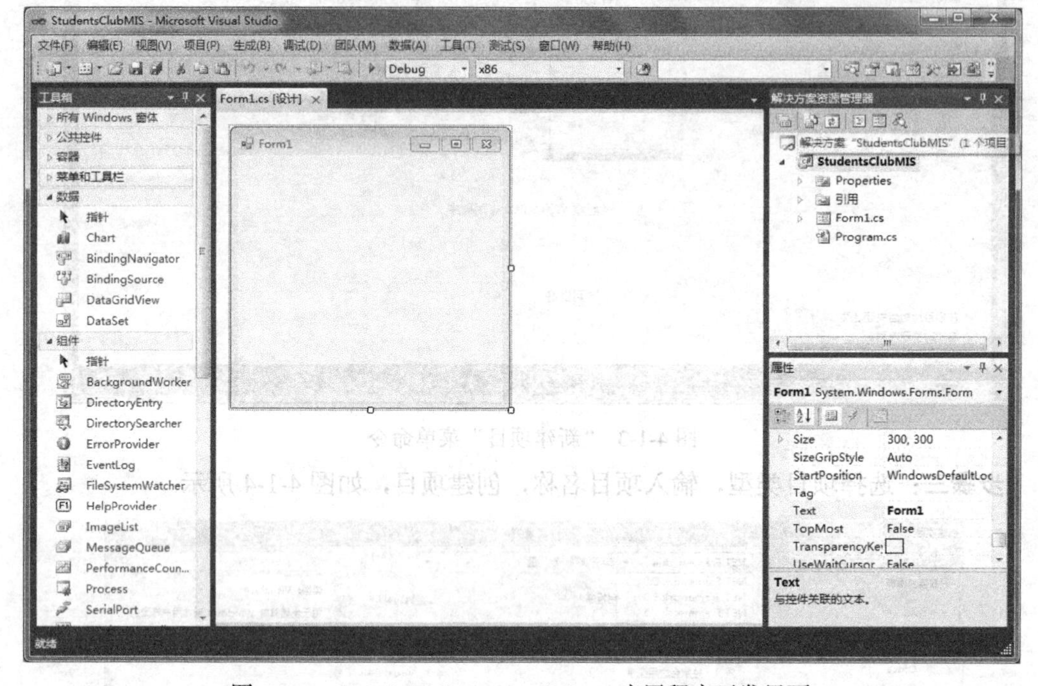

图 4-1-5　Visual Studio 2010 Windows 应用程序开发界面

图 4-1-6　程序运行后的窗体

打开建立在指定路径下的项目文件夹，可以看到该文件夹中默认生成了与“解决方案资源管理器”中所显示的相关联的文件。

步骤四： 保存文件，运行程序。

（1）与控制台应用程序的运行方式一样，按 F6 键构建整个解决方案。

（2）单击工具栏中的 ▶（启动调试）按钮，或按 Ctrl+F5 组合键运行程序。屏幕中将出现一个窗体，如图 4-1-6 所示。

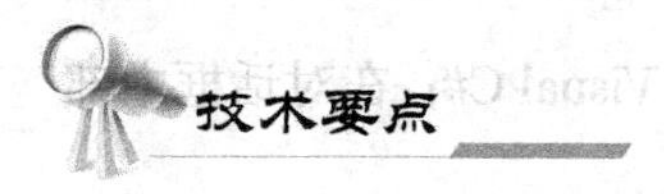

1. Visual Studio 2010 Windows 应用程序开发环境（IDE）介绍

（1）工具箱。工具箱是 Windows 窗体应用程序中常用控件的集合地，如图 4-1-7 所示。它包含了若干个选项卡，每个选项卡中包含了某一类型的控件集，控件是构造 Windows 应用程序用户界面的图形化工具。通过将工具箱中的控件添加到窗体中，即可轻松创建出标准的 Windows 用户界面。工具箱可以固定在 IDE 中，也可以在不使用时将其自动隐藏，在需要使用时单击左侧的“工具箱”标签即可。如果不小心关闭了工具箱，可以通过执行“视图”→“工具箱”命令将其打开。

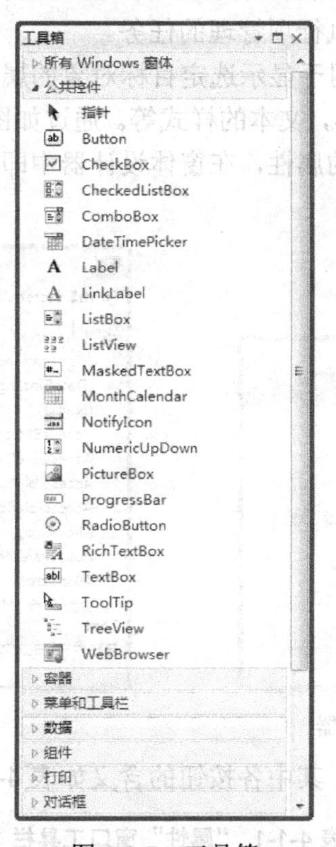

图 4-1-7　工具箱

（2）窗体设计器与代码编辑器。Windows 应用程序的窗体有两个视图，分别是设计视图与代码视图。设计视图中的窗体设计器用于创建程序的用户界面，而代码视图中的代码编辑器则用于编写程序的源代码。图 4-1-8 的右部就是窗体 Form1 对应的代码编辑器窗口，可通过“视图”→“代码”命令切换至该窗口，也可在窗体设计器中按 F7 键来实现切换。

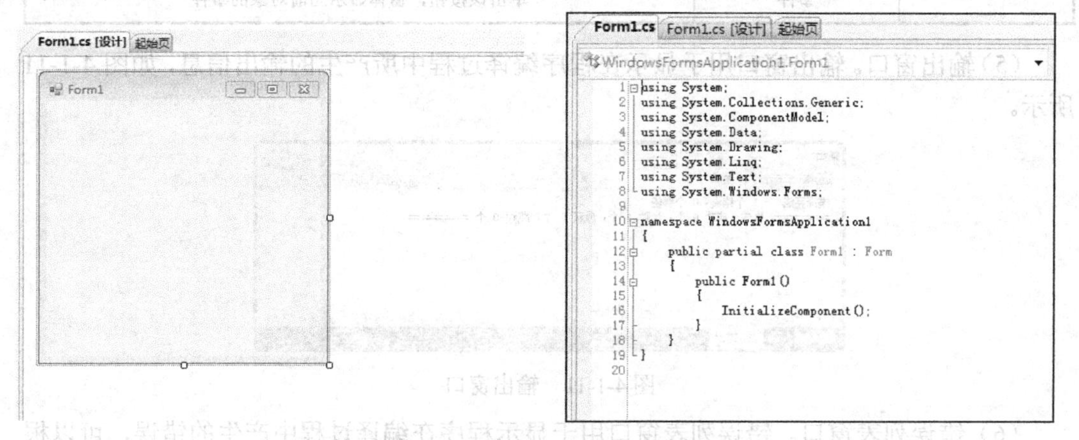

图 4-1-8　窗体设计器和代码编辑器

（3）解决方案资源管理器。如图 4-1-9 所示，该窗口以分层树视图的方式显示项目中的所有文件、项目设置以及对应程序所需的外部库的引用。一个解决方案中可以包含多个不同类型的项目，在创建新项目时，Visual Studio 会默认生成解决方案，用户可以在解决方案或项目中查看项并执行项管理的任务。

（4）属性窗口。属性窗口用于显示选定目标对象的属性。属性定义了目标对象的特征，如按钮的位置，窗体的大小，文本的样式等。通过如图 4-1-10 所示的“属性”窗口，用户可以方便快捷地设置对象的属性，在窗体设计器中即可看到效果，属性窗口的内容将随着选择对象的不同而变化。

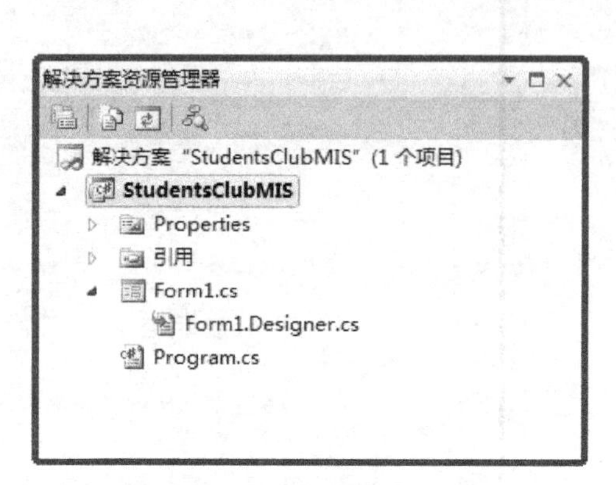

图 4-1-9　解决方案资源管理器

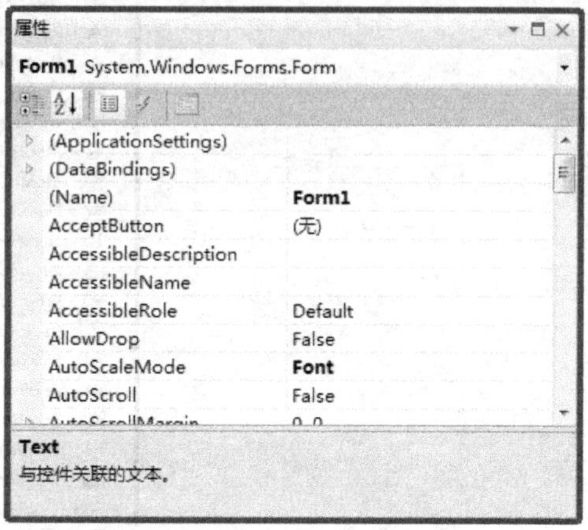

图 4-1-10　属性窗口

属性窗口中有一个工具栏，其中各按钮的含义如表 4-1-1 所示。

表 4-1-1　“属性”窗口工具栏

按钮图标	名　称	说　明
	按分类排序	单击该按钮，属性按照类型进行排序
	按字符排序	单击该按钮，属性按照属性名字母升序进行排序
	属性	单击该按钮，窗体显示当前对象的属性
	事件	单击该按钮，窗体显示当前对象的事件

（5）输出窗口。输出窗口用于显示在程序编译过程中所产生的输出信息，如图 4-1-11 所示。

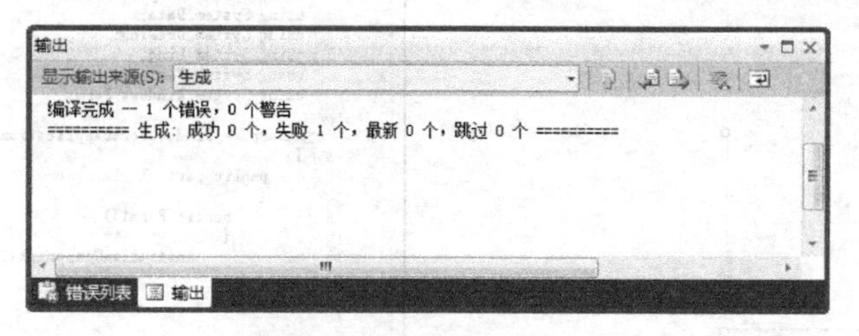

图 4-1-11　输出窗口

（6）错误列表窗口。错误列表窗口用于显示程序在编译过程中产生的错误，可以根据该窗口中错误列表中的提示进行程序的修改，如图 4-1-12 所示。

错误列表

2 个错误 | 0 个警告 | 0 个消息

	说明	文件	行	列	项目
1	数组创建必须有数组大小或数组初始值	Program.cs	15	27	ConsoleApplication1
2	应输入;	Program.cs	19	36	ConsoleApplication1

图 4-1-12　错误列表窗口

2. Windows 应用程序的结构

在本任务中，创建了一个 Windows 应用程序，但没有对其进行任何的设计与编码。可以说，它是最简单的 Windows 应用程序。在项目 2 中，曾经讨论过 C#控制台应用程序的基本结构，它包含命名空间的引用的声明、类的定义、Main()主方法的使用等。Windows 应用程序也具有相同的结构。打开解决方案资源管理器中的 Program.cs 文件，可以看见下面的代码，它们由系统自动生成。

```
1.  using System;
2.  using System.Collections.Generic;
3.  using System.Linq;
4.  using System.Windows.Forms;
5.  namespace StudentsClubMIS
6.  {
7.          static class Program
8.          {
9.              /// <summary>
10.             /// 应用程序的主入口点。
11.             /// </summary>
12.             [STAThread]
13.             static void Main()
14.             {
15.                 Application.EnableVisualStyles();
16.                 Application.SetCompatibleTextRenderingDefault(false);
17.                 Application.Run(new Form1());
18.             }
19.         }
20. }
```

上述代码的结构与前面项目中的程序结构非常相似。Windows 应用程序主要由一个个窗体构成，每一个窗体都继承自 System.Windows.Forms.Form 类；在 Main()方法中，调用 System.Windows.Forms.Application 类的 Run 方法来启动 Windows 应用程序，方法中的参数是要启动的窗体的实例。

再来看看窗体 Form1 所对应的类代码：

```
1.  using System;
2.  using System.Collections.Generic;
3.  using System.ComponentModel;
4.  using System.Data;
5.  using System.Drawing;
6.  using System.Linq;
```

```
7.  using System.Text;
8.  using System.Windows.Forms;
9.
10. namespace StudentsClubMIS
11. {
12.         public partial class Form1 : Form
13.         {
14.             public Form1()
15.             {
16.                 InitializeComponent();
17.             }
18.         }
19. }
```

在窗体类Form1的构造函数中调用了InitializeComponent()方法，其中主要进行一些初始化工作，包括创建控件、设置控件属性、添加控件到窗体等。有兴趣的读者可以转到InitializeComponent()的定义进行查看。对于系统自动生成的代码尽量不要去手工修改，以免出错。

拓展学习

1. 打开已建Windows窗体应用程序

当建立了一个Windows窗体应用程序后，可以通过以下两种方法在IDE中再次打开。

方法一：双击项目文件夹中后缀名为sln的解决方案文件，打开项目。

方法二：类似于新建项目，单击"文件"→"打开"→"项目/解决方案"菜单命令，弹出"打开项目"对话框，选择项目文件夹中的sln文件，打开项目。

2. 关闭解决方案

当需要退出某个项目的编辑，或在IDE中打开其他项目时，可以单击"文件"→"关闭解决方案"菜单命令来关闭当前的项目。

3. 解决方案与项目

前面提到了解决方案与项目这两个概念，它们之间是怎样的关系呢？项目是一组要编译到单个程序集（在某些情况下，是单个模块）中的源文件和资源。例如，项目可以是类库，或一个Windows应用程序。解决方案是构成某个软件包（应用程序）的所有项目集。

在发布一个应用程序时，该程序可能包含多个程序集。例如，其中可能有一个用户界面，有某些定制控件和其他组件，它们都作为应用程序的库文件一起发布。不同的管理员甚至还有不同的用户界面。每个应用程序的不同部分都包含在单独的程序集中，因此，在Visual Studio .NET看来，它们都是独立的项目；可以同时编写这些项目，使它们彼此连接起来。在Visual Studio .NET中，可以把它们当作一个单元来编辑。Visual Studio .NET把所有的项目看作一个解决方案，把该解决方案当作是可以读入的单元，并允许用户在其上工作。因此，解决方案与项目之间是包含与被包含的关系，即一个解决方案可以包括很多个项目，反之则不行。

在 Visual Studio 2010 中练习创建 Windows 应用程序。

任务 4.2　系统欢迎界面设计

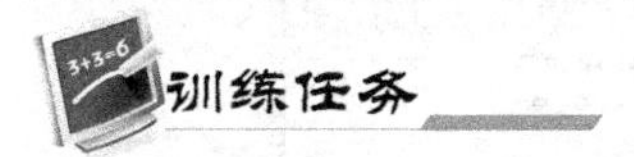

创建“学生社团管理系统”的欢迎界面。该欢迎界面以图片方式呈现，大小为 425px×275px，系统启动时在屏幕中居中显示，运行效果如图 4-2-1 所示。

图 4-2-1　系统欢迎界面

根据“任务目标”的效果图，该“欢迎界面”看似一张图片，而实际上，它是一个经过特殊设置的窗体。根据需求，本任务要新建一个窗体，该窗体的大小为 425px×275px，以图片为背景；与一般窗体不同的是，“欢迎界面”无边框，无关闭、最大化、最小化按钮，所有这些设置可以在窗体设计器中完成，也可以通过编码来实现。

准备工作：将图片 welcome.jpg 复制到项目文件夹的 bin/debug 中。

步骤一：新建窗体 FrmWelcome。

右击“解决方案资源管理器”中的项目节点，选择“添加…”菜单项中的子菜单命令“Windows 窗体”，在对话框名称一栏中输入窗体文件名 FrmWelcome.cs 并确定，如图 4-2-2 所示。新添加的空白窗体 FrmWelcome 将会出现在解决方案资源管理器的项目文件列表中。

图 4-2-2 “新建窗体”对话框

步骤二：设置窗体相关属性。

双击解决方案资源管理器中的窗体文件，在窗体设计器中选中窗体，按 F4 键打开属性窗口；根据任务要求，将窗体的 Width 和 Height 属性分别改为 425 和 275，在 BackGruopImage 属性中选择要设置为背景的图片文件，将 FormBorderSytle 设置为 None，将 StartPosition 属性设置为 CenterScreen，如图 4-2-3 所示。

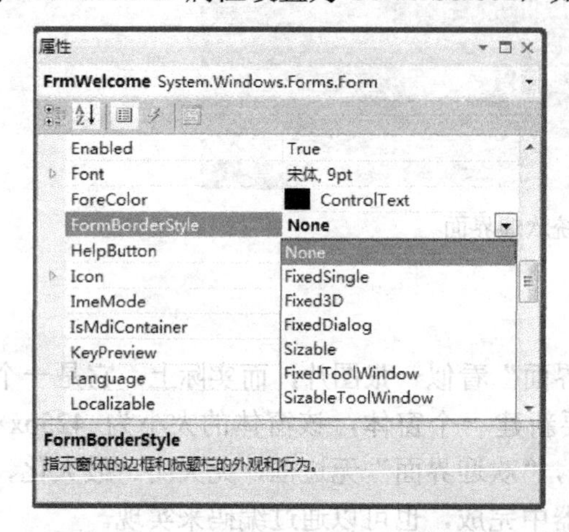

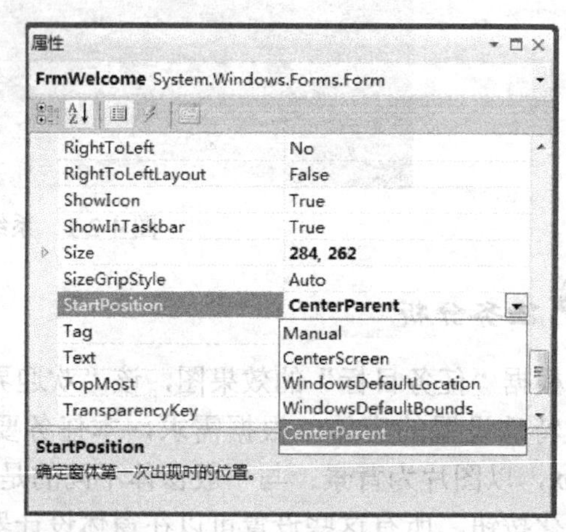

图 4-2-3 窗体属性设置

除了在属性窗口设置窗体的属性，也可以在窗体的 Load 事件中编写代码，具体方法如下：单击属性窗口的“事件”按钮⚡，在列表中选择 Load 事件，双击事件名称，或将光标定位在事件名称后的文本框，按 Enter 键，系统将自动转到代码编辑视图下；此时，光标将停留在窗体 Load 事件响应方法的方法体内，等待输入代码，如图 4-2-4 和图 4-2-5 所示。

特别说明，如果因选择了错误事件名称而在代码窗口生成了不必要的事件响应方法则要取消该事件响应方法，请不要直接删除如图 4-2-5 所示系统自动生成的代码，从而在程序编译时发生错误。正确的方式是：在图 4-2-4 的“属性”窗口事件列表中，选中要取消的事件名并右击，在快捷菜单中选择“重置”命令，如图 4-2-6 所示，代码窗口生成的事件代码会自动消除。

图 4-2-4 选择 Load 事件

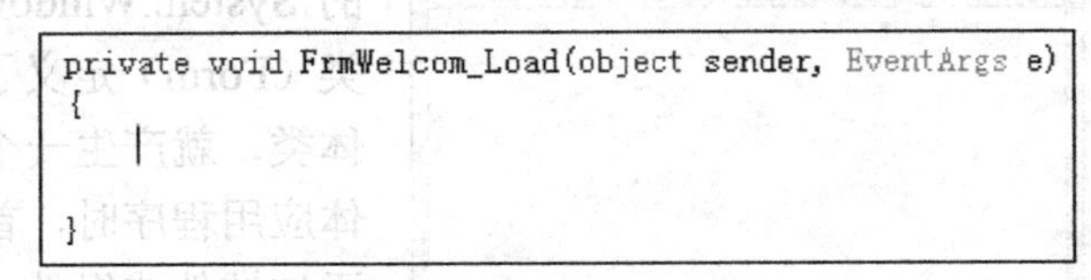

图 4-2-5 Load 事件过程代码编辑

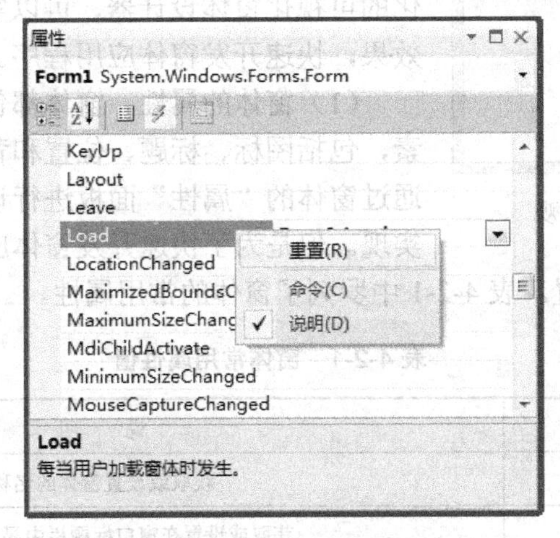

图 4-2-6 事件重置

接着，在 Load 事件响应方法内部添加设置窗体属性的代码：

```
22. private void FrmWelcom_Load(object sender, EventArgs e)
23. {
24.         this.Width = 425;
25.         this.Height = 275;
26.         this.FormBorderStyle = FormBorderStyle.None;
27.         this.BackgroundImage = Image.FromFile("welcome.jpg");
28. }
```

以上代码中的 this 是一个关键字，指的是当前活动窗体对象。

步骤三：将欢迎窗体设置为启动窗体。

双击打开解决方案资源资源管理器中的 Programe.cs 文件，将 Application.Run(new Form1())函数中的参数改为 new FrmWelcome()，即可将应用程序的启动窗体设置为当前的欢迎窗体 FrmWelcome。

步骤四：保存并运行程序。

值得注意的是，由于欢迎窗体界面中没有关闭按钮，需要按下 Alt+F4 组合键来退出程序。

技术要点

1. 窗体的概念

在 Windows 中，窗体是向用户显示信息的可视界面，是 Windows 应用程序的基本单元。实质上，窗体是一块空白板，可以通过在窗体上添加控件来创建用户界面。窗体也是对象，一个 Windows 窗体就代表了.NET 架构里的 System.Windows.Forms.Form 类的一个实例。窗体类（Form）定义了生成窗体的模板，每实例化一个窗体类，就产生一个窗体，如图 4-2-7 所示。在编写窗体应用程序时，首先需要设计窗体的外观和在窗体中添加控件或组件。Visual Studio 2010 提供了一个图形化的可视化窗体设计器，可以实现所见即所得的设计效果，快速开发窗体应用程序。

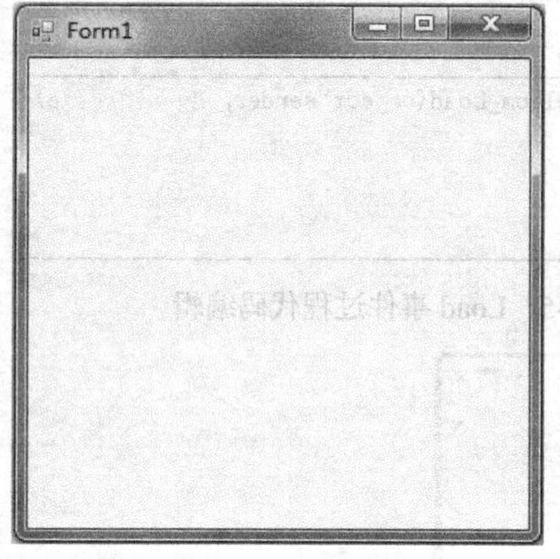

图 4-2-7　一般窗体外观

（1）窗体的属性。窗体都包含一些基本的组成要素，包括图标、标题、位置和背景等，这些要素可以通过窗体的“属性”面板进行设置，也可以通过代码实现。但是为了快速开发窗体应用程序，通常都是通过“属性”面板进行设置。表 4-2-1 中罗列了窗体的常用属性。

表 4-2-1　窗体常用属性值

属 性 值	说 明
Name	获取或设置窗体的名称
Text	获取或设置在窗口标题栏中显示的文本
Height	获取或设置窗体的高度
Width	获取或设置窗体的宽度
BackColor	窗体背景颜色
ForeColor	窗体前景颜色
BackgroundImage	窗体背景图片
FormBorderStyle	窗体边框外观，该属性有多个值，具体见表 4-2-2
MaximizeBox	窗体是否需要最大化按钮
MinimizeBox	窗体是否需要最小化按钮
ControlBox	窗体是否需要关闭按钮
Opacity	获取或设置窗体透明度
WindowState	设置窗体的初始可视状态
StartPosition	窗体显示在屏幕上的初始位置

表 4-2-2 FormBorderStyle 属性值

属 性 值	说 明
Fixed3D	固定的三维边框
FixedDialog	固定的对话框样式的粗边框
FixedSingle	固定的单行边框
FixedToolWindow	不可调整大小的工具窗口边框
None	无边框
Sizable	可调整大小的边框
SizableToolWindow	可调整大小的工具窗口边框

（2）Windows 应用程序编程模型。Windows 窗体编程模型基于事件。事件是用户对控件进行的某些操作。当控件更改某个状态时，它将引发一个事件。为了处理事件，应用程序为该事件注册一个事件处理程序。事件处理程序是绑定到事件的方法，当事件发生时，就执行该方法内的代码。

每个窗体和控件都公开了一组预定义事件，可根据这些事件进行编程。如果发生其中一个事件并且在相关联的事件处理程序中有代码，则执行这些代码。

（3）窗体的 Load 事件。Windows 是事件驱动的操作系统，对窗体类的任何交互都是基于事件来实现的。窗体 Form 类提供了大量的事件用于响应对窗体执行的各种操作，窗体最重要的事件是 Load 事件，也是窗体的默认事件，窗体加载时，将触发窗体的 Load 事件。前面我们将设置窗体属性的代码写在窗体 Load 事件的响应方法 FrmWelcome_Load 中，当窗体加载时，触发 Load 事件，这些代码将会被执行，从而实现对窗体各属性的设置。

（4）窗体的 Load 事件代码解读。

```
1.  private void Form1_Load(object sender, EventArgs e)
2.  {
3.          this.Width = 425;
4.          this.Height = 275;
5.          this.FormBorderStyle = FormBorderStyle.None;
6.          this.BackgroundImage = Image.FromFile("C://welcome.jpg");
7.  }
```

第 3、4 行：设置窗体的宽和高，单位为像素。

第 5 行：设置窗体无边框风格，取窗体风格的枚举类型 FormBorderStyle 的值 None。

第 6 行：调用 Image 类的 FromFile 方法设置窗体背景图片。

2. 设置启动窗体

一个 Windows 应用程序中可以包含多个窗体，不同的窗体负责完成不同的功能，并且各个窗体相互独立，新窗体的添加方法参见本任务步骤一中所介绍的内容。一个包含多个窗体的应用程序称为多重窗体程序。对于多重窗体程序而言，必须设置一个在程序运行时的启动窗体，其他窗体的显示可以通过编写相应的代码来实现。在默认情况下，系统第一个创建的窗体为启动窗体，如要指定其他窗体为启动窗体，需要像本任务步骤三的操作那样，在 Program.cs 文件的 Main()方法中，将 Application.Run(new Form1()); 语句中修改 Run 方法的参数。例如，要将窗体 FormStart 设置为启动窗体，则 Main()方法中的代码应写成：

```
static void Main()
{
        Application.Run(new FormStart());
}
```

拓展学习

窗体的显示、关闭和隐藏

（1）窗体的显示。如果需要在一个窗体 Form1 中通过按钮打开另一个窗体 Form2，就必须通过调用 Show()方法显示窗体，代码如下：

```
Form2 frm2 = new Form2();          //实例化 Form2
frm2.Show();                       //调用 Show 方法显示 Form2 窗体
```


（2）窗体的关闭。通过调用窗体的 Close()方法关闭窗体，语句为：this.Close(); 。

（3）窗体的隐藏。通过调用窗体的 Hide()方法隐藏窗体，语句为：this.Hide(); 。

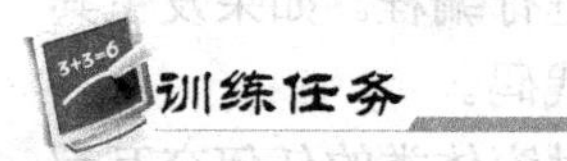

训练任务

1．创建一个 Windows 应用程序，同时为该应用程序添加 3 个窗体 FrmStart、FrmLogin、FrmMain；分别按照下列要求设置，并将 FrmStart 设置为启动窗体，3 个窗体效果如图 4-2-8 所示。

（1）FrmStart 窗体设置要求：窗体以一个图片为背景，无边框，启动时屏幕居中显示，窗体宽 298px，高 194px。

（2）FrmLogin 窗体设置要求：窗体标题栏文本为“用户登录”，窗体宽 320px，高 226px，窗体大小固定，无最大化和最小化按钮，启动时屏幕居中显示。

（3）FrmMain 窗体设置要求：窗体标题栏文本为“系统主窗体”，背景色为深灰色，窗体的透明度为 70%，启动时最大化显示。

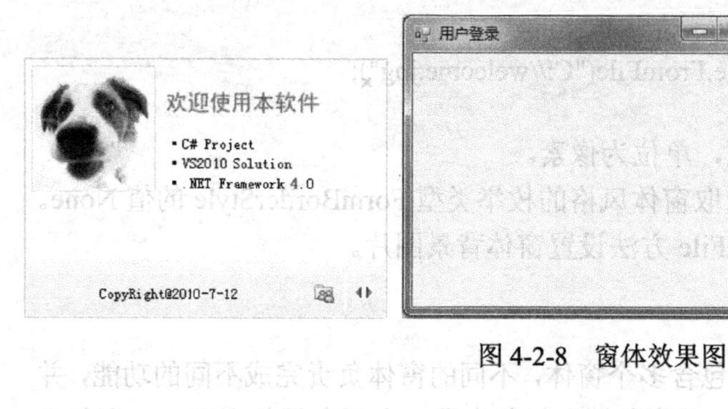

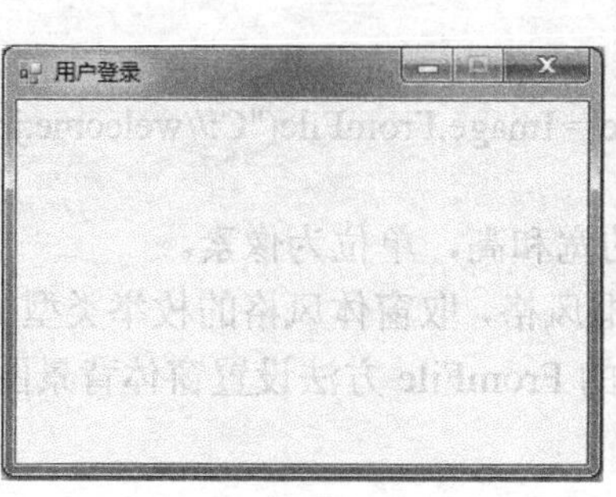

图 4-2-8　窗体效果图

任务 4.3　用户登录窗体设计

任务目标

本任务创建“学生社团管理系统”应用程序的“用户登录”窗体。在登录窗体中，用户通过文本框输入用户名和密码，单击“登录”按钮后，在窗体中显示登录是否成功；单击“重置”按钮后，清空文本框信息。窗体界面如图 4-3-1 所示（假设某一用户的用户名为 Tomy，密码为 123456）。

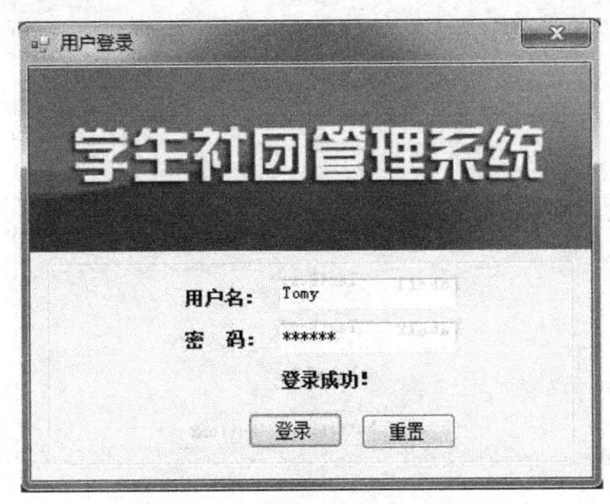

图 4-3-1　“用户登录”窗体

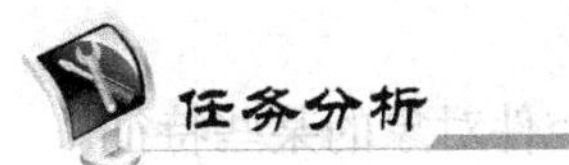

任务分析

“用户登录”窗体中包含了图片、文本、按钮以及供用户输入数据的文本框等元素，这些元素被称为“控件”。我们首先需要在窗体中创建这些控件，并设置其重要属性；用户登录的业务流程如图 4-3-2 所示。

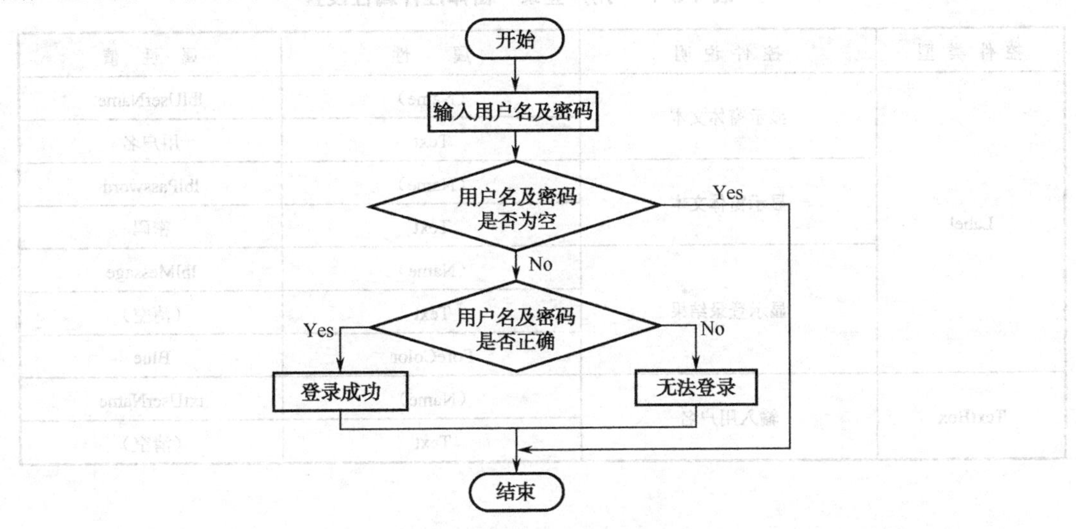

图 4-3-2　用户登录的业务流程

实现过程

步骤一： 新建登录窗体 FrmLogin.cs。

步骤二： 为窗体添加控件对象。

从工具箱的公共控件选项卡中向登录窗体中添加用于显示文本的标签（Label）、提供用户输入的文本框（TextBox）和按钮（Button）以及用于显示图片的控件 PictureBox 等控件，窗体布局如图 4-3-3 所示。向窗体添加控件的方法有两种：一种方法是选中控件，按下鼠标左键拖放至窗体中；第二种方法是双击工具箱中的控件，再到窗体中将控件拖放至合适的位置。之后，可以用鼠标拖放控件周围的 8 个小方块调整控件的大小。

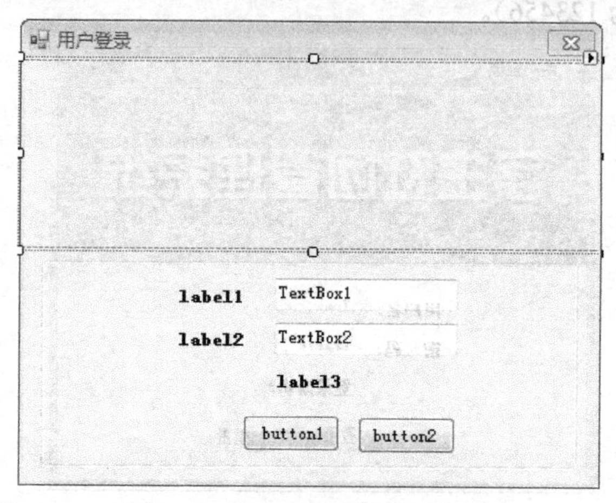

图 4-3-3 “用户登录”窗体布局

步骤三： 设置窗体中控件的相关属性。

属性是指控件的各种性质、特征。设置属性的值，就是改变控件对象的某些特征。实际应用中，大多数属性都采用系统提供的默认值，不必一一设置。根据任务需求，“用户登录”窗体中控件属性的设置如表 4-3-1 所示。

表 4-3-1 “用户登录”窗体控件属性设置

控件类型	控件说明	属性	属性值
Label	显示窗体文本	(Name)	lblUserName
		Text	用户名
	显示窗体文本	(Name)	lblPassword
		Text	密码
	显示登录结果	(Name)	lblMessage
		Text	(清空)
		ForeColor	Blue
TextBox	输入用户名	(Name)	txtUserName
		Text	(清空)

续表

控件类型	控件说明	属　性	属性值
TextBox	输入密码	（Name）	txtPassword
		Text	（清空）
		PassWordChar	*
Button	登录按钮	（Name）	btnLogin
		Text	（清空）
	清空按钮	（Name）	btnClear
		Text	（清空）
PictureBox	图片框	Image	C:\素材\logo.jpg
		SizeMode	StretchImage

在表 4-3-1 中，各控件 Name 属性的值（控件名称）需按照一定的规则来设置，一般采用“控件名简写+英文描述”的形式来命名，各类控件的控件名简写见“技术要点”中的“表 4-3-3 主要控件名简写对照表”。

除了可以在属性窗口设置 PictureBox 控件的 Image 属性，还可以单击图片框右上角的▶按钮，弹出如图 4-3-4 所示面板；单击“选择图像”按钮，在弹出的“选择资源”对话框中选择要显示的图片文件。

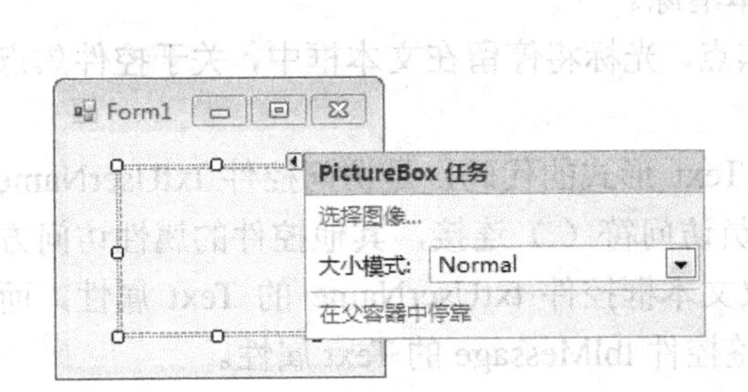

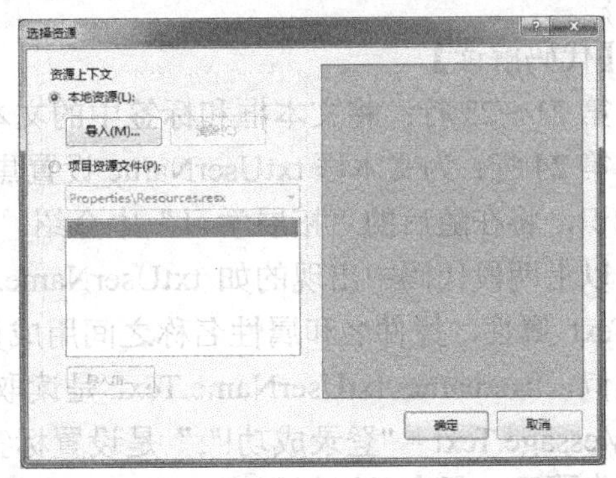

图 4-3-4　选择图片文件

步骤四：添加按钮的 Click 事件代码。

在窗体设计器中双击“登录”按钮控件，在 FrmLogin.cs 文件中自动添加该控件的 Click 事件的响应方法的声明，此时将打开代码编辑器，插入点已位于该响应方法中，在方法内部添加如下程序代码：

```
1.  private void btnLogin_Click(object sender, EventArgs e)
2.  {
3.          string    username= txtUserName.Text;
4.          string    password= txtPassword.Text;
5.          if (username== "" || password == "")
6.          {
7.                  lblMessage.Text = "请输入用户名或密码!";
8.                  return;
9.          }
```

```
10.     if (username== "Tomy" && password == "123456")
11.     {
12.           lblMessage.Text = "登录成功!";
13.     }
14.     else
15.     {
16.           lblMessage.Text = "用户名或密码错误!";
17.     }
18. }
```

【代码解读】

第3、4行：读取文本框中的用户名与密码。

第5～9行：判断用户是否输入了用户名与密码。

第10～17行：判断用户名与密码的正确性，在标签 lblMessage 中显示登录结果。

同样，在“重置”按钮的 Click 事件响应方法中，添加代码：

```
19. private void btnClear_Click(object sender, EventArgs e)
20. {
21.     txtUserName.Text = "";
22.     txtPassword.Text = "";
23.     lblMessage.Text= "";
24.     txtUserName.Focus();
25. }
```


【代码解读】

第21～23行：将文本框和标签中的文本清除。

第24行：为文本框 txtUserName 设置焦点，光标将停留在文本框中，关于控件焦点的知识，将在随后的“拓展学习”中介绍。

以上两段代码中出现的如 txtUserName.Text 形式的代码，是访问控件 txtUserName 的 Text 属性，控件名和属性名称之间用成员访问符（.）连接，其他控件的属性访问方法类似。username=txtUserName.Text 是读取文本框控件 txtUserName 的 Text 属性，而“lblMessage.Text = "登录成功!";”是设置标签控件 lblMessage 的 Text 属性。

步骤五：保存并运行程序。

程序运行后的效果如图 4-3-1 所示。至此，完成任务 4.3。

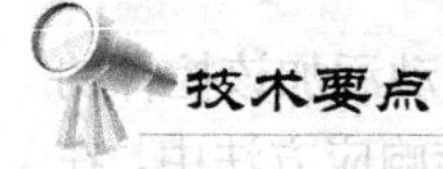

技术要点

1. 控件的概念

控件（Control）是可以被包含在窗体中的可视组件的统称。Windows 应用程序的界面主要是由控件构成，在程序与用户交互的过程中，控件起着举足轻重的作用。

在.NET 中，窗体与控件的本质都是类，这些用于创建 Windows 应用程序的类都处于 System.Windows.Form 名称空间中。根据控件功能的不同，可将控件分成不同的类别；为了使用的方便，它们各自分布在工具箱对应的选项卡中，如公共控件、容器控件、菜单和工具栏控件、数据控件、对话框控件等。

2. 控件的通用属性

虽然每个控件都有一组属性，但有些属性是大多数控件所共有的，表 4-3-2 列出了这些通用属性的一部分。

表 4-3-2 控件部分通用的属性

属 性	说 明
Name	控件的名称
Text	设置控件中显示的文本
Width	设置控件的宽度
Height	设置控件的高度
ForeColor	设置控件的前景色
BackColor	设置控件的背景色
Font	设置控件上文字的字体、字号等属性
Enabled	布尔值，决定控件是否可用
Visible	布尔值，决定控件是否可见

3. 控件的命名规则

在系统开发过程中，常常采用“控件名简写+英文描述”的方法来命名控件，其中英文描述首字母大写，如 txtAge，btnExit 等，这样的命名方式描述清晰准确，让人一目了然。表 4-3-3 显示了部分常用控件名的简写。

表 4-3-3 主要控件名简写对照表

控 件 名	简 写	控 件 名	简 写
Label	lbl	RichTextBox	rtx
Button	btn	DateTimePicker	dtp
TextBox	txt	MonthCalendar	cdr
RadioButton	rdo	WebBrowser	wbs
CheckBox	chk	ToolTip	tip
ListBox	lst	GroupBox	grp
ListView	lvw	Panel	pnl
ComboBox	cmb	TabControl	tab
PictureBox	pic	DataSet	ds
TreeView	tvw	DataGridView	dgv

4. Label（标签）、TextBox（文本框）、Button（按钮）控件

（1）Lable 控件（标签）。Lable 控件（标签）是最简单、最常用的控件。它在工具箱中的图标是 A Label 。标签主要用来显示静态文字，这些文字通常为其他控件作指示性说明，或者用于输出信息，但不能直接在标签控件上被用户编辑修改。标签控件的常见

属性如表 4-3-4 所示。

表 4-3-4　标签控件属性

属　性	说　明
Name	控件的名称
Text	设置控件中显示的文本
AutoSize	设置控件是否能自动调整大小以显示 Text 属性中所有内容
Location	标签控件的位置
ForeColor	标签控件的前景色
BackColor	标签控件的背景色
Font	设置控件上文字的字体、字号等属性
Visible	标签控件是否可见

我们既可以在程序设计阶段通过“属性”窗口设置标签的属性，也可以在程序运行阶段在代码中设置。下面的代码实现了对标签控件各属性的设置，代码运行结果如图 4-3-5 所示。


```
lblTitle.Text = "标签控件的使用";
lblTitle.ForeColor = Color.Yellow;
lblTitle.BackColor = Color.Blue;
lblTitle.Font = new Font("黑体",20,FontStyle.Bold);
```

（2）TextBox 控件（文本框）。TextBox 控件（文本框）用于获取用户输入或显示文本。它的图标是 abl TextBox，它也是 Windows 应用程序中最常用的控件之一。

文本框控件就是一个小型的编辑器，提供了所有基本的文字处理功能，如文本的插入、选择及复制等。文本框中既可以输入单行文本，又可以输入多行文本，还可以充当密码输入框，功能十分强大，图 4-3-6 显示了文本框的 3 种模式。

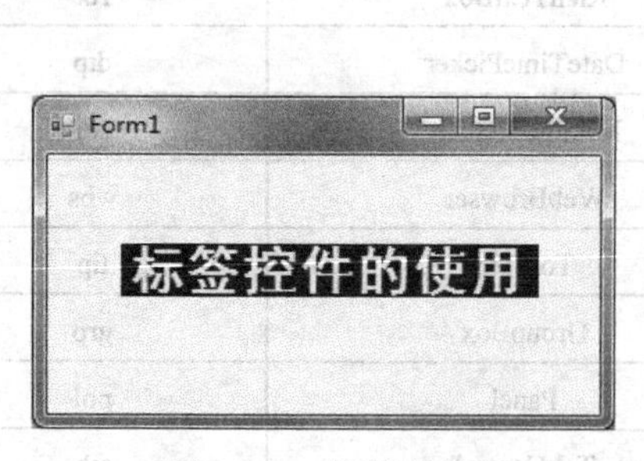

图 4-3-5　标签的使用

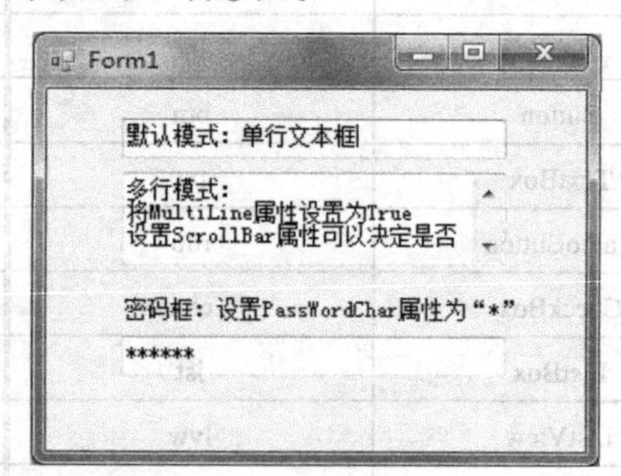

图 4-3-6　文本框的 3 种模式

文本框控件的常见属性如表 4-3-5 所示。

表 4-3-5　TextBox 控件属性

属　性	说　明
Name	控件的名称
Text	获取或设置文本框控件中显示的文本
Multiline	设置文本框是否可以多行显示或输入

续表

属　　性	说　　明
ScrollBars	设置文本框的滚动条（水平和垂直）
ReadOnly	设置文本框是否只读
PasswordChar	设置在文本框中输入口令时的掩盖字符
MaxLength	指定在文本框中可以输入的最大字符数
TextLength	获取控件中文本的长度
WordWrap	确定多行文本框控件在必要时是否自动换行

Text属性是文本框最重要的属性，用户输入以及要显示的文本就包含在Text属性中。默认情况下，最多可在一个文本框中输入 32 767 个字符。如果将 MultiLine 属性设置为 true，则最多可输入 32 KB 的文本。

和所有控件一样，文本框的属性设置既可以通过属性窗口进行，也可以通过代码来实现。下面的代码说明了文本框控件部分属性的设置方法。

```
txtCsharp .Text = "Visual C# 2008" ;          // 设置 txtCsharp 的文本内容
txtCsharp .MaxLength = 100;                   // txtCsharp 中最多只能接收 100 个字符
txtCsharp .PasswordChar = "*" ;               //设置 txtCsharp 的密码字符为*
```

文本框的常用事件是 TextChanged 事件和 KeyPress 事件，一旦文本框中的文本被改变，就会触发它的 TextChanged 事件，该事件也是它的默认事件。示例 4.3.1 说明了文本框的 TextChanged 事件的使用，运行结果如图 4-3-7 所示。

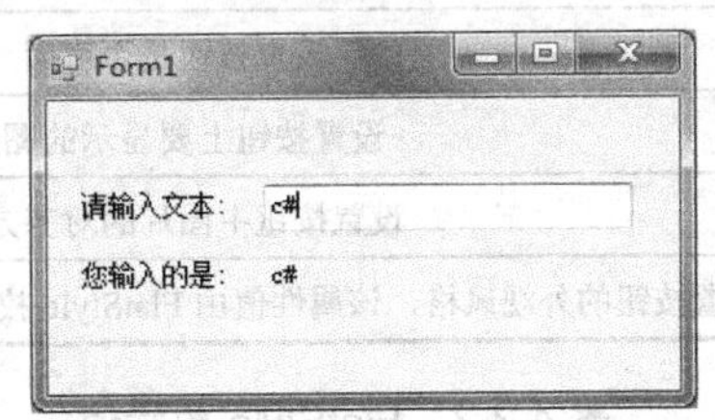

图 4-3-7　TexChanged 事件示例结果

示例 4.3.1： 文本框的 TextChanged 事件。

```
1.  private void txtInput_TextChanged(object sender, EventArgs e)
2.  {
3.          lblInput.Text = txtInput.Text;
4.  }
```

在某些特殊情况下，会要求用户在文本框中只能输入数字，如何才能实现呢？通过文本框的 KeyPress 事件中对用户输入的数据进行判断可实现此功能。示例 4.3.2 是具体的实现方法，图 4-3-8 是程序运行的结果。

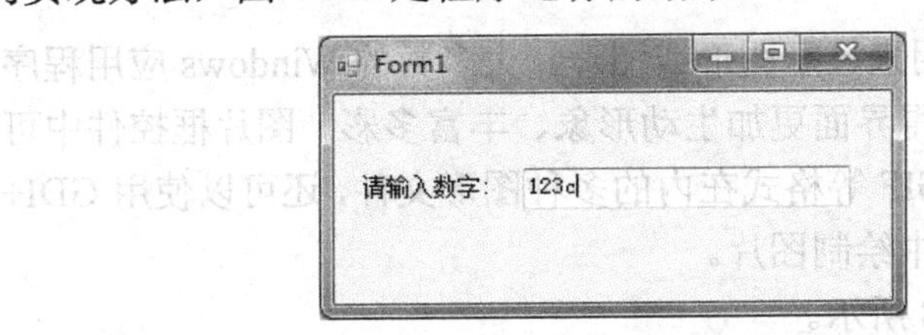

图 4-3-8　KeyPress 事件示例结果

示例 4.3.2：判断文本框中输入是否是数字。

```
1.  private void txtInput_KeyPress(object sender,KeyPressEventArgs e)
2.  {
3.      if(e.KeyChar!=8&&!char.IsDigit(e.KeyChar)) //判断是否是数字
4.      {
5.          //使用消息框给出提示
6.          MessageBox.Show("只能输入数字", "提示",
7.          MessageBoxButtons.OK,MessageBoxIcon.Information);
8.          e.Handled = true;
9.      }
10. }
```

（3）Button 控件（按钮）。Button 控件（按钮）几乎存在于所有 Windows 窗体中，常常被用来启动、中断或结束一个进程。它的图标是 Button 。按钮控件允许用户通过单击来执行操作，当鼠标单击某按钮时，就会引发该按钮的 Click 事件，通过编写按钮的 Click 事件过程，就可以指定按钮的功能了。Click 事件是按钮控件的默认事件。

按钮控件的常见属性如表 4-3-6 所示。

表 4-3-6　Button 控件属性

属　性	说　明
Name	按钮控件的名称
Text	获取或设置按钮控件中显示的文本
Enabled	设置按钮是否可用
Image	设置按钮上要显示的图片
ImageAlign	设置按钮中图片的对齐方式
FlatStyle	设置按钮的外观风格，该属性值由 FlatStyle 枚举定义，如表 4-3-7 所示

表 4-3-7　FlatStyle 枚举值

枚 举 值	说　明	外　观
Flat	以平面显示	登录
Standard	以 Windows 标准三维效果显示（默认）	登录
Popup	鼠标在按钮上以 Flat 形式显示，否则以 Standand 显示	登录
System	控件外观由操作系统决定	-

5. PictureBox（图片框）控件

PictureBox 控件（图片框）主要用来显示图形或图片。大多数的 Windows 应用程序中都会用到图片框控件，它的加入使得界面更加生动形象、丰富多彩。图片框控件中可以显示包括位图（bmp）、图标（ico）、GIF 等格式在内的多种图形文件，还可以使用 GDI+（Graphics Design Interface）在图片框中绘制图片。

图片框控件的常见属性如表 4-3-8 所示。

表 4-3-8 PictureBox 控件属性

属　性	说　明
Name	图片框控件的名称
Image	设置图片框中要显示的位图文件
SizeMode	设置图像的显示方式，该属性有多个枚举值，如表 4-3-9 所示

既可以在程序设计阶段向 PictureBox 控件加载图片，也可以在程序运行阶段加载图片。在设计阶段，只要在“属性”窗口中选择 Image 属性，在“选择资源”对话框中选择要加载的图片即可。如在程序运行阶段动态加载图片，可以使用下面的语句：

```
pictureBox1.Image=Image.FromFile(@“C:\logo.jpg”);
```

这里，FromFile 方法中的参数是图片的路径，@"C:\logo.jpg"这样的写法是为了对特殊字符不转义，比如@"C:\test.txt"和"C:\\test.txt"等效。用户也可以将需要在程序运行时动态加载的图片保存在项目文件夹的 Debug 文件夹下，调用 FromFile()方法时只要提供图片的相对路径即可。如果要清除图片框控件中的图片，则可以使用语句：

```
pictureBox1.Image= null;
```

除 Image 属性外，SizeMode 也是图片框控件一个重要的属性，该属性用来确定图片框如何处理图片的位置和控件的大小。SizeMode 属性的值有多个可选项，由 PictureBoxSizeMode 枚举定义，如表 4-3-9 所示。

表 4-3-9 PictureBoxSizeMode 枚举值

枚 举 值	说　明	设 置 效 果
Normal	将图片置于图片框的左上角，多出部分将被截去	Form1
StretchImage	图像被拉伸或收缩后适应图片框的大小	Form1
AutoSize	调整图片框大小，使其等于图片的原始大小	Form1
CenterImage	将图片居中显示，多出部分将被截去	Form1

6. 深入了解 Windows 事件驱动机制

在前面经常提到某个操作会触发控件的某个事件，如鼠标单击按钮会触发按钮的 Click 事件，在文本框输入文本时会触发文本框的 TextChanged 事件等。所谓事件就是定义用户与 Windows 应用程序之间进行交互时产生的各种操作。事件驱动就是程序为响应一个事件而进行的处理过程。工具箱中的每个控件对象，包括窗体，都有一系列预定义的事件，事件可由用户、系统事件或应用程序代码触发。事件发生后将自动执行对应的事件过程代码，进行 Windows 应用程序设计的主要任务，就是编写事件过程的程序代码。

拓展学习

1. 控件焦点

在前面“用户登录”窗体的“重置”按钮的 Click 事件中，在清空文本框后，通过 txtUserName.Focus();语句将光标停留在输入用户名的文本框内，这样做的好处是给用户的再次输入提供了极大的方便。txtUserName.Focus();语句的确切含义是为文本框对象 txtUserName 设置焦点。那么，什么是焦点呢？

所谓焦点，是指在程序运行时，使窗体或窗体中的控件对象成为用户当前的操作对象。当对象具有焦点时，才能接收用户的输入。在程序运行时，窗体上有一个且只有一个是目前用户选择的控件，那么该控件就具有了焦点。如果一个控件得到了焦点，那么它就可以响应用户对它的操作。如当一个按钮获得焦点时，按 Enter 键和用鼠标单击可以得到相同的响应。

可以通过下面 3 种方法使控件获得焦点。

（1）程序运行时用鼠标选择控件。

（2）程序运行时用键盘选择控件。

（3）程序设计时在代码中使用 Focus()方法。

在代码中使用对象的 Focus 方法获得焦点的语法格式为：

```
对象名.Focus();
```

并不是每种控件都能够得到焦点。如 Label 控件，由于它只显示文本，而不能由用户对其编辑操作，所以就不具有焦点。不具有焦点的控件还有框架、定时器等。不同控件获得焦点时的表现方式也不相同。例如，当按钮具有焦点时，按钮标题周围的边框将凸出显示；当 TextBox 控件获得焦点时，显示的文本框中有一个闪烁的小光标。如图 4-3-9 所示。

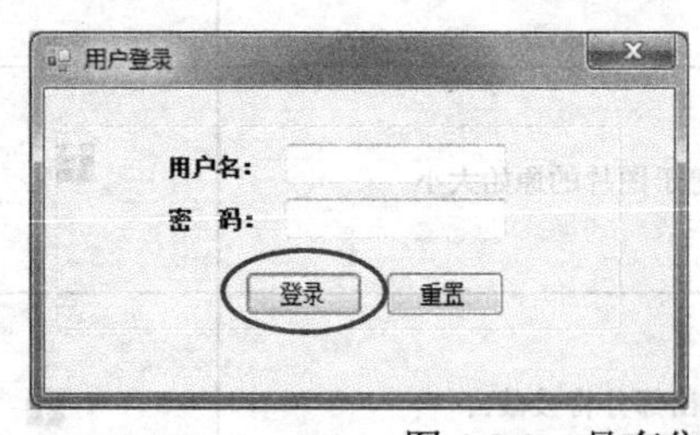

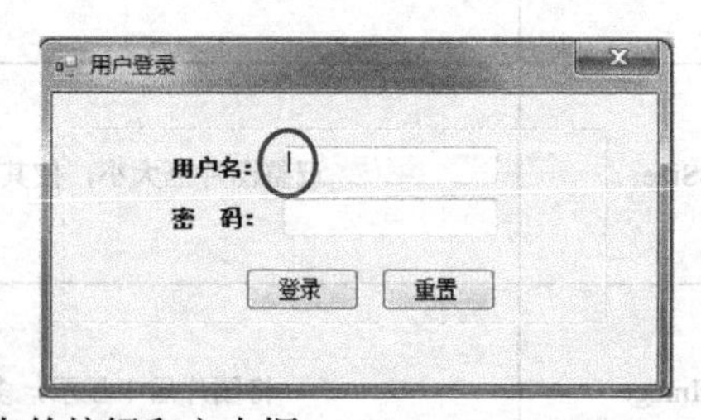

图 4-3-9　具有焦点的按钮和文本框

使用鼠标来使对象进行焦点切换有时很不方便。例如，若窗体中有多个文本框，在输入数据时，如果每次总是使用鼠标来切换文本框的焦点，是一件很烦人的事。人们通常习惯使用 Tab 键来使对象按指定的顺序获得焦点，这就是所谓的 Tab 键顺序。

可以使用 TabIndex 和 TabStop 两个属性来指定对象的 Tab 键顺序。通常情况下，Tab 键顺序与窗体所创建对象的顺序相一致。

（1）TabIndex 属性。该属性用来设置对象的 Tab 键顺序。在默认情况下，第一个被创建的控件，其 TabIndex 取值为 0，第二个被创建的控件，其 TabIndex 取值为 1，依次类推。在程序运行时，焦点默认位于 TabIndex 取值最小的控件上。当按下 Tab 键时，焦点按对象 TabIndex 属性的值顺序切换。

如果需要改变某个控件的 TabIndex 取值或在窗体上添加、删除控件时，系统会自动地将其他控件的 Tab 键顺序重新编号，以反映变化了的情况。

（2）TabStop 属性。该属性的作用是决定用户是否可以使用 Tab 键来使对象具有焦点。当一个对象的 TabStop 属性取值为 True（默认）时，使用 Tab 键可以使该对象具有焦点；若它取值为 False，则 Tab 操作时将跳过该对象，即不能使用 Tab 键使该对象具有焦点。

2. 控件的默认事件

所谓默认事件，也就是使用频率最高，最常用到的事件，只要对控件进行双击操作，就可以进入控件的默认事件。

仔细的读者可能已经发现，在任务 4.1 中为窗体添加 Load 事件代码的方法和在本任务中为两个按钮添加 Click 事件代码的方法有所不同，前者是通过在属性窗口的事件列表中双击 Load 事件名，而后者则是通过双击控件本身进入事件的编辑区域。Click 事件是按钮控件的默认事件，可以双击进入；如果需要在按钮其他事件过程中编写代码，就应该像任务 4.2 中那样操作了。事实上，Load 事件是窗体的默认事件，也可以采用双击窗体的方式进入事件响应方法进行代码的编写。

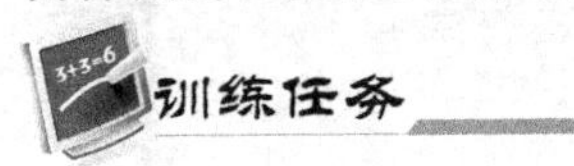

训练任务

1．为本任务中设计的“用户登录”窗体添加一项新的功能：当用户输入错误的用户名或密码后，立即清空文本框，并将光标定位在“用户名”文本框中；当用户登录失败满三次后，窗体中显示“您的登录次数已超过三次”的提示信息。

2．在“学生社团管理系统”项目中新创建一个“修改密码”窗体，该窗体外观如图 4-3-10 所示。假设修改密码的用户名为 Tom，原密码为 123456，当原用户名和密码正确，且两次输入的新密码前后一致时，窗体中显示“密码修改成功”，否则显示出错信息。新密码的长度必须在 6～10 位之间。

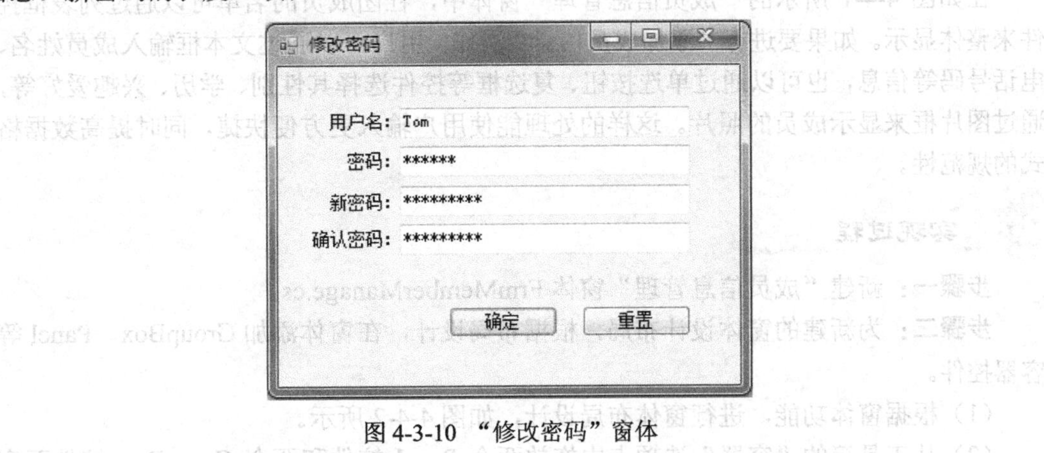

图 4-3-10 “修改密码”窗体

任务 4.4　成员信息管理窗体设计

任务目标

本任务中将创建“成员信息管理”窗体，用户可以对成员信息进行浏览、添加、删除与修改等多种操作；本任务中将实现添加成员信息的部分功能，从窗体各个控件中获取新成员的各项数据并显示在窗体右侧，如图 4-4-1 所示。

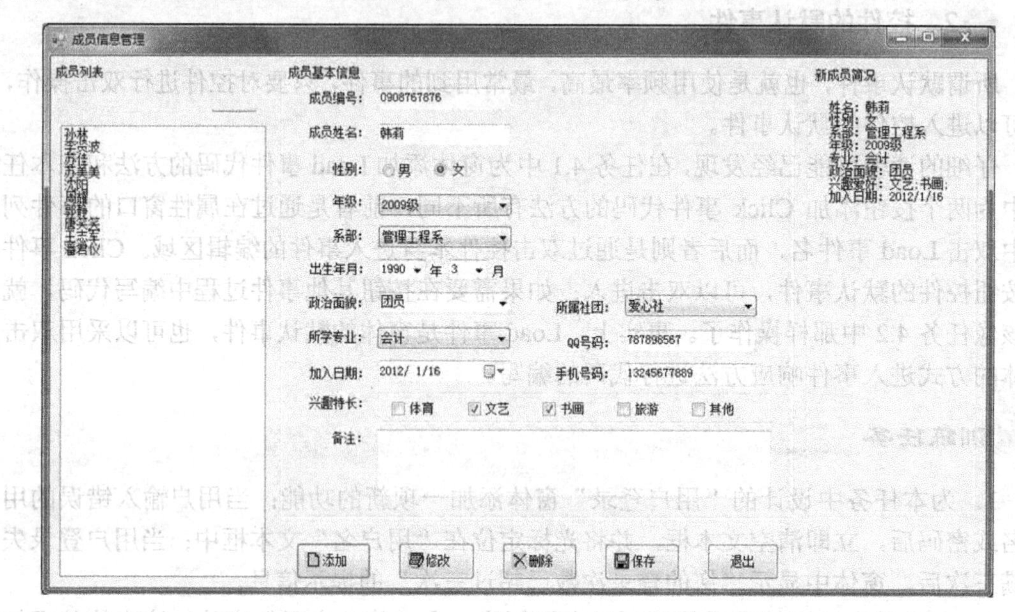

图 4-4-1　“成员信息管理”窗体

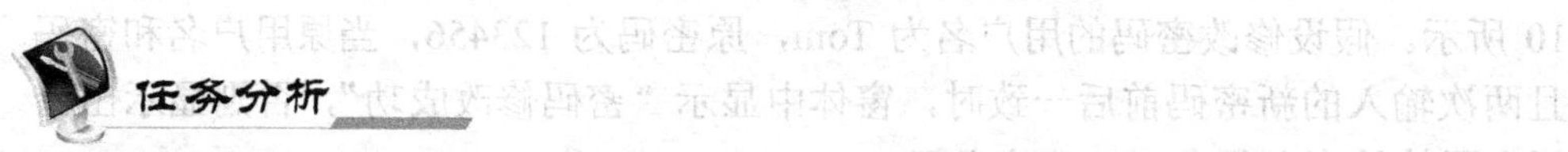

任务分析

在如图 4-4-1 所示的“成员信息管理”窗体中，社团成员的名单可以通过列表框控件来整体显示。如果要进行“添加成员信息”操作，用户可以通过文本框输入成员姓名、电话号码等信息，也可以通过单选按钮、复选框等控件选择其性别、学历、兴趣爱好等，通过图片框来显示成员的照片。这样的处理能使用户输入更方便快捷，同时提高数据格式的规范性。

实现过程

步骤一： 新建“成员信息管理”窗体 FrmMemberManage.cs。

步骤二： 为新建的窗体设计布局，根据布局设计，在窗体添加 GroupBox、Panel 等容器控件。

（1）根据窗体功能，进行窗体布局设计，如图 4-4-2 所示。

（2）从工具箱的“容器”选项卡中拖放两个 Panel 控件和两个 GroupBox 控件至窗体中，如图 4-4-3 所示，并对其进行如表 4-4-1 的属性设置。

区域1：成员列表
区域2：成员信息输入
区域3：成员信息显示
区域4：操作面板

图 4-4-2　窗体布局

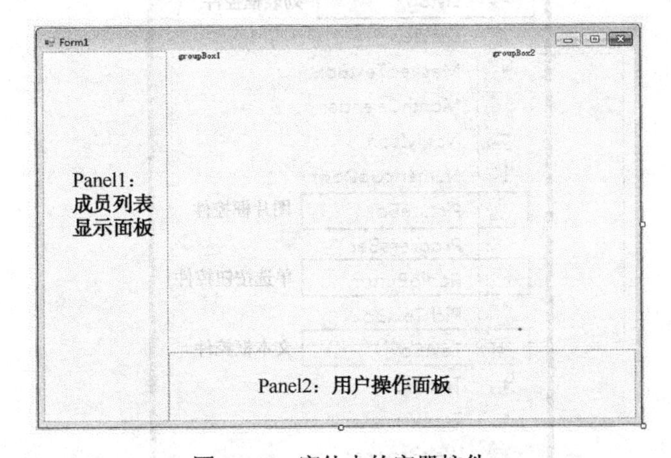

图 4-4-3　窗体中的容器控件

表 4-4-1　Panel 控件和 GroupBox 控件属性设置

控件类型	控件说明	属性	属性值
Panel	成员列表显示面板	(Name)	pnlMemberList
		Dock	Left
	用户操作面板	(Name)	pnlOperate
		Dock	Bottom
GroupBox	成员信息输入区域	(Name)	grpInput
		Text	成员基本信息
	成员简况显示区域	(Name)	grpOutput
		Text	新成员简况

步骤三： 在上一步添加的容器控件中创建 Label（标签）、TextBox（文本框）、RadioButton（单选按钮）、CheckBox（复选框）、ListBox（列表框）、ComboBox（组合框）、PictureBox（图片框）等控件，如图 4-4-4 所示；接着，按照表 4-4-2 中的内容设置这些控件的属性，此表中略去了窗体中大部分的标签控件。

工具箱
所有 Windows 窗体
公共控件
指针
Button　按钮控件
CheckBox　复选框控件
CheckedListBox
ComboBox　组合框控件
DateTimePicker　时间日期选择控件
Label　组合框控件
LinkLabel
ListBox　列表框控件
ListView
MaskedTextBox
MonthCalendar
NotifyIcon
NumericUpDown
PictureBox　图片框控件
ProgressBar
RadioButton　单选按钮控件
RichTextBox
TextBox　文本框控件
ToolTip
TreeView
WebBrowser
容器
菜单和工具栏

图 4-4-4　工具箱中的控件

表 4-4-2　“成员信息管理”窗体主要控件属性设置

控件类型	控件说明	属　性	属性值
TextBox	输入成员编号	(Name)	txtMemberID
		Text	(清空)
	输入姓名	(Name)	txtName
		Text	(清空)
	输入 QQ 号	(Name)	txtQQ
		Text	(清空)
	输入手机号码	(Name)	txtMobilePhone
		Text	(清空)
	输入备注	(Name)	txtRemarks
		Text	(清空)
		Multiline	True
Panel	性别面板	(Name)	pnlSex

续表

控件类型	控件说明	属性	属性值
RadioButton	选择性别	(Name)	rdoBoy
		Text	男
		Checked	true
		(Name)	rdoGirl
		Text	女
		Checked	false
CheckBox	选择兴趣爱好	(Name)	chkSports
		Text	体育
		Checked	false
		(Name)	chkLiterature
		Text	文艺
		Checked	false
		……	
ComboBox	选择年级	(Name)	cmbGrade
		Items	2009 级，2010 级，2011 级
		DropDownStyle	DropDownList
	选择出生年份	(Name)	cmbBornYear
		Items	1989,1990,1991…
	选择出生月份	(Name)	cmbBornMonth
		Items	1,2,3,4,5,6…
	选择系部	(Name)	cmbDepartment
		Items	信息工程系，电子工程系，管理工程系，机电工程系
		DropDownStyle	DropDownList
	选择政治面貌	(Name)	cmbPolitical
		Items	团员，党员，其他
		DropDownStyle	DropDown
	选择专业	(Name)	cmbProfession
		Items	计算机技术，软件技术……
		DropDownStyle	DropDownList
	选择社团	(Name)	cmbClub
		Items	爱心社，文学社，街舞团……
		DropDownStyle	DropDownList
DateTimePicker	选择日期	(Name)	dtJoinDate
ListBox	显示成员列表	(Name)	lstMemberList
Button	添加按钮	(Name)	btnAdd
		Image	C:\Icons\add.ico

续表

控件类型	控件说明	属　　性	属性值
Button	添加按钮	Text	添加
		TextImageRelation	ImageBeforeText
	修改按钮	(Name)	btnUpdate
		Image	C:\Icons\update.ico
		Text	修改
		TextImageRelation	ImageBeforeText
	删除按钮	(Name)	btnDelete
		Text	删除
		Image	C:\Icons\delete.ico
		TextImageRelation	ImageBeforeText
	保存按钮	(Name)	btnSave
		Text	保存
		Image	C:\Icons\save.ico
		TextImageRelation	ImageBeforeText
	退出按钮	(Name)	btnExit
		Text	退出
Label	显示新成员信息	(Name)	lblMessage
		Text	(清空)

这里以组合框控件 cmbGrade 为例，介绍列表框和组合框控件的 Item 属性的具体设置方法。选中控件，在属性窗口中选择 Items 属性，单击...按钮，在展开的字符串集合编辑器内输入如图 4-4-5 所示的具体文本信息。

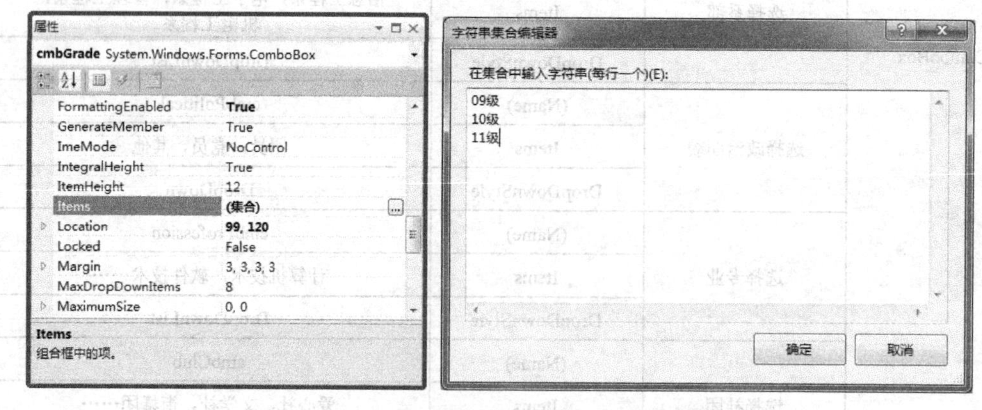

图 4-4-5　设置列表框（组合框）的 Items 属性

步骤四：添加窗体的 Load 事件代码，在列表框中显示社团成员列表。

双击“成员信息管理”窗体，进入窗体 Load 事件响应方法 FrmTest_Load，在方法内部添加代码：

```
1.  private void FrmMemberManage_Load(object sender, EventArgs e)
2.  {
```

```
3.      lstMemberList.Items.Add("孙林");
4.      lstMemberList.Items.Add("李贤波");
5.      lstMemberList.Items.Add("苏佳");
6.      lstMemberList.Items.Add("苏美美");
7.      …
8. }
```

步骤五：为“添加按钮”添加 Click 事件代码，在标签中显示新成员的主要信息。

双击“成员信息管理”窗体中的“添加”按钮，进入按钮的 Click 事件响应方法 btnAdd_Click，在方法内部添加如下代码：

```
9.  private void btnAdd_Click(object sender, EventArgs e)
10. {
11.         string sex = "";
12.         if (rdoBoy.Checked)            //如果用户单击了 rdoBoy 控件
13.         {
14.             sex = "男";
15.         }
16.         else
17.         {
18.             sex = "女";
19.         }
20.         string hobbies = "";
21.         if (chkSports.Checked)          //如果用户选中了“体育”复选框，下同
22.         {
23.                 hobbies += chkSports.Text + ";";
24.         }
25.         if (chkLiterature.Checked)
26.         {
27.                 hobbies += chkLiterature.Text + ";";
28.         }
29.         if (chkTravel.Checked)
30.         {
31.                 hobbies += chkTravel.Text + ";";
32.         }
33.         if (chkDrawing.Checked)
34.         {
35.                 hobbies += chkDrawing.Text + ";";
36.         }
37.         if (chkOthers.Checked)
38.         {
39.                 hobbies += chkOthers.Text + ";";
40.         }
41.             lblMessage.Text = "姓名：  " + txtName.Text.Trim() + "\n\r";
42.             lblMessage.Text += "性别：  " + sex + "\n\r";
43.             lblMessage.Text += "系部：  " + cmbDepartment.Text + "\n\r";
44.             lblMessage.Text += "年级：  " + cmbGrade.Text+ "\n\r";
45.             lblMessage.Text += "专业：  " + cmbProfession.Text+ "\n\r";
46.             lblMessage.Text += "政治面貌：  " + cmbPolitical.Text + "\n\r";
```

```
47.                 lblMessage.Text += "兴趣爱好: " + hobbies + "\n\r";
48.                 lblMessage.Text += "加入日期: " + dtJoinDate.Value.ToShortDateString() + "\n\r";
49. }
```

【代码解读】

第 12～19 行：获取用户选择的成员性别，通过单选按钮的 Checked 属性进行判断。

第 20～41 行：获取用户选择的成员的兴趣爱好，通过复选框控件的 Checked 属性进行判断，每个兴趣爱好之间用分号间隔。

第 41～49 行：将用户输入的成员主要信息显示在标签 lblMessage 中，代码中的"\n\r"实现在标签文本中的换行。

步骤六：保存并运行程序。

程序运行后的效果如图 4-4-1 所示，至此完成了任务 4.4。在本书的项目 5 中将介绍真正的添加社团成员的实现过程。

1. 容器类控件

在本任务中，"成员信息管理"窗体中综合了信息的录入、显示、删除、更新操作等较多的功能，势必会包含许多的控件。当一个窗体中的控件数量较多时，用户界面会显得十分凌乱，不仅影响窗体美观，也会给用户使用带来不便。那么，如何才能对窗体进行快速布局，很好地进行功能区域的划分？此时，诸如 Panel、GroupBox 等容器类控件是必不可少的。

顾名思义，容器类控件就是可以容纳其他控件的控件，就像盛饭的碗，盛水的缸一样。一方面，容器类控件可以起到对控件分区分组的作用，以使用户界面更加整洁清晰；另一方面，放入容器中的控件是可以作为一个整体来处理的，可以整体移动、删除、隐藏或者对控件的公用属性进行整体设置，这给开发人员带来了极大的方便。下面具体介绍 Panel 和 GroupBox 这两个最常用的容器控件。

（1）Panel 控件。Panel 控件可以对窗体上的控件按照功能进行分组，使用户界面更加友好。Panel 控件没有可以显示标题的属性，如 Text，但可以有显示滚动条的属性。Panel 控件的常用属性如表 4-4-3 所示。

表 4-4-3 Panel 控件常用属性

属　性	说　明
BackColor	设置控件的背景色
BackGroudImage	设置控件的背景图片
AutoScroll	当容器内的控件超出 Panel 时，确定是否显示滚动条
BorderStyle	设置控件边框类型

需要注意的是，一旦设置了 Pannel 控件的 BackColor 属性，其中的控件的背景颜色也将变成相同的颜色；同理，Pannel 控件的 ForeColor 属性也一样，也可单独修改容器中的控件颜色。此外，如果在 Panel 控件中设置了 BackColor 属性和背景图片，那么背

景颜色将无效。

（2）GroupBox 控件。GroupBox 控件类似于 Panel 控件，其属性与 Panel 控件的绝大部分属性也相同，这里不再重复。两者的区别在于：前者没有 AutoScroll 属性，放入其中的控件数目受边界范围的限制，而后者没有设置标题的 Text 属性。在实际应用中可根据 GroupBox 控件和 Panel 控件的特点灵活使用。

2. 选择类控件

在 Windows 应用程序中，有两种控件经常被用于选择，它们是 RadioButton（单选按钮）和 CheckBox（复选框）控件，如图 4-4-6 所示。

（1）RadioButton（单选按钮）控件。单选按钮是为用户提供选项的控件，它的图标是 ◉ RadioButton 。一组单选钮控件可以提供一组彼此相互排斥的选项，用户只能从中选择一个选项，实现一种“单项选择”的功能，被选中项目的左侧圆圈中会出现一个小圆点。如图 4-4-7 所示。

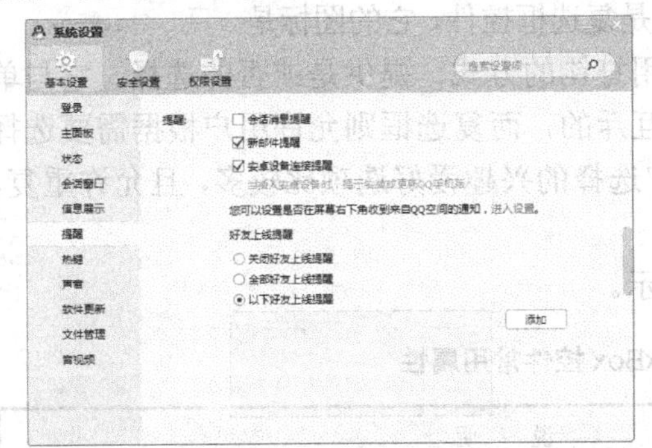

图 4-4-6　RadioButton 控件与 CheckBox 控件

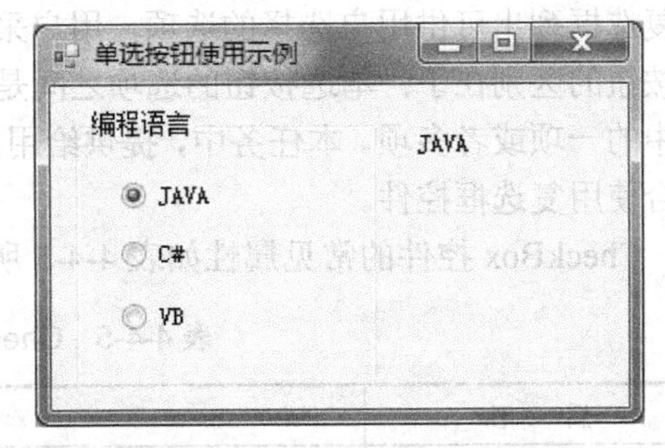

图 4-4-7　RadioButton 控件的使用

当需要对 RadioButton 分组时，必须使用 GroupBox 或 Panel 容器控件。

RadioButton 控件的常见属性如表 4-4-4 所示。

表 4-4-4　RadioButton 控件常用属性

属　性	说　明
Text	设置控件显示的文本
Checked	指示单选按钮是否被选中，true 为被选中，false 为未被选中

在本任务的开发过程中，通过访问两个 RadioButton 控件的 Checked 属性来判断用户对社团成员性别的选择。

RadioButton 控件的主要事件有 Click 和 CheckedChanged。单击某个 RadioButton 控件会立即触发其 Click 事件。当 RadioButton 控件的 Checked 属性值发生变化时，会触发 CheckedChanged 事件。如果两个事件同时存在，先触发 CheckedChanged 事件，然后再触发 Click 事件。示例 4.4.1 演示了 RadioButton 的 Click 事件的使用。

示例 4.4.1：RadioButton 控件的使用。

在窗体中设置一个 GroupBox 控件，三个 RadioButton 控件，一个 Label 控件，在其中一个RadioButton控件的Click事件中添加代码，并将其他两个RadioButton控件的Click事件方法也设置为 rdoButton_Click。

```
1.  private void rdoButton_Click(object sender, EventArgs e)
2.  {
3.          if (rdoJava.Checked)
4.          {
5.              lblLanguage.Text = rdoJava.Text;
6.          }
7.          else   if (rdoCSharp.Checked)
8.          {
9.              lblLanguage.Text = rdoCSharp.Text;
10.          }
11.              else
12.              {
13.                  lblLanguage.Text = rdoVB.Text;
14.              }
15. }
```

（2）CheckBox（复选框）控件。CheckBox 是复选框控件，它的图标是 ☑ CheckBox ，用复选框列出可供用户选择的选项，用户采用打钩的方式，提供是或否的选择。它与单选按钮的区别在于：单选按钮的选项之间是互斥的，而复选框则允许用户根据需要选择其中的一项或者多项。本任务中，提供给用户选择的兴趣爱好选项比较多，且允许重复，适合使用复选框控件。

CheckBox 控件的常见属性如表 4-4-5 所示。

表 4-4-5　CheckBox 控件常用属性

属　性	说　明
Text	设置控件显示的文本
Checked	指示复选框是否被选中，true 为被选中，false 为未被选中
CheckState	指示控件的状态，Checked 为选中，UnChecked 为未选中，Indeterminate 为不确定

与 RadioButton 控件类似，CheckBox 控件的编程方法也比较简单。用条件语句来判断每个 CheckBox 控件的 Check 属性值，如果为 true 则表示用户选择了此项。

CheckBox 控件的主要事件也是 Click 事件和 CheckedChanged 事件，CheckedChanged 事件是其默认事件，这里不再赘述。示例 4.4.2 是通过复选框来设置字体的风格。

示例 4.4.2：CheckBox 控件的使用。

在窗体中设置一个 TextBox 控件，一个 GroupBox 控件，三个 CheckBox 控件，用于设置文本框中的字体风格，程序运行结果如图 4-4-8 所示。在其中一个 CheckBox 控件的 Click 事件中添加代码，并将其他两个 CheckBox 控件的 Click 事件方法设置为 CheckBox_Click，即共用同一个事件方法。

```
1.  private void CheckBox_Click(object sender, EventArgs e)
2.  {
3.          FontStyle style = FontStyle.Regular;
4.          if (chkBold.Checked)
5.          {
6.              style |= FontStyle.Bold;
```

```
7.          }
8.          if (chkItalic.Checked)
9.          {
10.             style |= FontStyle.Italic;
11.         }
12.         if (chkUnderLine.Checked)
13.         {
14.             style |= FontStyle.Underline;
15.         }
16.         txtDemo.Font = new Font(txtDemo.Font.FontFamily, txtDemo.Font.Size, style);
17. }
```

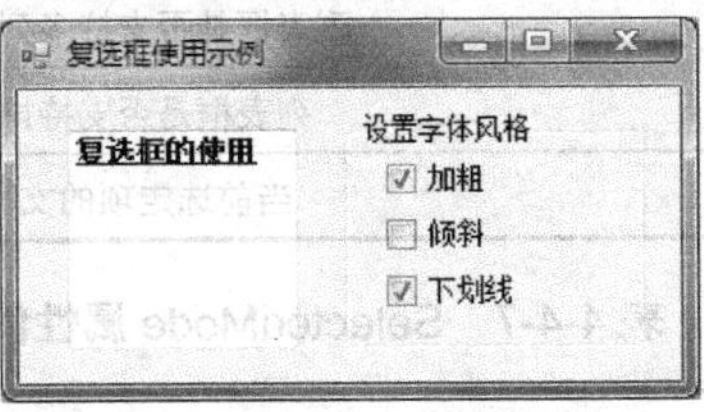

图 4-4-8　CheckBox 控件的使用

【代码解读】

第 3 行：设置 FontStyle 类型变量 style，并赋初值为枚举值 FontStyle.Regular，即普通文本。

第 4～15 行：判断每个 CheckBox 控件的 Checked 属性值，设置变量 style 的值。这里使用运算符“|”实现字体风格的叠加。

第 16 行：使用当前的 style 变量值，为文本框中的文本设置 Font 字体属性。

3. 列表类控件

在“成员信息管理”窗体左侧，使用了一个 ListBox 控件来显示社团成员列表。在“成员基本信息”区域中，用到了多个 ComboBox 控件，通过下拉列表的形式罗列出了如年级、系部、所在社团等多个方面的多项信息，为用户的输入提供了极大的方便。列表类控件在 Windows 应用程序中被普遍使用，下面主要介绍最常用的列表类控件 ListBox 和 ComboBox。

（1）ListBox（列表框）控件。ListBox（列表框）用来显示一组相关联的数据，用户可以从中选择一个或多个选项，它的图标是 ListBox 。ListBox 中的数据既可以在设计时填充，也可以在程序运行时填充，本任务中社团成员列表就是在程序运行阶段进行填充的。列表框（ListBox）中的每个元素称为“项”。用户可从中选择一项或多项，也可添加、删除一项或多项，达到与用户对话的目的。

与复选框和单选按钮一样，列表框也提供了要求用户选择一个或多个选项的方式。在设计期间，如果不知道用户要选择的数值个数，就应使用列表框。即使在设计期间知道所有可能的值，但当列表中的值非常多时，也应考虑使用列表框。

ListBox 控件的常用属性如表 4-4-6 所示。

表 4-4-6　ListBox 控件常用属性

属　　性	说　　明
Items	表示列表框中所有项的集合
SelectedMode	设置列表框中项的选择模式，有 4 个枚举值，如表 4-4-7 所示
SelectedItem	获取当前选定项
SelectedItems	获取当前所有选定项的集合
SelectedValue	获取当前选定项的值
SelectedIndex	当前选定项的索引值，列表框中的每个项都有一个索引号，从 0 开始
MultiColumn	列表框是否支持多列显示
Sorted	列表框是否支持排序
Text	当前选定项的文本

表 4-4-7　SelectedMode 属性值

属 性 值	说　　明
None	不能选择任何选项
One	一次只能选择一个选项
MultiSimple	可以选择多个选项
MultiExtended	可以选择多个选项，并可结合 Ctrl、Shift 和箭头键进行选择

请读者特别注意 ListBox 控件的 Text 属性。许多控件都有 Text 属性，但列表框的 Text 属性与其他控件的 Text 属性大不相同。如果设置列表框控件的 Text 属性，它将搜索匹配该文本的选项，并选择该选项。如果获取 Text 属性，返回的值是列表中第一个选中的选项。如果 SelectionMode 是 None，就不能使用这个属性。

在本任务实现过程的步骤四中，我们在窗体的 Load 事件中使用了多个 lstMemberList.Items.Add();语句将成员的姓名添加到列表框中。这里用到了 ListBox 控件的 Items 的 Add 方法，向列表框的末尾添加新项。当然也可以在设计阶段通过字符串集合编辑器向列表框中添加选项，如图 4-4-9 所示。如果要添加至列表框中的选项存在于某个数组中时，可以使用 AddRange 方法。例如，有数组定义为：

```
string[] members=new string[5]{"孙林","李贤波","苏佳","苏美美","沈阳"};
```

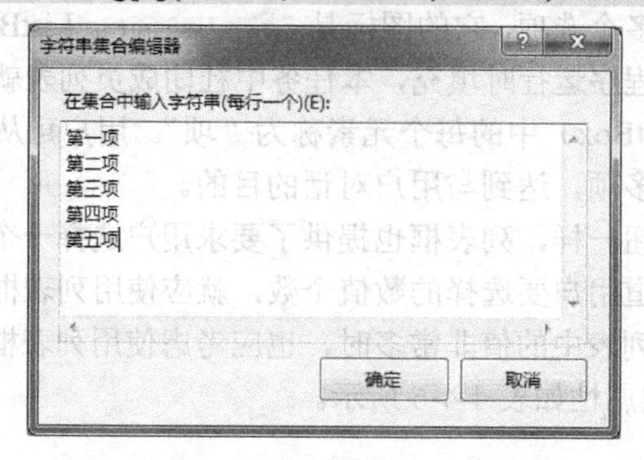

图 4-4-9　设计时向列表框控件添加项

那么，通过语句 lstMemberList.Items.AddRange(members);就可以将数组中的 5 个元素添加到列表框中。

下面来了解一下 ListBox 的其他使用方法。

● 通过索引来访问指定的项

可以通过 Items[索引值]来访问指定索引的项目，如 ListBox1.Items[3]，是指访问列表框中的第 4 个项目。

● 获得列表项的数目

Items.Count 属性：该属性用来返回列表项的数目。

● 插入新项

Items.Insert 方法：用来在列表框中指定位置插入一个列表项，调用格式及功能如下。

格式：ListBox 对象.Items.Insert(n,s);

功能：参数 n 代表要插入的项的位置索引，参数 s 代表要插入的项，其功能是把 s 插入到“ListBox 对象”指定的列表框的索引为 n 的位置处。

例如，ListBox1.Items.Insert(1, "插入的项目")，图 4-4-10 是程序运行后的结果。

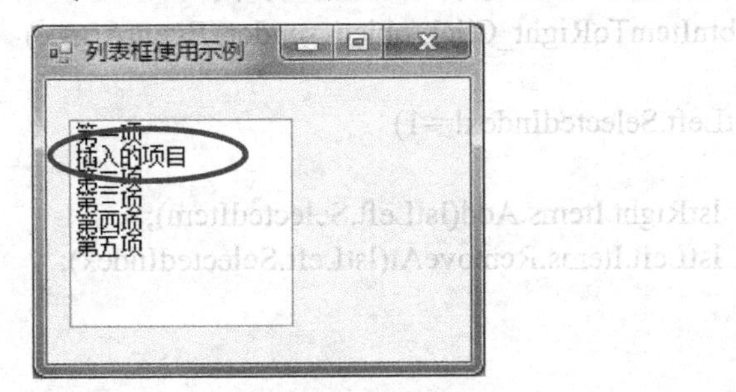

图 4-4-10　列表框中插入新项

● 删除项目

Items.Remove 方法：用来从列表框中删除一个列表项，调用格式及功能如下。

格式：ListBox 对象.Items.Remove(s);

功能：从 ListBox 对象指定的列表框中删除列表项 s。

例如，ListBox1.Items.Remove(ListBox1.Items[3]); 表示删除列表框中的第 4 项；ListBox1.Items.Remove(ListBox1.SelectedItem);表示删除当前选中项。

Items.RemoveAt 方法：也是从列表框中删除一个列表项，调用格式及功能如下。

格式：ListBox 对象.Items.RemoveAt(index);

功能：从 ListBox 对象指定的列表框中删除索引为 index 的列表项。

例如，语句 ListBox1.Items.RemoveAt(3)等同于 ListBox1.Items.Remove(ListBox1.Items[3]);即删除列表框中的第 4 项；语句 ListBox1.Items.RemoveAt(ListBox1.SelectedIndex);等同于 ListBox1.Items.Remove(ListBox1.SelectedItem);，即删除当前选中项。

● 清除所有项目

Items.Clear 方法：用来清除列表框中的所有项。其调用格式如下：

格式：ListBox 对象.Items.Clear();，该方法无参数。

示例 4.4.3 的程序功能是将左边框中的选项放到右边框中去，该示例展示了多选模式下 ListBox 的上述各种方法和属性的使用。

示例 4.4.3：ListBox 控件的使用。

在窗体中设置左右 2 个 ListBox 控件，4 个按钮，用于列表框中项的移动，程序运行界面如图 4-4-11 所示。

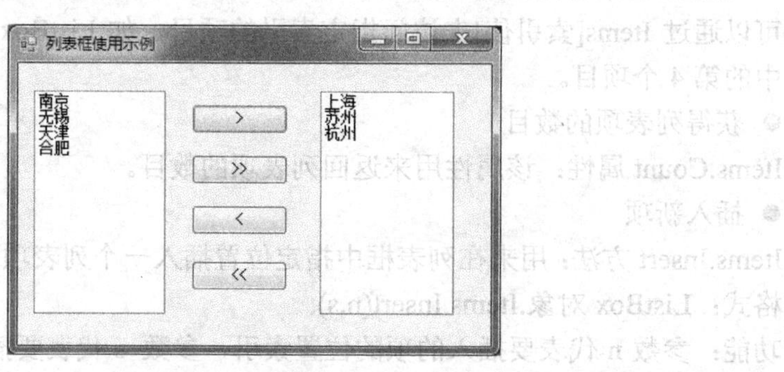

图 4-4-11　列表框的使用

分别在 4 个按钮的 Click 事件中添加如下代码：


```
1.  private void btnItemToRight_Click(object sender, EventArgs e)    // “>”按钮 Click 事件代码
2.  {
3.          if(lstLeft.SelectedIndex!=-1)
4.          {
5.              lstRight.Items.Add(lstLeft.SelectedItem);
6.              lstLeft.Items.RemoveAt(lstLeft.SelectedIndex);
7.          }
8.  }
9.
10.  private void btnItemToLeft_Click(object sender, EventArgs e) // “<”按钮 Click 事件代码
11.  {
12.          if (lstRight.SelectedIndex != -1)
13.          {
14.              lstLeft.Items.Add(lstRight.SelectedItem);
15.              lstRight.Items.RemoveAt(lstRight.SelectedIndex);
16.          }
17.  }
18.
19.  private void btnItmesToRight_Click(object sender, EventArgs e) // “>>”按钮 Click 事件代码
20.  {
21.          for (int i = 0; i < lstLeft.SelectedItems.Count; i++)
22.          {
23.              lstRight.Items.Add(lstLeft.SelectedItems[i]);
24.          }
25.          for (int i = lstLeft.SelectedItems.Count - 1; i >= 0; i--)
26.          {
27.              lstLeft.Items.Remove(lstLeft.SelectedItems[i]);
28.          }
29.  }
30.  private void btnItmesToLeft_Click(object sender, EventArgs e)    // “<<”按钮 Click 事件代码
31.  {
```

```
32.            for (int i = 0; i < lstRight.SelectedItems.Count; i++)
33.            {
34.                lstLeft.Items.Add(lstRight.SelectedItems[i]);
35.            }
36.            for (int i = lstRight.SelectedItems.Count - 1; i >= 0; i--)
37.            {
38.                lstRight.Items.Remove(lstRight.SelectedItems[i]);
39.            }
40.    }
```

由此可见，当列表框处于多选模式时，常常结合循环语句，对选中项进行处理。尤其值得注意的是，由于随着移除的进行，SelectedItems 集合一直在发生变化，在移除列表框中选项时，应当采用倒序的方式，即先移除最后一个选中项，然后依次类推。

ListBox 控件常用事件有 Click 和 SelectedIndexChanged，SelectedIndexChanged 事件是默认事件，在列表框中改变选中项时发生。

（2）ComboBox（组合框）控件。ComboBox 是组合框控件，它的图标是 ComboBox 。它是组合了文本框和列表框的特性而形成的一种控件：在列表框中列出可供用户选择的选项，当用户选定某项后，该项内容自动装入文本框中；当列表中无法给用户提供需要的选项时，用户也可以在文本框中自行输入。它的最大优点在于可以节约窗体空间。

除与标准列表框类似的属性之外，组合框控件还具备一个重要的属性 DropDownStyle，用于设置组合框的外观和功能，它有 3 个枚举值，见表 4-4-8，图 4-4-12 展示了 3 种风格的组合框外观。

表 4-4-8　DropDownStyle 属性值

属 性 值	说　明
Simple	简单组合框，文本部分可编辑，列表部分总可见
DropDown	下拉组合框，文本部分可编辑，用户须单击箭头来显示列表
DropDownList	用户不能编辑文本部分，须单击箭头来显示列表

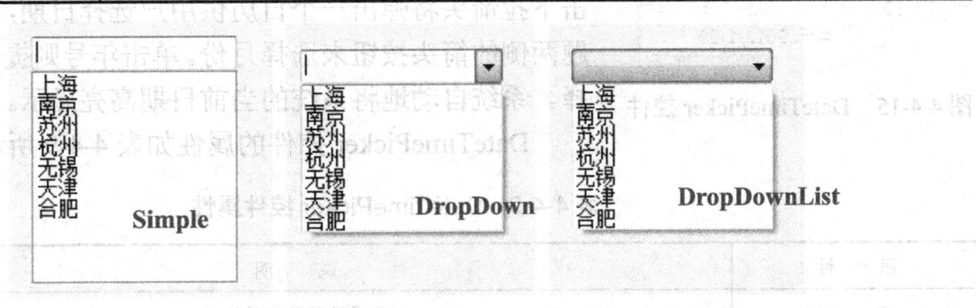

图 4-4-12　组合框的 3 种风格

在某些场合，例如需要标准化输入时，就可以将组合框的 DropDownStyle 设置为 DropDownList，只能从列表中选择，而不能自行输入。

与列表框一样，组合框的 Text 属性表示了当前选定项的文本或用户自行输入的文本，“成员信息管理”窗体中的所有组合框控件的值都是通过其 Text 属性获取的。

在任务 4.3 创建的“用户登录”窗体中，我们将原来显示登录结果的标签 lblMessage 取消，取而代之添加一个 ComboBox 控件，如图 4-4-13 所示；这时可通过选择登录角色

（分为普通用户和管理员），获得不同的用户权限。

组合框的使用方式与列表框大致相似，其默认事件也是 SelectedIndexChanged 事件，示例 4.4.4 是组合框控件的一个使用实例。

示例 4.4.4：ComboBox 控件的使用。

在窗体中创建一个 ComboBox 控件和一个标签控件，当选择组合框中的某一项时，在标签中显示“您选择的城市是：城市名”。程序运行界面如图 4-4-14 所示。

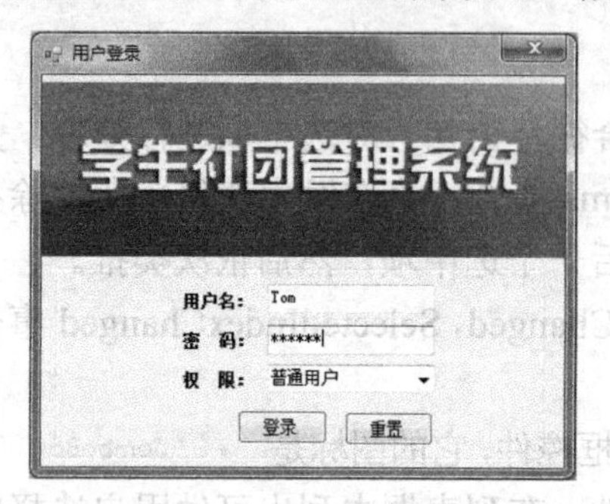

图 4-4-13　在“用户登录”窗体使用组合框

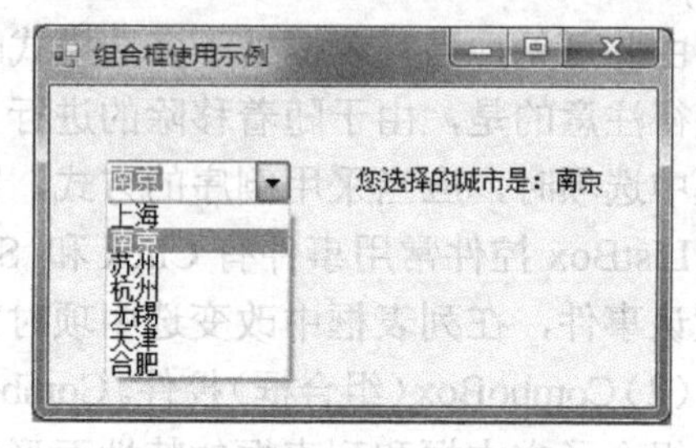

图 4-4-14　组合框的使用示例

在 ComboBox 控件的默认事件 SelectedIndexChanged 中添加代码如下：

```
private void cmbCity_SelectedIndexChanged(object sender, EventArgs e)
{
    lblCity.Text ="您选择的城市是： "+ cmbCity.SelectedItem.ToString();
}
```

图 4-4-15　DateTimePicker 控件

4. DateTimePicker 控件

在“成员信息管理”窗体中的“加入日期”一栏，选用了一个与时间日期设置相关的控件 DateTimerPicker。该控件看似一个组合框，由以文本显示的日期或时间和一个下拉箭头组成，界面十分友好，如图 4-4-15 所示。单击下拉箭头将弹出一个日历供用户选择日期，单击月份标题两侧的箭头按钮来选择月份。单击年号则提供年号的选择。系统自动地将系统的当前日期高亮显示。

DateTimePicker 控件的属性如表 4-4-9 所示。

表 4-4-9　DateTimePicker 控件属性

属　性	说　明
Format	设置日期显示的格式
Value	获取设置的日期
ShowUpDown	设置控件显示模式

上表中的 Value 属性继承了 System.DateTime 类的属性和方法，在编程时只要在 Value 后输入一个小圆点就将弹出属性和方法的列表框，使用这些属性和方法可以轻松地完成对日期或时间的运算任务。关于 System.DateTime 类的详细介绍，请见本任务“拓展学习”板块。

ShowUpDown 属性值是一个布尔值，默认值为 False，控件使用方式如图 4-4-15 所示。当该值为 True 时，控件使用方法类似于 NumbericUpdown 控件，选中年份、月份或日，按上下箭头进行调整，如图 4-4-16 所示。

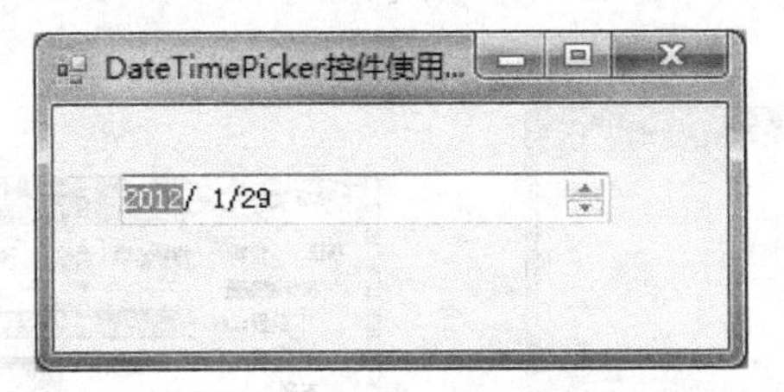

图 4-4-16 ShowUpDown 属性设置为 True

拓展学习

1. Windows 用户界面设计原则

窗体是 Windows 应用程序的基本单位，而控件是分布在窗体中的主要对象，对于 Windows 应用程序中用户界面的设计，应该遵循一定的原则，具体如下。

（1）色彩：灰色，给人以轻松、舒适的感觉，如希望使应用程序看起来更加专业，请使用灰色或用系统调色板；文本框使用白色背景，表示需要用户输入信息；标签的背景色使用灰色，表示用户不能更改它。

（2）布局：使用 GroupBox、Panel 等控件来包含相关的项目。

（3）字体：使用无衬线字体，不使用大字体、粗体字。

图 4-4-17 中展示了两种风格窗体的设计，显然前者令人赏心悦目，而后者则违背了上述多条原则，显得华丽花哨，给人十分凌乱的感觉，这是在用户界面设计中应当极力避免的。

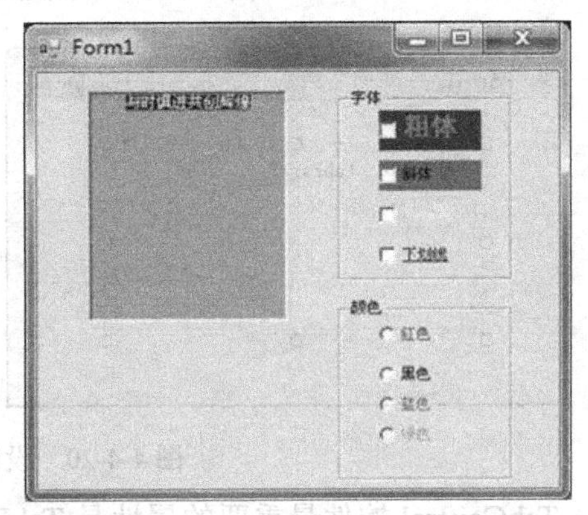

图 4-4-17 两种风格窗体的对比

2. TabControl 控件

除 Panel 控件和 GroupBox 控件以外，TabControl（选项卡）控件也是经常使用的容器类控件之一。这种控件可以用来制作多页对话框，每页用一个选项卡来标识；这种对话框出现在 Windows 操作系统的许多地方，如图 4-4-18 所示的窗口中就包含了一个选项卡控件。近些年来，Office 软件中的工具栏也都融入了选项卡的风格，如 4-4-19 所示。

使用 TabControl 控件一则可以在一个窗体中显示更多的内容，可以把一个窗体当成多个窗体来使用；二则也可以起到对相关信息分组的作用，便于查找。TabControl 控件属于窗体级的控件，可以往其中放 Panel 和 GroupBox 等其他容器控件。图 4-4-20 是设计阶段的一个选项卡。

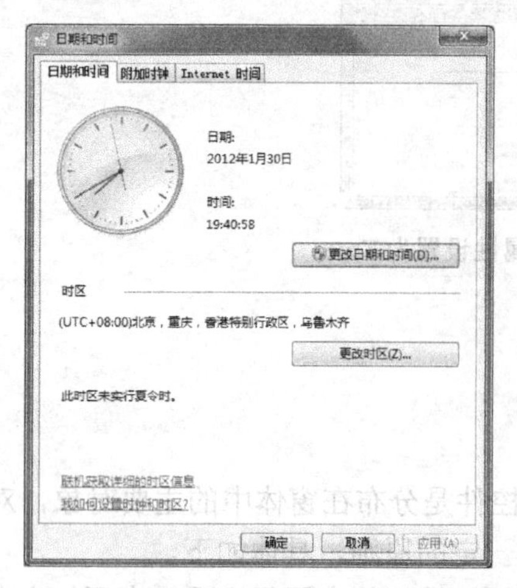

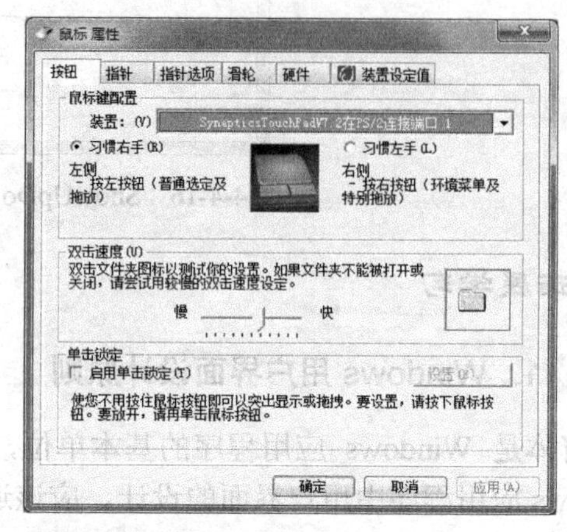

图 4-4-18　Windows 中包含选项卡的对话框

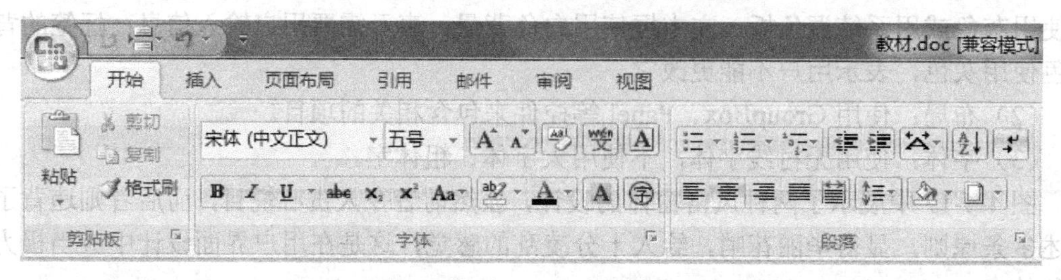

图 4-4-19　Word 2007 中选项卡风格的工具栏

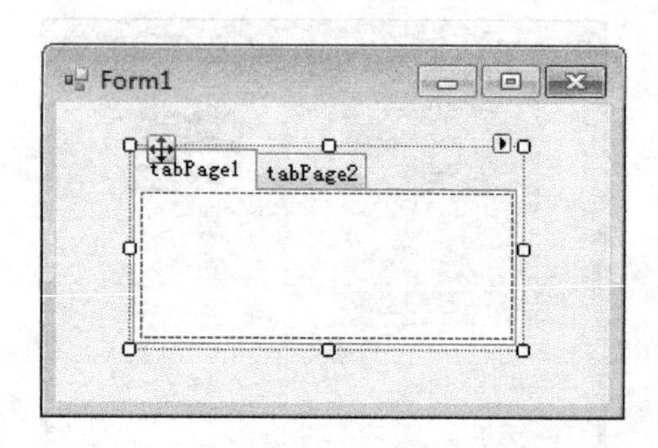

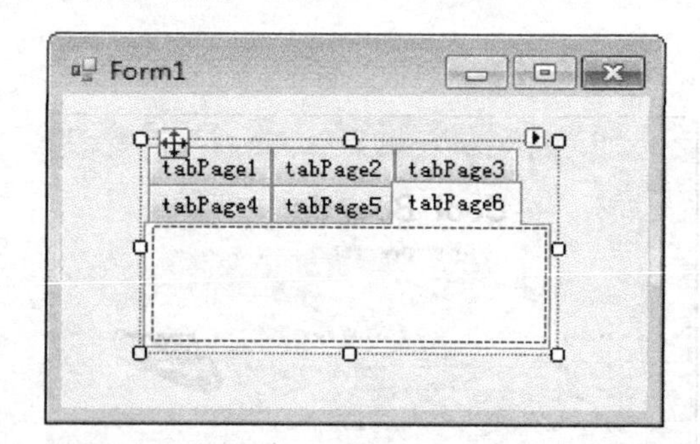

图 4-4-20　设计阶段的 TabControl

TabControl 控件最重要的属性是 TabPages，它表示 TabControl 控件的选项卡集合。通过单击该属性旁边的...按钮，可打开“TabPage 集合编辑器”对话框，如图 4-4-21 所示。单击对话框左下侧的“添加”或“移除”按钮，即可向当前 TabControl 控件中添加或删除选项卡。选中“成员”列表中的任一项目，即可在右边的属性列表中设置该选项卡的属性。

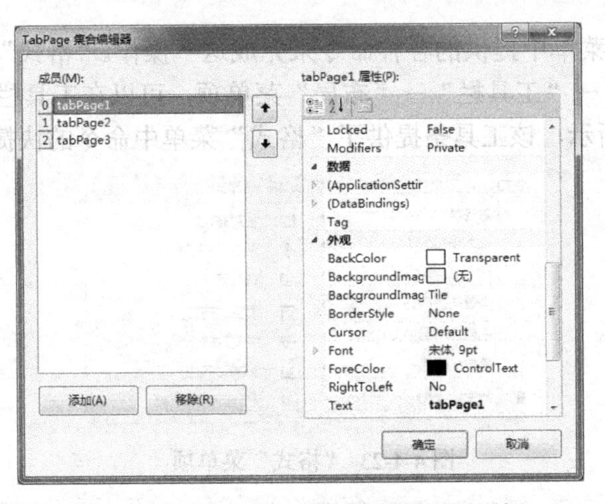

图 4-4-21 “TabPage 集合编辑器”对话框

也可以直接单击窗体中 TabControl 控件右上角的黑色小箭头，在弹出的 TabControl 任务面板中选择“添加选项卡”或“删除选项卡”链接，实现选项卡的快速添加和删除。如图 4-4-22 所示。

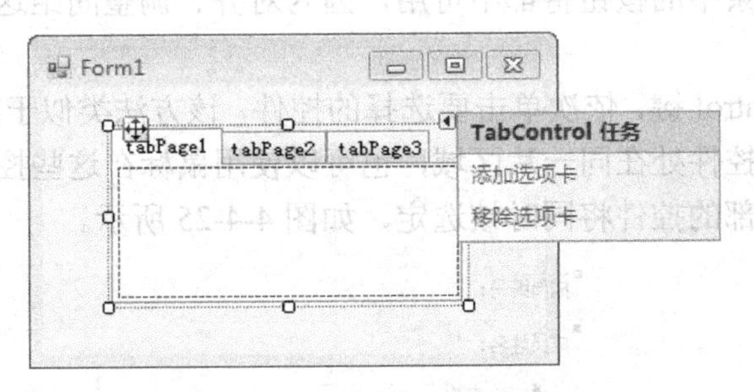

图 4-4-22 “添加”和“删除”选项卡

TabControl 控件的其他属性如表 4-4-10 所示。

表 4-4-10 TabControl 控件属性

属　性	说　明
Mutiline	用于指定是否可以显示多行选项卡
SelectedIndex	表示当前选中的选项卡的索引值
SelectedTab	表示当前选中的选项卡页
ShowToolTips	指定当鼠标移至选项卡上方时是否显示工具提示
TabCount	获取 TabControl 控件中选项卡的数量
TabPages	表示 TabControl 控件中所有选项卡页的集合

3. 控件的对齐

本任务所设计的“成员信息管理”窗体的特点是窗体中的控件种类多，数量大。面对大量的控件同时出现在一个窗体中的情况，如何才能将这些控件快速有序整齐地排列好，使窗体既不凌乱又美观大方、界面友好呢？采用手工移动并借助系统提供的参考线对齐方式固然可以做到，但手工方式既费时又不够精准，只适用于少量控件的情况。我们可以借助“格式”菜单中提供的各种命令来完成这一操作。“格式”菜单项如图 4-4-23 所示。打开“视图”→“工具栏”→“布局”菜单项，可以在工具栏中添加“布局”工具条，如图 4-4-24 所示，该工具条提供了“格式”菜单中命令的快捷方式。

图 4-4-23 “格式”菜单项

图 4-4-24 “布局”工具条

使用“格式”菜单中的命令项必须同时选中两个或两个以上的控件，否则这些菜单项以及“布局”工具条中的按钮将都不可用，因为对齐、调整间距这些操作都是针对多个控件而言的。

按下 Shift 或 Control 键，依次单击要选择的控件，该方法类似于在 Windows 中选择文件。如果要选择的控件处在同一片区域，也可以使用鼠标在这些控件外围画出一个矩形方框，处于方框内部的控件将同时被选定，如图 4-4-25 所示。

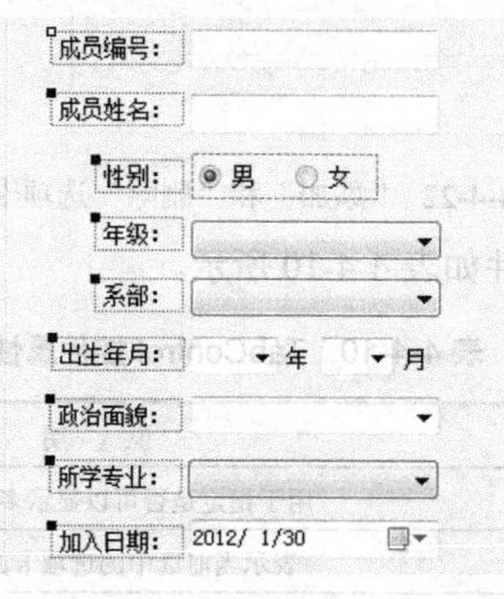

图 4-4-25 同时选定多个控件

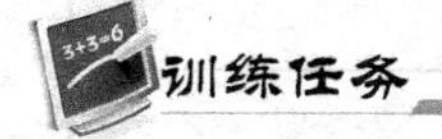

1．参照“成员信息管理”窗体，创建“社团管理”窗体，如图 4-4-26 所示。用户可以对成员信息进行浏览、添加、删除与修改等多种操作，将窗体中的信息显示在右侧。

2．参照“成员信息管理”窗体，创建“社团活动管理”窗体，如图 4-4-27 所示。用户可以对活动信息进行浏览、添加、删除与修改等多种操作，将窗体中的信息显示在右侧。

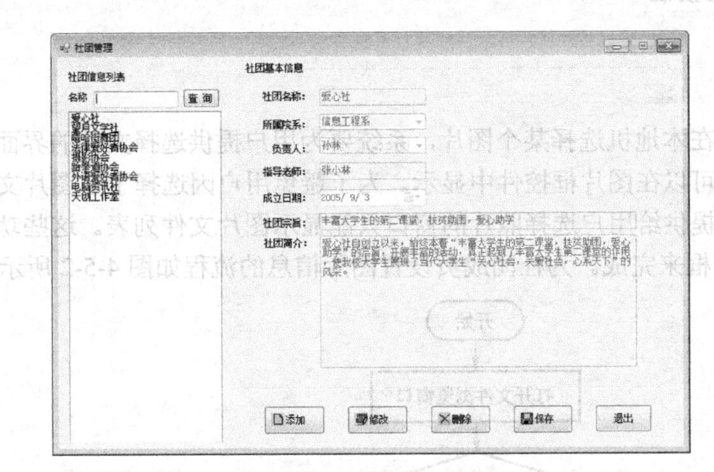

图 4-4-26 “社团管理”窗体

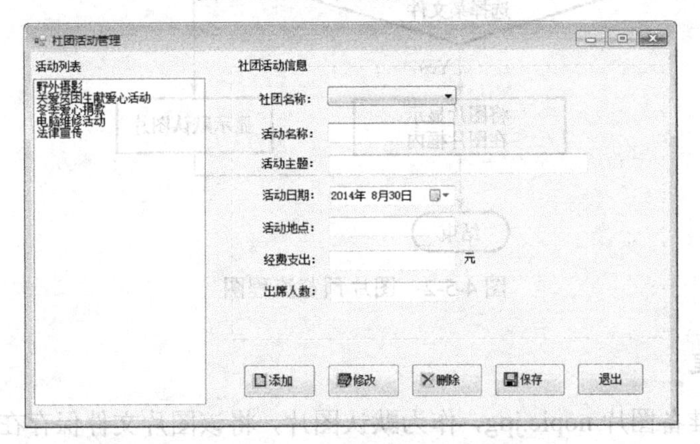

图 4-4-27 “社团活动管理”窗体

任务 4.5 成员照片选择及预览

社团成员的信息包括编号、姓名、系部、出生年月等，在这些信息中，成员的照片也是十分重要的一项。本任务将在前一任务所设计完成的“成员信息管理”窗体中实现社团成员照片的选择，并将选择的图片显示在窗体中，为用户提供预览功能，其效果如图 4-5-1 所示。

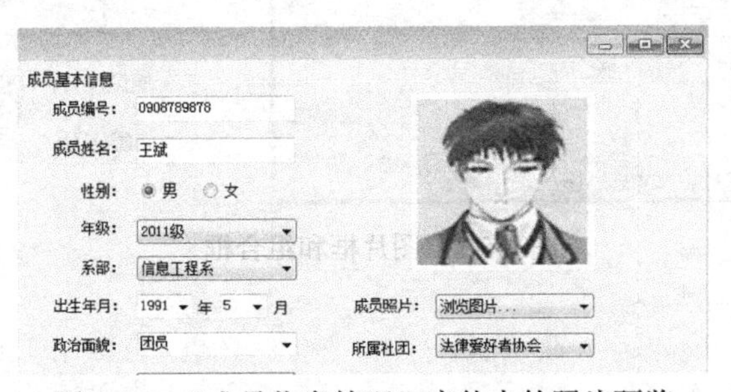

图 4-5-1 “成员信息管理”窗体中的照片预览

任务分析

系统运行时在本地机选择某个图片，系统要为用户提供选择文件的界面，当用户完成选择后，照片可以在图片框控件中显示。为了避免用户因选择了非图片文件而造成的程序异常，系统提供给用户选择照片的窗口只能显示图片文件列表。这些功能可以使用C#中的通用对话框来完成。为社团成员设置图片信息的流程如图 4-5-2 所示。

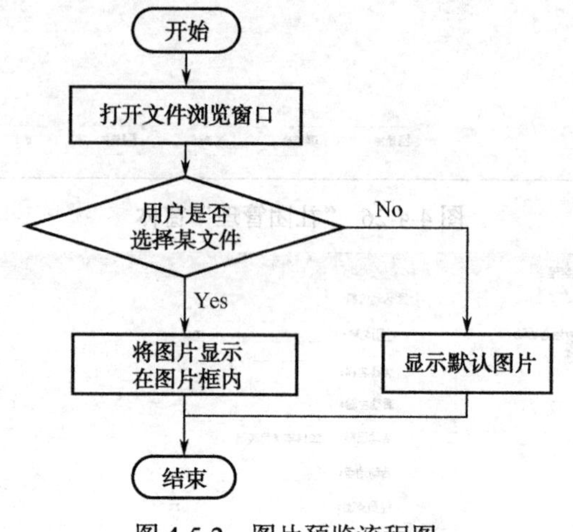

图 4-5-2　图片预览流程图

实现过程

准备工作： 准备图片 nopic.jpg，作为默认图片，将该图片文件保存在项目 bin\debug 文件夹中。

步骤一： 在窗体中添加相关控件。

打开“成员信息管理”窗体，在窗口中创建图片框控件 picMember 和组合框控件 cmbPic。在图片框中设置初始图片，在组合框中的 Items 属性中逐行添加选项“暂无图片”、“选择图片…”，如图 4-5-3 所示。以上两个控件的所有属性设置如表 4-5-1 所示。

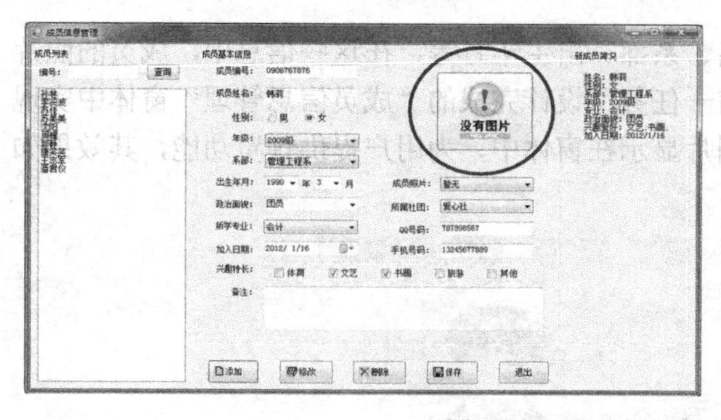

图 4-5-3　图片框和组合框

表 4-5-1　图片框和组合框属性设置

控 件 类 型	控 件 说 明	属　　性	属 性 值
PictureBox	成员照片预览	(Name)	picMember
		Image	bin\debug\nopic.jpg
		SizeMode	StretchImage
ComboBox	照片预览选项	(Name)	cmbPic
		Items	暂无图片，选择图片……
		DropDownStyle	DropDownList

步骤二： 创建“打开文件对话框”控件。

（1）在工具箱的“对话框”选项卡中，将“打开文件对话框”控件 OpenFileDialog 拖放到窗体中，如图 4-5-4 所示。

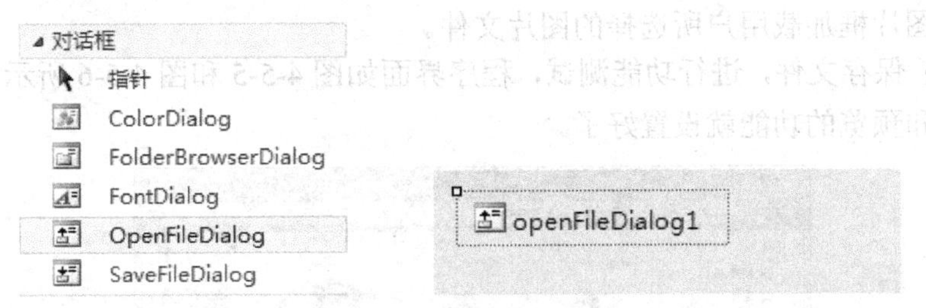

图 4-5-4　OpenFileDialog 控件

（2）设置 OpenFileDialog 控件的相关属性，如表 4-5-2 所示。

表 4-5-2　OpenFileDialog 控件属性设置

属　性	属 性 值	说　明
Name	dlgOpenFile	控件名称 dlgOpenFile
FileName	（清空）	将对话框中文件名清空
Title	选择照片	设置对话框标题文本
Filter	位图文件(*.bm)|*.bmp|JPEG(*.jpg;*jpeg)| *.jpg;*jpeg|所有文件(*.*)|*.*	设置筛选文件类型

步骤三： 选中组合框控件 cmbPic，在其 SelectedIndexChanged 事件中编写代码如下：

```
1.  private void cmbPic_SelectedIndexChanged(object sender, EventArgs e)
2.  {
3.          if (cmbPic.SelectedIndex == 0)   //如果选择了“暂无图片”选项
4.          {
5.                  picMember.Image = Image.FromFile("nopic.jpg");
6.          }
7.          if (cmbPic.SelectedIndex == 1)   //如果选择了“浏览图片…”选项
8.          {
9.                  DialogResult result=dlgOpenFile.ShowDialog();
10.                 if (result == DialogResult.OK) //如果用户单击“确定”
11.                 {
12.                         if (dlgOpenFile.FileName != "")
13.                         {
```

```
14.                     picMember.Image = Image.FromFile(dlgOpenFile.FileName);
15.                 }
16.             }
17.         }
18. }
```

【代码解读】

第 3～6 行：用户选择第一项“暂无图片”，则在图片框加载系统默认图片。

第 7 行：用户选择第二项“浏览图片”，则调用 ShowDialog 方法弹出“选择照片”对话框。这是一个模式对话框，关于模式对话框的概念，将在本任务的“拓展学习”部分进行详细阐述。

第 9～10 行：通过 ShowDialog 方法的返回值获取用户在“选择照片”对话框中的所单击的按钮，是“打开”还是“取消”。

第 12～16 行：如果用户单击了“打开”按钮，继续判断用户是否已选中了某个文件，是则在图片框加载用户所选择的图片文件。

步骤四：保存文件，进行功能测试，程序界面如图 4-5-5 和图 4-5-6 所示，这样，成员照片选择和预览的功能就设置好了。

图 4-5-5 “选择照片”对话框

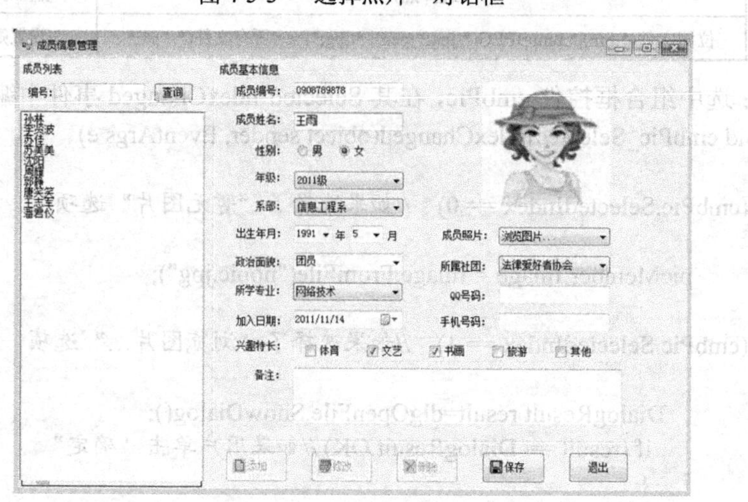

图 4-5-6 在窗体中预览照片

1. 对话框控件

本任务中的实现涉及 3 个控件，分别是 PictureBox、ComboBox 和 OpenFileDialog。OpenFileDialog 是一个对话框控件，可以使用它来打开文件。对话框是 Windows 应用程序的重要组成部分，它们用来在程序运行时与用户进行交互，一方面可以将程序运行信息报告给用户，另一个方面可以接收用户的响应和数据输入。

在.NET 中，与 OpenFileDialog（打开文件对话框）相似的对话框控件还有 SaveFileDialog（保存文件对话框）、FontDialog（字体对话框）、ColorDialog（颜色对话框）、FolderBrowser（文件夹浏览对话框）等。这些控件的共同特点是能弹出相应的对话框，与用户进行交互，在 Windows 应用程序中，常常可以见到它们的身影。它们被统称为通用对话框或标准对话框，由.NET 框架提供这些对话框的类定义，由 CommonDialog 继承而来。表 4-5-3 中罗列了这些通用对话框的名称和作用。

表 4-5-3　通用对话框

名　称	作　用
ColorDialog	选择颜色
FolderBrowserDialog	创建和查看目录
FontDialog	设置和选择字体
OpenFileDialog	打开文件
SaveFileDialog	保存文件
PageSetupDialog	设置可打印的页面
PrintDialog	打印文档
PrintPreviewDialog	打印预览

下面先介绍本任务中所涉及的 OpenFileDialog 控件的使用方法。

2. OpenFileDialog 控件

OpenFileDialog 控件用于打开标准的 Windows“打开”对话框，允许用户打开一个或多个文件，供程序的其他部分使用，如图 4-5-7 所示。

OpenFileDialog 控件不直接显示在窗体中，只出现在窗体下方的窗格中。此外，也可以在程序运行过程通过代码创建，语法格式如下：

```
OpenFileDialog OpenFileDialog1 = new OpenFileDialog();
```

上面语句的作用是创建 OpenFileDialog 类的对象实例 OpenFileDialog1。

通过设置 OpenFileDialog 控件的一些属性可以定制对话框、设置标题、筛选文件类型、初始目录等。OpenFileDialog 控件的常用属性如表 4-5-4 所示。

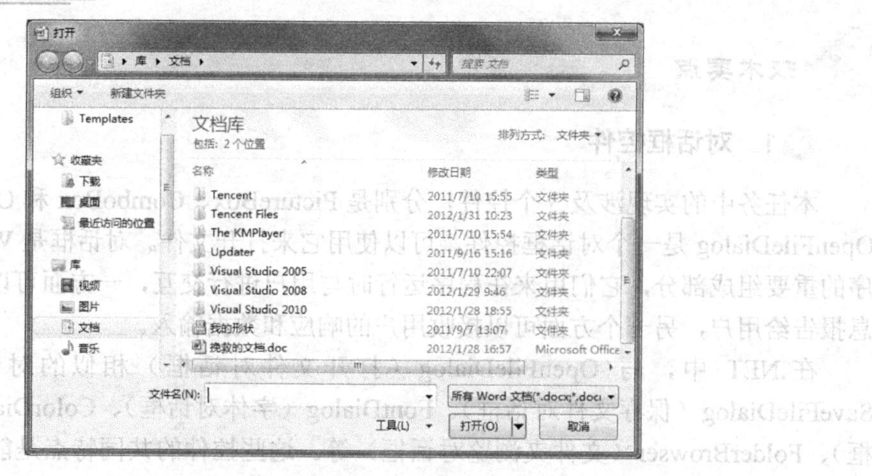

图 4-5-7 “打开”对话框

表 4-5-4 OpenFileDialog 控件属性

属　性	说　明
InitialDirectory	设置在对话框中显示的初始化目录
Filter	设定对话框中过滤文件字符串
FilterIndex	设定显示的过滤字符串的索引
RestoreDirectory	布尔型，设定是否重新回到关闭此对话框时的当前目录
FileName	设定在对话框中选择的文件名称
ShowHelp	设定在对话框中是否显示“帮助”按钮
Title	设定对话框的标题

其中，Filter 属性也称为文件筛选器，用来对文件进行筛选和过滤。Filter 属性值是一个字符串，它的设置方法比较特殊，必须按照一定的格式来设置。文件筛选器由以“|”分隔的两部分组成：一部分是显示在对话框右下角的组合框中的描述符，例如“文本文件(*.txt)”，如图 4-5-8 所示；另一部分是内部执行的筛选类型，例如“*.txt”、“*.txt;*doc”。当有多个筛选器时，用“|”将它们间隔开。例如“文本文件(*.txt)| *.txt|所有文件(*.*)|*.*”。步骤二中设置的 Filter 属性在对话框文件类型列表中的显示如图 4-5-9 所示。

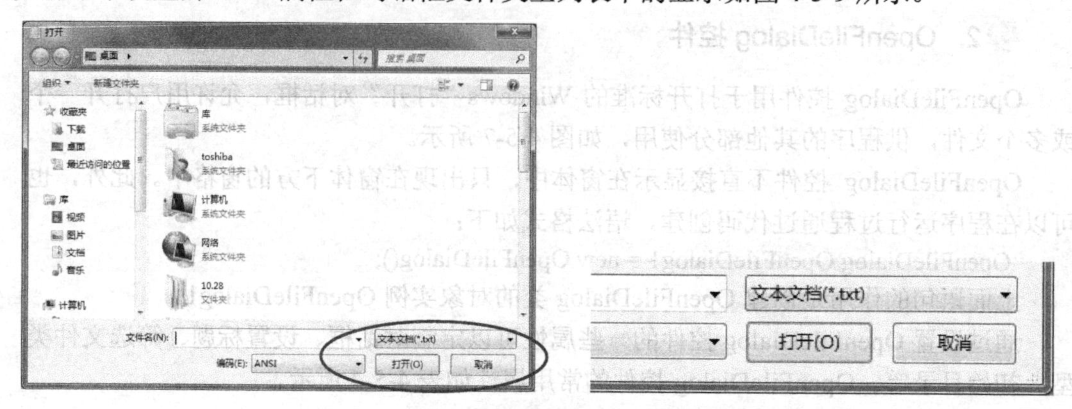

图 4-5-8 “打开”对话框中的文件类型列表

FilterIndex 属性是“打开”对话框中当前选定筛选器的索引的值，第一个筛选器的索引值为 1，依次类推。FilterIndex 的默认值为 1。

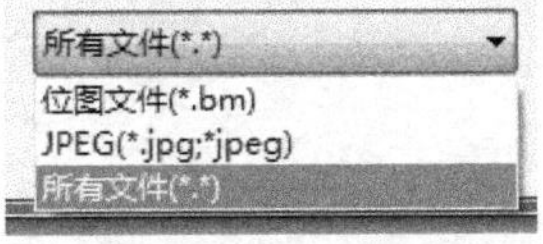

在步骤二中，通过属性窗口对 OpenFileDialog 控件对象 dlgOpenFile 的属性进行设置，如在程序运行过程中创建 OpenFileDialog 对象，可以通过编码方式设置其属性，代码如下：

图 4-5-9　步骤二中的文件类型列表

```
OpenFileDialog dlgOpenFile= new OpenFileDialog();
dlgOpenFile.Title= “选择照片”;
dlgOpenFile.Filter= “位图文件(*.bm)|*.bmp|JPEG(*.jpg;*jpeg)| *.jpg;*jpeg|所有文件(*.*)|*.*”;
dlgOpenFile. FilterIndex=2;
dlgOpenFile. InitialDirectory= “C:\\”;
dlgOpenFile. RestoreDirectory=true;
```

将“打开文件对话框”对象的属性设置完成后，调用其 ShowDialog()方法，显示“打开”对话框。该方法将返回一个 DialogResult 类型的值。如果用户在对话框中单击“打开”按钮，ShowDialog()的返回值为 DialogResult.OK，否则为 DialogResult. Cancel。

通过“打开文件对话框”对象的 FileName 属性，获取用户所选文件的路径，在图片框或其他类型的控件中打开文件。如未选中文件，则 FileName 属性的值是一个空字符串。示例 4.5.1 是在文本框中打开文本文件的例子。

示例 4.5.1：打开文本文件。

新建一个窗体，在窗体中拖放一个 RichTextBox 控件以及“打开文件”、“保存文件”两个按钮控件，分别将 Name 属性改为 btnOpen 和 btnSave，窗体布局如图 4-5-10 所示。

双击“打开文件”按钮，在按钮的 Click 事件响应方法中编写代码：

```
1.  private void btnOpen_Click(object sender, EventArgs e)
2.  {
3.          OpenFileDialog opendlg = new OpenFileDialog();     //创建 OpenFileDialog 对象
4.          opendlg.Title = "打开文本文件";
5.          opendlg.Filter = "文本文件(*.txt)|*.txt|所有文件(*.*)|*.*";
6.          if (opendlg.ShowDialog() == DialogResult.OK)
7.          {
8.              if (opendlg.FileName!="")
9.              {
10.                 //在文本框中加载文本文件
11.                 richTextBox1.LoadFile(opendlg.FileName,RichTextBoxStreamType.PlainText);
12.             }
13.         }
14. }
```

本示例中的 RichTextBox 控件和 TextBox 功能相似，但其功能更强大，它可以显示、输入和操作带格式的文本，还可以从文件中加载文本，还可以将文本保存到文件中，常用来设计文本编辑器。

“保存文件”按钮功能将在示例 4.5.2 中实现。

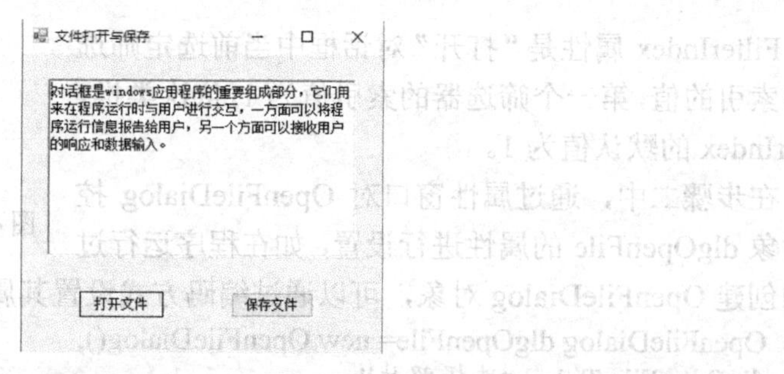

图 4-5-10　打开文本文件

拓展学习

1. 其他对话框控件

（1）SaveFileDialog 控件。与 OpenFileDialog 控件的功能相对应，SaveFileDialog 控件用于创建标准的 Windows“另存为”对话框，为用户另存文件所用，其外观如图 4-5-11 所示。

图 4-5-11　“另存为”对话框

SaveFileDialog 控件的属性和 OpenFileDialog 控件属性大致相同，详见表 4-5-3。稍有不同的是，SaveFileDialog 控件的 FileName 属性用于保存输入的文件名和路径，Title 属性用于设置对话框的标题，默认的对话框标题为“另存为”。众所周知，在进行“打开文件”和“保存文件”操作时有一些区别，如保存文件时会遇到同名文件已存在的情况，系统需做出判断并询问用户是否覆盖等，这些功能的实现要借助对于 SaveFileDialog 控件的某些特殊属性值的获取，这里将 SaveFileDialog 控件的这些不同属性罗列在表 4-5-5 中。

表 4-5-5　SaveFileDialog 控件属性（部分）

属　性	说　明
CreatePrompt	确定当用户保存一个新文件时，是否提示用户创建新文件，默认值为 False
DefaultExt	设置默认的文件扩展名
OverWritePrompt	确定当用户保存一个已存在的文件时，是否提示该文件已存在，默认值为 True

与 OpenFileDialog 对象一样，SaveFileDialog 对象也可以在程序运行过程通过代码创建，语法格式如下：

```
SaveFileDialog SaveFileDialog1 = new SaveFileDialog ();
```

上述语句的作用就是创建 SaveFileDialog 类的对象实例 SaveFileDialog1。要显示“保存文件”对话框，只能通过语句调用其 ShowDialog 方法。

示例 4.5.2 接着示例 4.5.1，实现了图 4-5-10 中保存文件按钮的功能，演示了通过“保存文件”对话框将文本框中的内容保存到文本文件中。

示例 4.5.2：保存（另存）文本文件。

双击“保存文件”按钮，在按钮的 Click 事件响应方法中编写代码：

```
1.  private void btnSave_Click(object sender, EventArgs e)
2.  {
3.          SaveFileDialog savedlg = new SaveFileDialog ();  //创建 SaveFileDialog 对象
4.          savedlg.Title = "保存文本文件";
5.          savedlg.Filter = "文本文件(*.txt)|*.txt|所有文件(*.*)|*.*";
6.          if (savedlg.ShowDialog() == DialogResult.OK)
7.          {
8.              if (savedlg.FileName!="")
9.              {
10.                 //将文本框中的内容保存为文本文件
11.             richTextBox1.SaveFile(opendlg.FileName,RichTextBoxStreamType.PlainText);
12.             }
13.         }
14. }
```

（2）FontDialog 控件。FontDialog 控件用来打开一个标准的 Windows 字体选择对话框，允许用户选择字体、字形以及字号大小等选项，供应用程序使用。在很多软件中，尤其是在一些带有文字编辑处理功能的软件中，常常可以见到如图 4-5-12 所示的对话框。

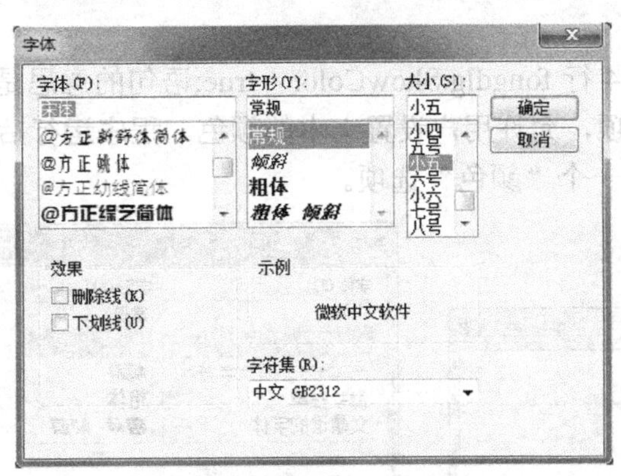

图 4-5-12 “字体”对话框

通常情况下，标准的 Windows 字体对话框显示字体、字形、字号大小列表框，为文字加上删除线和下画线效果的复选框，以及字体外观的示例和字符集组合框。此外，也可以通过 new 关键字创建 FontDialog 类的对象，语句如下：

```
FontDialog    FontDialog1=new FontDialog();
```

“字体”对话框的显示也只能通过代码调用方法 ShowDialog()来实现。

FontDialog 控件的常用属性如表 4-5-6 所示。

表 4-5-6　FontDialog 控件属性

属　　性	说　　明
Font	获取用户选择的字体
AllowScirptChange	确定是否可以在“字符集”组合框中选取其他字符集
ShowColor	确定是否在对话框中设置字体的颜色，默认值为 Flase
Color	获取用户设置的字体颜色
ShowEffects	确定是否在对话框中显示下画线、删除线等选项

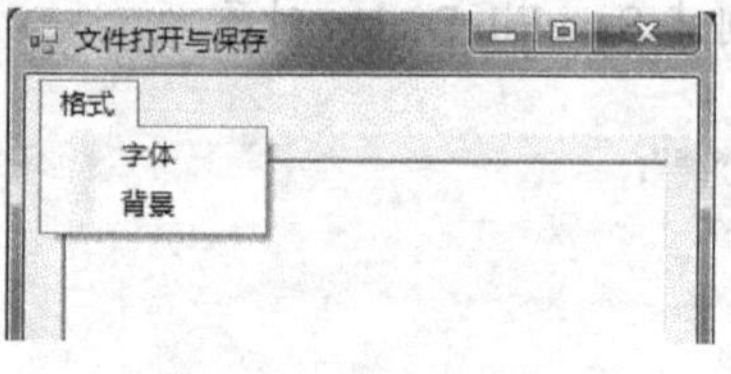

图 4-5-13　菜单项设置

示例 4.5.3 演示了如何通过 FontDialog 对话框设置文本框中的文本格式。

示例 4.5.3： 文本设置。

在示例 4.5.1 的窗体中，添加一个菜单控件，并在菜单中添加两个菜单项，如图 4-5-13 所示。

双击“字体”菜单项，在它的 Click 事件中，编写如下代码：


```
1.  private void 字体 ToolStripMenuItem_Click(object sender, EventArgs e)
2.  {
3.          FontDialog fongdlg = new FontDialog(); //创建 FontDialog 对象
4.          fongdlg.ShowColor = true;
5.          if (fongdlg.ShowDialog() == DialogResult.OK)
6.          {
7.                  richTextBox1.Font = fongdlg.Font;
8.                  richTextBox1.ForeColor = fongdlg.Color;
9.          }
10. }
```

在上述代码中，第 4 行 fongdlg.ShowColor = true;语句的意思是，在“字体”对话框中显示“字体颜色”选项，允许用户设置文本的颜色。程序运行后，示例中的对话框外观如图 4-5-14 所示，有一个“颜色”选项。

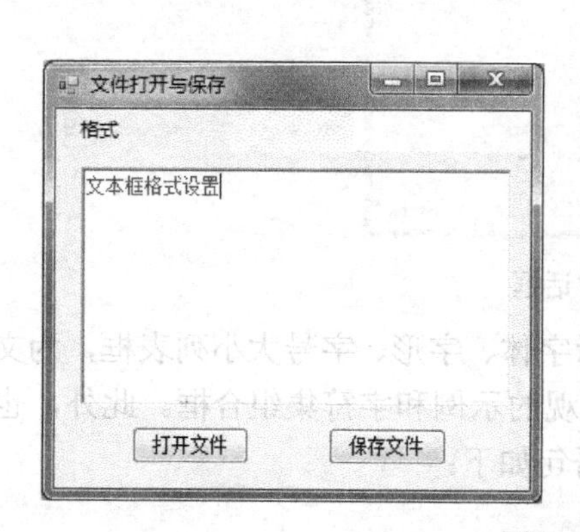

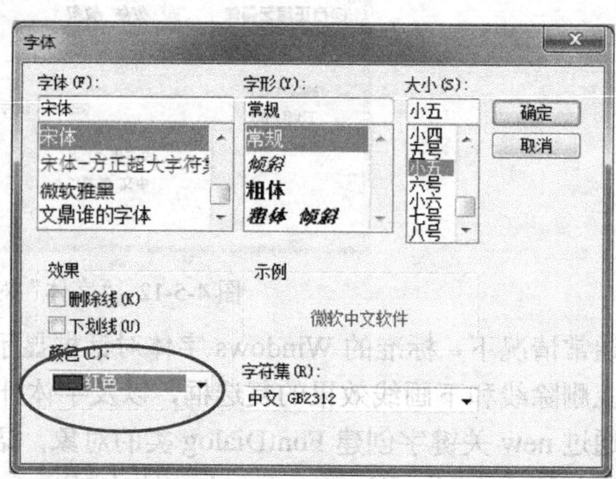

图 4-5-14　程序运行结果

前面示例中，我们通过设置 richTextBox1 控件的 Font 属性和 ForeColor 属性来改变文本框中所有文本的字体和颜色，如果想得到类似于 Word 软件中改变选中文本的效果，可以设置 richTextBox1 控件的 SelectionFont 属性和 SelectionColor 属性。

（3）ColorDialog 控件。ColorDialog 控件用来打开一个标准的 Windows 颜色选择对话框，允许用户从调色板中选择颜色或者在调色板中自定义颜色。图 4-5-15 就是一个“颜色”对话框。

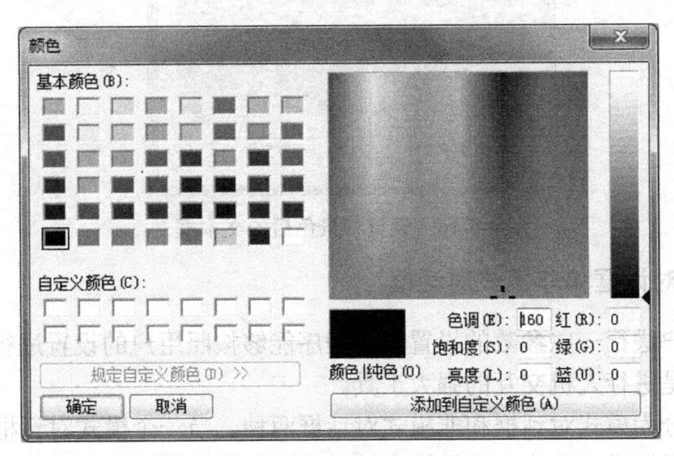

图 4-5-15 “颜色”对话框

除了从“工具箱”拖放，也可以通过 new 关键字创建 ColorDialog 类的对象，语句如下：

```
ColorDialog ColorDialog1=new ColorDialog ();
```

ColorDialog 控件的常用属性如表 4-5-7 所示。

表 4-5-7 ColorDialog 控件属性

属　性	说　明
AllowFullOpen	确定是否可以使用“自定义颜色”按钮
Color	获取用户所选择的颜色
FullOpen	确定是否显示自定义的颜色面板

注意，FontDialog 控件和前面介绍的 ColorDialog 控件都没有 Title 属性，不可以由用户自定义对话框标题。“颜色”对话框的显示只能通过调用方法 ShowDialog 来实现。

示例 4.5.4 演示了如何通过 ColorDialog 对话框设置文本框的背景色。

示例 4.5.4：背景色设置。

双击示例 4.5.3 中的“背景”菜单项，在 Click 事件中，编写如下代码：

```
1. private void 背景 ToolStripMenuItem_Click(object sender, EventArgs e)
2. {
3.         ColorDialog colordlg = new ColorDialog();
4.         if (colordlg.ShowDialog() == DialogResult.OK)
5.         {
6.                 richTextBox1.BackColor = colordlg.Color;
7.         }
8. }
```

程序运行结果如图 4-5-16 所示，通过菜单可以设置文本框的背景色。

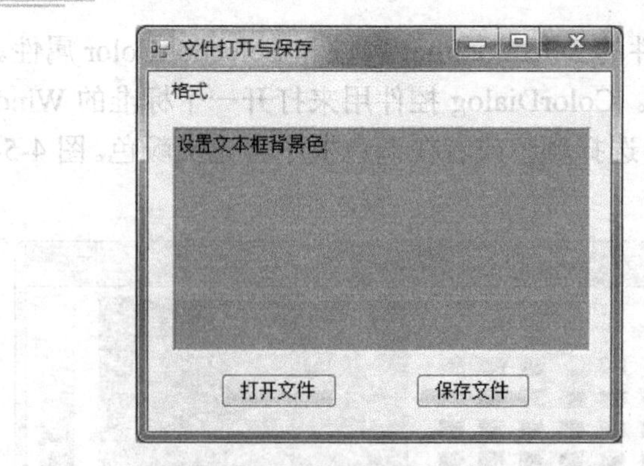

图 4-5-16　设置背景色后的文本框

2. 模式对话框和非模式对话框

对话框供用户进行一些参数的设置，使程序能够按照用户的设置进行特定的操作，可以说，对话框是进行人机交互的强大工具。

对话框可以分为模式对话框和非模式对话框两种。当一个模式对话框打开时，用户只能在当前的对话框进行操作，在关闭该对话框之前不能切换到程序的其他窗体。例如上面提到的“打开\保存文件”、“字体”对话框等都是模式对话框。当一个非模式对话框打开时，当前所操作的对话框可以和程序的其他窗体切换，例如在 Word 应用程序中的“查找”与“替换”对话框就是一种非模式对话框。

在 C#中，使用窗体的 Show 方法将该窗体显示为非模式对话框。通常情况下，窗体的显示为非模式显示，如下面的这段代码，就是将窗体 Form1 显示为非模式窗体。这个方法曾在本项目的任务 4.2“系统欢迎界面设计”中介绍过。

```
Form1 frm1 = new Form1();        //创建 Form1 窗体对象 frm1
frm1.Show();                     //将窗体对象 frm 显示为非模式窗体
```

模式窗体的显示通过窗体的 ShowDialog 方法实现，代码如下：

```
Form2 frm2 = new Form2();        //创建 Form2 窗体对象 frm2
frm2.ShowDialog();               //将窗体对象 frm2 显示为非模式窗体
```

调用 ShowDialog()方法时，直到关闭对话框后，才执行此方法后面的代码。ShowDialog()方法还可以返回一个 DialogResult 类型的值，用户可以根据这个返回值判断用户的在对话框中的选择，来进行下一步的操作。DialogResult 类型是枚举类型，常用的枚举值如下：

DialogResult.OK，对话框的返回值是 OK（通常从标签为“确定”的按钮发送）。

DialogResult.Yes，对话框的返回值是 Yes（通常从标签为“是”的按钮发送）。

DialogResult.No，对话框的返回值是 No（通常从标签为“否”的按钮发送）。

DialogResult.Cancel，对话框的返回值是 Cancel（通常从标签为“取消”的按钮发送）。

DialogResult.Abort，对话框的返回值是 Abort（通常从标签为“中止”的按钮发送）。

DialogResult.Retry，对话框的返回值是 Retry（通常从标签为“重试”的按钮发送）。

DialogResult.Ignore，对话框的返回值是 Ignore（通常从标签为“忽略”的按钮发送）。

任务 4.6　系统主界面设计

任务目标

本任务的目标是设计并创建“学生社团管理系统”的主界面，主界面中具有背景图片、菜单、工具栏、状态栏等元素，主界面外观如图 4-6-1 所示。

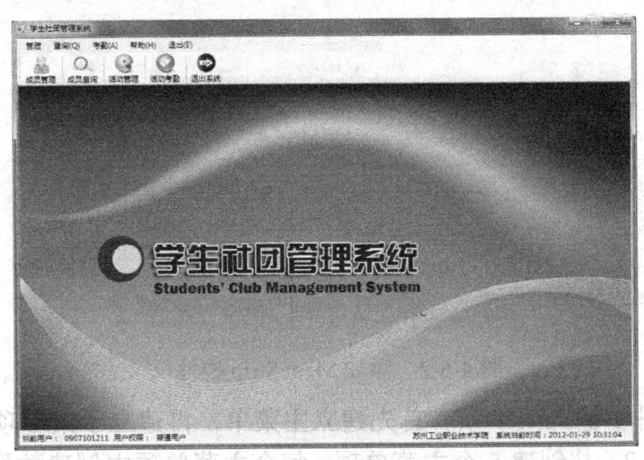

图 4-6-1　系统主界面

任务分析

登录窗口是系统的入口，而系统主界面是一个软件的功能使用的主要平台。菜单、工具栏、状态栏等控件是主界面中必不可少的元素。通过菜单，将系统各功能分门别类罗列在一起，用户通过菜单来调用其他窗体；工具栏中则集合了常用的菜单项功能，让用户的使用更加方便快捷；状态栏中显示了关于系统的重要信息，如当前用户名、当前时间等，为用户了解系统当前状态提供了窗口。在本任务的制作过程中，将介绍使用菜单、工具栏等控件。

实现过程

步骤一： 创建系统主界面窗体 FrmMain.cs。

在 Visual Studio 2010 中创建一个新窗体，并将窗体的属性按表 4-6-1 所示设置。

表 4-6-1　FrmMain 窗体属性设置

属　性	属 性 值	说　明
Name	FrmMain	将窗体命名为 FrmMain
Text	学生社团管理系统	窗体标题文本
FormBorderStyle	FixedSingle	窗体设置为最大化按钮
MaximizeBox	False	取消窗体的最大化按钮
MinimizeBox	False	取消窗体的最大化按钮

续表

属　　性	属 性 值	说　　明
Size	990,680	设置窗体大小
StartPosition	CenterScreen	窗体显示时相对于显示器的位置
IsMdiContainer	True	设置窗体为 MDI 容器

步骤二：为主窗体添加菜单控件，并设置菜单项。

（1）从工具箱中的“菜单和工具栏”选项卡中选择 MenuStrip 控件，拖放到窗体主界面中，如图 4-6-2 所示。

图 4-6-2　添加 MenuStrip 控件

（2）在菜单控件中输入菜单项。首先建立主菜单，再建立子菜单项。根据系统的功能需求，按照表 4-6-2，共创建 5 个主菜单项，每个主菜单项中创建数量不等的子项，主菜单项的设置效果如图 4-6-3 所示。输入菜单文本的方法十分简单，只要单击系统显示的文本“请在此处键入”，然后重新输入自定义菜单项文本即可。如果需要修改已输入的菜单项文本，只要选中需修改的菜单项，稍后再次单击该项，即可进入编辑状态，当然，也可以在选中菜单项后修改其 Text 属性来实现菜单项文本的修改。图 4-6-4 是“查询”和“退出”菜单的子菜单设置。

表 4-6-2　MenuStrip 控件设置

主 菜 单 项	子 菜 单 项	属　　性	属 性 值
管理(M)	社团管理	Name	社团管理 ToolStripMenuItem
		Text	社团管理
	负责人管理	Name	负责人管理 ToolStripMenuItem
		Text	负责人管理
	成员管理	Name	成员管理 ToolStripMenuItem
		Text	成员管理
	活动管理	Name	活动管理 ToolStripMenuItem
		Text	活动管理
	用户管理	Name	用户管理 ToolStripMenuItem
		Text	用户管理
查询(Q)	社团查询	Name	社团查询 ToolStripMenuItem
		Text	社团查询

续表

主 菜 单 项	子 菜 单 项	属　性	属 性 值
查询(Q)	成员查询	Name	成员查询 ToolStripMenuItem
		Text	成员查询
	社团活动查询	Name	社团活动查询 ToolStripMenuItem
		Text	社团活动查询
考勤(A)	考勤管理	Name	考勤管理 ToolStripMenuItem
		Text	考勤管理
	考勤统计	Name	考勤统计 ToolStripMenuItem
		Text	考勤统计
帮助(H)	关于	Name	关于 ToolStripMenuItem
		Text	关于
退出(E)	注销	Name	注销 ToolStripMenuItem
		Text	注销
	退出	Name	退出 ToolStripMenuItem
		Text	退出
		ShortCutKeys	Alt+F4

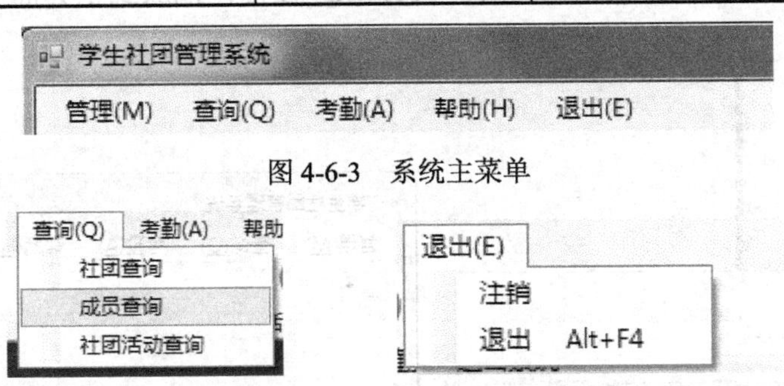

图 4-6-3　系统主菜单

图 4-6-4 “查询”和“退出”菜单

（3）在各菜单项的 Click 事件处理程序中添加相应代码，实现各菜单项功能。

“学生社团管理系统”的大部分菜单项的功能是显示其他窗体，下面以“成员管理”菜单功能为例，介绍通过该菜单命名打开任务四中“社团成员信息管理”窗体的实现方法。其他菜单项的实现方法相仿。双击“管理(M)”主菜单下的“成员管理”子菜单项，进入其 Click 事件，编写如下代码：

```
1. private void 成员管理 ToolStripMenuItem_Click(object sender, EventArgs e)
2. {
3.         FrmMemberManage frmMemberManage = new FrmMemberManage();
4.         frmMemberManage.MdiParent = this;
5.         frmMemberManage.Show();
6. }
```

【代码解读】

第 3 行：创建“社团成员信息管理”窗体 FrmMemberManage 类的对象实例 frmMemberManage。

第 4 行：将系统主窗体设置为“社团成员信息管理”窗体 frmMemberManage 的多文档界面（MDI）父窗体，新生成的窗体将成为主窗体的子窗口，只能在父窗口中出现。

第 5 行：调用 frmMemberManage 窗体对象的 Show()方法显示该子窗体。

“退出”菜单项的功能实现代码如下：

```
7.  private void 退出 ToolStripMenuItem_Click(object sender, EventArgs e)
8.  {
9.  if (MessageBox.Show("您真的要退出系统吗?", "系统提示", MessageBoxButtons.YesNo, MessageBoxIcon.Question) == DialogResult.Yes)
10.         {
11.             Application.Exit();
12.         }
13. }
```

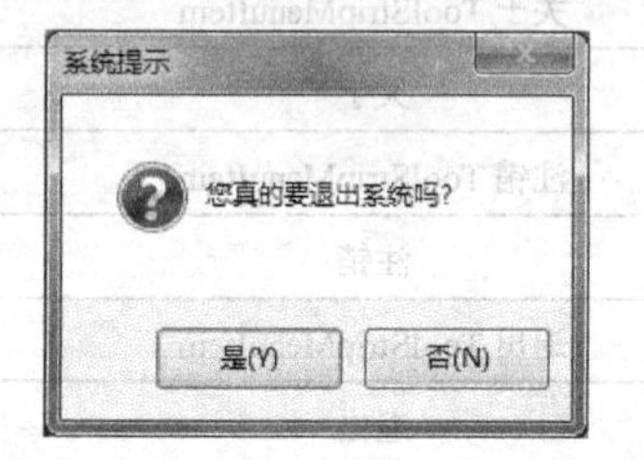

图 4-6-5 “确认退出系统”消息框

【代码解读】

第 9 行：弹出“确认退出系统”的消息框，并判断用户的选择。消息框外观如图 4-6-5 所示。

第 11 行：Application.Exit()为退出系统。

步骤三：为主窗体添加工具栏控件。

（1）与添加 MenuStrip 控件的方法一样，从工具箱中选择 ToolStrip 控件，拖放到主界面中，如图 4-6-6 所示。

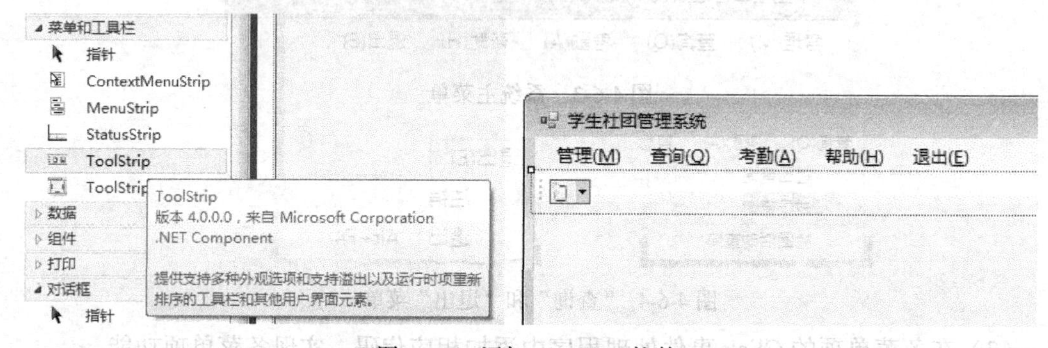

图 4-6-6 添加 ToolStrip 控件

（2）在工具栏上单击一下黑色的三角箭头，在弹出的下拉菜单中选择 Button，添加一个快捷按钮，如图 4-6-7 所示。

图 4-6-7 添加快捷按钮

（3）仿照（2）的做法，在工具栏控件中添加“成员查询”、“活动考勤”等数个 Button，并按表 4-6-3 设置按钮属性，效果如图 4-6-8 所示。

表 4-6-3　ToolStrip 控件设置

控件类型	属　性	属性值
Button	Name	toolStripBtnMemberManage
	Text	成员管理
	Image	C:\素材\Member.png
	DisplayStyle	ImageAndText
	ImageScaling	None
	Size	60，85
	TextImageRelation	ImageAboveText
	ToolTipText	成员管理
	Name	toolStripBtnMemberQuery
	Text	成员查询
	Image	C:\素材\Search.png
	ImageScaling	None
	Size	60，85
	TextImageRelation	ImageAboveText
	ToolTipText	成员查询
Button	Text	活动管理
	...	
Button	Text	活动考勤
	...	
Button	Text	退出系统
	...	

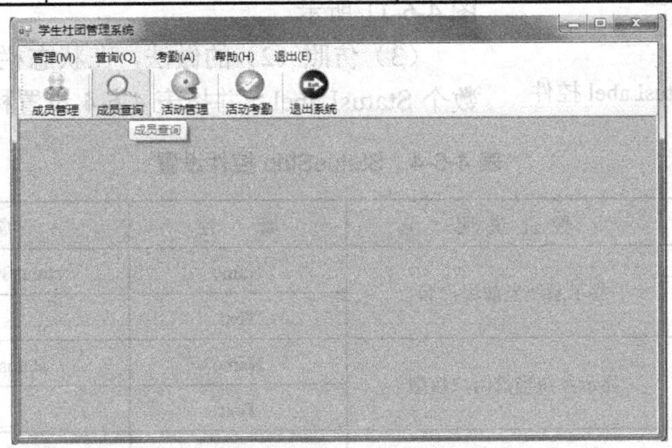

图 4-6-8　系统工具栏

（4）在工具栏各按钮的 Click 事件处理程序中添加相应代码，为按钮提供功能。工具栏中按钮的功能与对应的菜单项功能一致，因此，可以复制上一步中在菜单项的 Click 事件中书写的代码，这里采用另一种方法，即调用菜单项的 Click 事件方法。具体做法是：双击“成员管理”按钮，进入其Click事件，添加如下代码：

```
1. private void toolStripBtnMemberManage_Click(object sender, EventArgs e)
2. {
3.         //调用“成员管理”菜单项 Click 事件方法
4.         成员管理 ToolStripMenuItem_Click(sender, e);
5. }
6. private void toolStripBtnMemberQuery_Click(object sender, EventArgs e)
7. {
8.         //调用“成员查询”菜单项 Click 事件方法
9.         成员查询 ToolStripMenuItem_Click(sender, e);
10. }
11. ...
```

步骤四：为主窗体添加状态栏控件，状态栏中信息设置如图4-6-9。

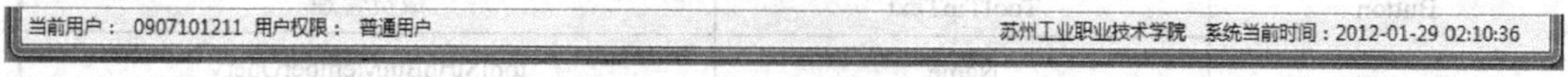

当前用户： 0907101211 用户权限： 普通用户 苏州工业职业技术学院 系统当前时间：2012-01-29 02:10:36

图4-6-9 系统状态栏

（1）从工具箱中选择StatusStrip控件，拖放到主界面中，如图4-6-10所示。

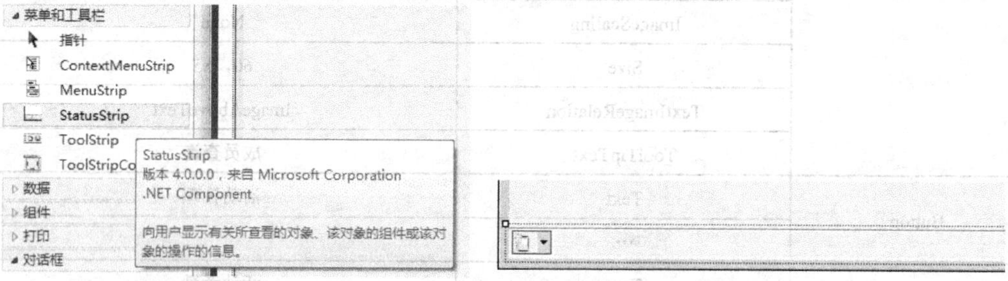

图4-6-10 添加StatusStrip控件

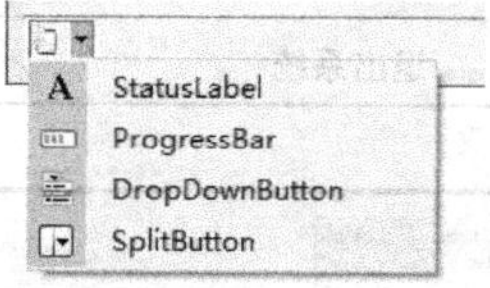

图4-6-11 添加StatusLabel控件

（2）在状态栏上单击一下黑色的三角箭头，在弹出的下拉菜单中选择StatusLabel，添加一个标签，如图4-6-11所示。

（3）仿照（2）的做法，在状态栏控件中依次添加数个StatusLabel，并按表4-6-4设置标签属性。

表4-6-4 StatusStrip控件设置

控件类型	控件说明	属性	属性值
StatusLabel	显示系统当前用户名	Name	statusStriplblUserName
		Text	(清空)
StatusLabel	显示系统当前用户权限	Name	statusStriplblAuthor
		Text	(清空)
StatusLabel	状态栏中间空白区域	Text	(清空)
		Spring	True
StatusLabel	显示系统当前时间	Name	statusStriplblTime
		Text	(清空)

（4）在窗体 Load 事件中编写代码，在窗体加载时为状态栏设置系统相关信息。请注意，在实际生活中，状态栏中的用户信息，如用户名、用户权限等，应当根据当前用户的登录信息显示，这里暂且用指定用户名来表示，系统当前时间应当动态显示，这里暂用静止的时间来表示，关于窗体间数据的传递及动态时间显示将在本项目的任务 4.8 中介绍和实现。

```
1. private void FrmMain_Load(object sender, EventArgs e)
2. {
3.         statusStriplblUserName.Text = "当前用户： Tomy";
4.         statusStriplblAuthor.Text ="用户权限：普通用户";
5.         statusStriplblTime.Text = "系统当前时间： "+System.DateTime.Now.ToString ("yyyy-
MM-dd hh:mm:ss");
6. }
```

【代码解读】

第 3、第 4 行：将系统用户名、用户权限等信息显示在状态栏标签中。

第 5 行：获取系统当前时间，时间显示为 yyyy-MM-dd hh:mm:ss 的形式，如“2011-12-23 19:34:50”。

步骤五：为系统主窗体添加背景图片，美化界面。

选中 FrmMain 主窗体，设置窗体的 BackGroudImage 属性，在如图 4-6-12 所示的对话框中选择背景图片。

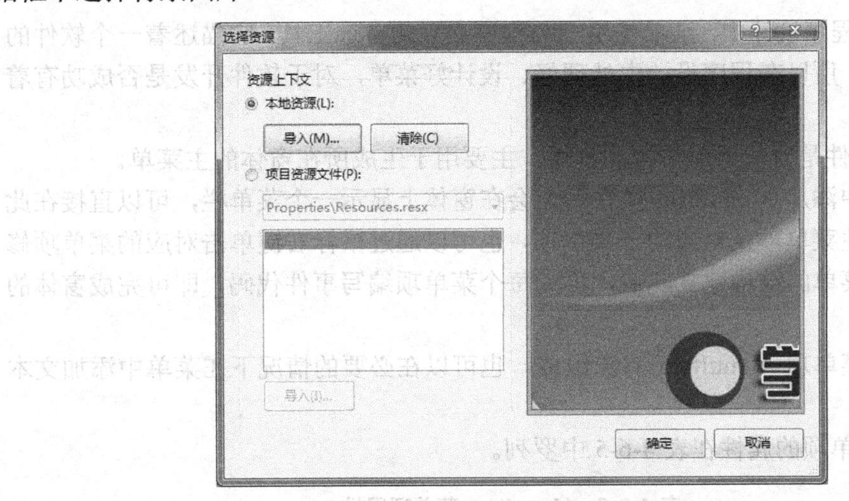

图 4-6-12　设置窗体背景图片

当设置了窗体背景图片属性后，我们却无法看到窗体的背景发生变化，尝试将窗体的 IsMdiContainer 属性设置为 False 后，出现了所设置的窗体背景图片，但当 IsMdiContainer 属性恢复为 False 后，窗体又变回了原先的深灰色，这表示窗体已经成为 MDI 容器，在设计阶段将无法看见窗体背景图片，背景图片会在程序运行时出现。关于 MDI（多文档界面）的知识，请参见本任务的【技术要点】。

步骤六：保存并运行程序，运行结果如图 4-6-13 所示。至此，任务 4.5“系统主界面”的设计工作已完成。

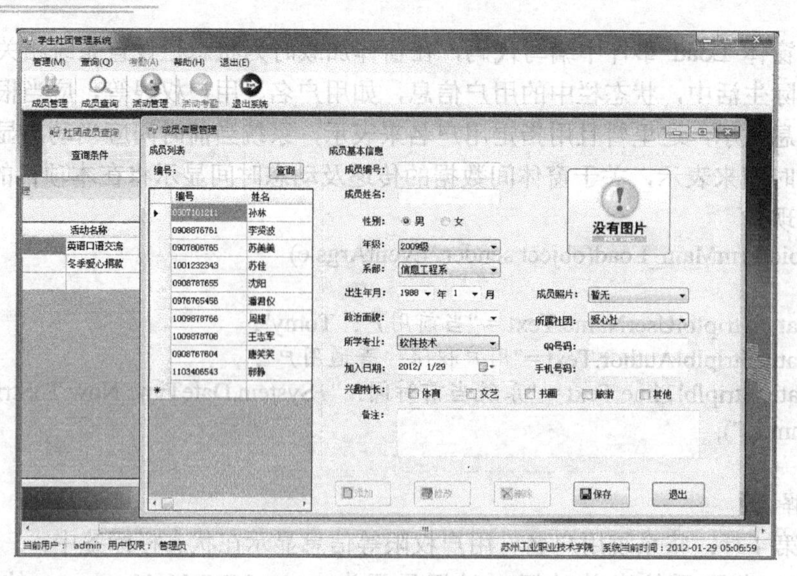

图 4-6-13　程序运行结果

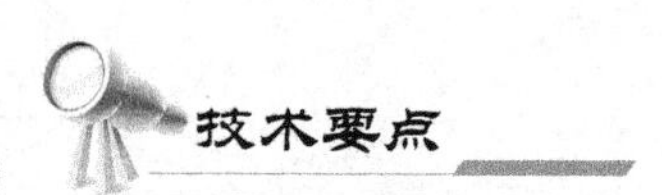

技术要点

1. MenuStrip 控件

在 Windows 程序设计中，菜单是用户与程序交互的首选工具。它描述着一个软件的大致功能和风格。所以在程序设计中处理好、设计好菜单，对于软件开发是否成功有着重要的意义。

MenuStrip 控件是窗体菜单结构的容器，主要用于生成所在窗体的主菜单。

在设计窗体中添加 MenuStrip 控件后，会在窗体上显示一个菜单栏，可以直接在此菜单栏上编辑各主菜单项及对应的子菜单项，也可以通过鼠标右键单击对应的菜单项修改项的类型；当菜单的结构建立起后，再为每个菜单项编写事件代码，即可完成窗体的菜单设计。

菜单主要由菜单项 MenuItem 对象组成，也可以在必要的情况下在菜单中添加文本框、组合框等。

MenuItem 菜单项的属性在表 4-6-5 中罗列。

表 4-6-5　MenuItem 菜单项属性

属　性	说　明
Text	设置和获取菜单项文本
Enabled	指示菜单项是否可用
Shortcut	与菜单相关联的快捷键设置，如 Alt+F4 键
Checked	指示选中标记是否出现在菜单项文本的旁边
Image	设置显示在菜单项文本旁边的图像
Visible	指示该菜单项是否可见

这里对上表中的 Text 属性作补充说明。Text 属性表示菜单项的显示文本。如果在显

示文本中加一个“&”字符，则表示其后的键为菜单项的快捷访问键，此时&后面的字符将显示成下画线的形式。如“&File”表示为“File”，可以使用 Alt+F 键快捷访问菜单。步骤二中的“管理(M)”、“查询(Q)”等主菜单项即是采用以上的设置方法。当 Text 中的文本为“-”时，表示此菜单项为一条横线，如图 4-6-14 所示，这一特性经常用于菜单显示外观设计。

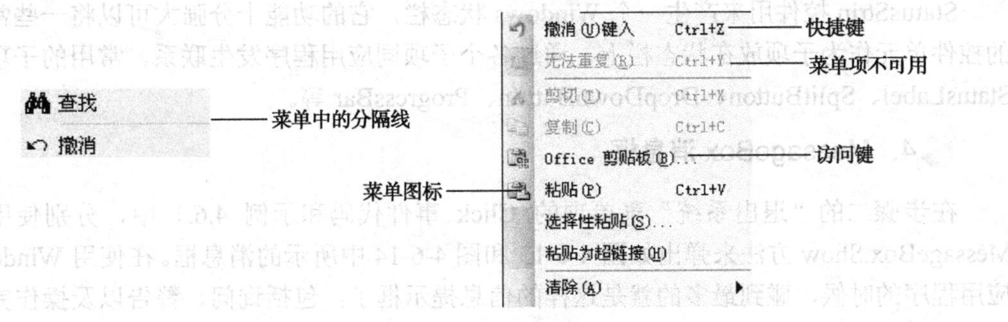

图 4-6-14 菜单项设置

2. ToolStrip 控件

为了使用方便，许多应用程序的菜单下方提供了一组附加的小按钮，单击这些按钮可以激活最常用的功能，而不用在菜单栏的菜单中导航。这组按钮就是 ToolStrip（工具栏）。

ToolStrip 控件用来创建具有 Office、IE 或自定义外观和行为的工具栏及其他用户界面元素。这个工具栏十分强大，它可以将一些常用的控件单元作为子项放在工具栏中，通过各个子项同应用程序发生联系。常用的子项有 Button、Label、SplitButton、DropDownButton、Seperator、ComboBox、TextBox 和 ProgressBar 等。

ToolStrip 控件为 Windows 工具栏对象提供容器，表 4-6-6 是和 ToolStrip 关联的控件列表。

表 4-6-6 和 ToolStrip 关联的控件列表

控　件	描　述
ToolStripButton	表示一个按钮（带文本和不带文本）
ToolStripLabel	表示一个标签，它还可以显示图像
ToolStripSplitButton	表示一个右端带有下拉按钮的按钮，单击该下拉按钮，就会在它的下面显示一个菜单。如果单击控件的按钮部分，该菜单不会打开
ToolStripDropDownButton	这个控件非常类似于 ToolStripSplitButton，唯一的区别是去除了下拉按钮，代之以下拉数组图像。单击控件的任一部分，都会打开其菜单
ToolStripComboBox	表示一个组合框
ToolStripProgressBar	表示一个进度条
ToolStripTextBox	表示一个文本框
ToolStripSeparator	各个项之间的水平或垂直分隔符

ToolStrip 控件和 MeunStrip 一样，也具有专业化的外观和操作方式，把 ToolStrip 控件添加到窗体的设计界面上时，和 MenuStrip 很相似，只是在右边多了排列的 4 个点，这些点表示工具栏是可以移动的，可以停靠在父应用程序窗口中。默认情况下，工具栏

显示的是图像，不是文本。

3. StatusStrip 控件

StatusStrip 控件（状态栏）用来提供一个状态窗口，它通常出现在窗体的底部。通过这个控件，应用程序能够显示不同种类的状态数据。

StatusStrip 控件用来产生一个 Windows 状态栏，它的功能十分强大可以将一些常用的控件单元作为子项放在状态栏上，通过各个子项同应用程序发生联系。常用的子项有 StatusLabel、SplitButton、DropDownButton、ProgressBar 等。

4. MessageBox 消息框

在步骤二的“退出系统”菜单项的 Click 事件代码和示例 4.6.1 中，分别使用了 MessageBox.Show 方法来弹出如图 4-6-13 和图 4-6-14 中所示的消息框。在使用 Windows 应用程序的时候，碰到最多的就是这样的信息提示框了，包括询问、警告以及操作完成等消息都是通过它来告知用户的。消息框用来向用户显示系统消息或发出询问并获取用户的响应，达到系统与用户交互的目的。

消息框是一个预定义的对话框，常常在 Windows 应用程序运行过程中向用户提供信息。C#中使用 MessageBox 类来表示消息框，它位于 System.Windows.Forms 命名空间。MessageBox 类提供了静态方法 Show()来显示消息框，用鼠标右击 Show 方法，选择“转到定义”菜单命令，可以看到，这个方法有多个重载版本，如图 4-6-15 所示。通过调用不同的版本，可以产生不同形式的消息框，以满足向用户显示信息的各种不同需要。MessageBox 类的 Show()方法不同于窗体的 Show()方法，它将显示一个模式对话框。

```
public static DialogResult Show(string text);
public static DialogResult Show(IWin32Window owner, string text);
public static DialogResult Show(string text, string caption);
public static DialogResult Show(IWin32Window owner, string text, string caption);
public static DialogResult Show(string text, string caption, MessageBoxButtons buttons);
public static DialogResult Show(IWin32Window owner, string text, string caption, MessageBoxButtons buttons);
```

图 4-6-15　MessageBox 类的 Show 方法

下面介绍几种常用的 Show()方法的调用方式。

（1）MessageBox.Show(string text)。

该方法只在消息框中部显示参数 text 中的消息内容，在内容下方显示一个“确定”按钮。如 MessageBox.Show(“退出系统”); 语句的执行结果如图 4-6-16 所示。

（2）MessageBox.Show(string text,string caption)。

该方法只在消息框中部显示 text 中的消息内容，在标题栏显示参数 caption 中的消息标题，也会在消息内容下方显示一个“确定”按钮。如 MessageBox.Show(“退出系统”,“系统提示”); 语句的执行结果如图 4-6-17 所示。

图 4-6-16　只显示消息内容的消息框

图 4-6-17　显示消息内容和标题的消息框

（3）MessageBox.Show(string text,string caption, MessageBoxButtons buttons)。

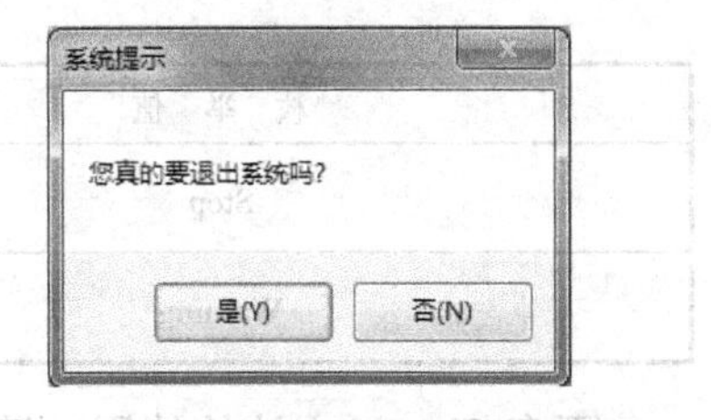

图 4-6-18 显示消息内容、标题和按钮的消息框

该方法除了在消息框中部显示 text 中的消息内容，在标题栏显示参数 caption 中的消息标题外，还会根据第三个 MessageBoxButtons 类型的参数 button 的值将其表示的按钮呈现在消息框中。例如，MessageBox.Show(“真的要退出系统吗?”,“系统提示”, MessageBoxButtons.YesNo);语句的执行结果如图 4-6-18 所示。

参数列表中的第三个参数 MessageBoxButtons 的值必须是 MessageBox 类中按钮的枚举类型中的一个，枚举类型的按钮如表 4-6-7 所示。

表 4-6-7 MessageBoxButtons 枚举类型

枚 举 值	说 明
AbortRetryIgnore	消息框包含“中止”、“重试”和“忽略”三个按钮
OK	消息框仅包含“确定”按钮
OKCancel	消息框包含“确定”和“取消”两个按钮
RetryCancel	消息框包含“重试”和“取消”两个按钮
YesNo	消息框包含“是”和“否”两个按钮
YesNoCancel	消息框包含“是”、“重试”和“忽略”三个按钮

（4）MessageBox.Show(string text,string caption,MessageBoxButtons buttons, MessageBoxIcon icon)。

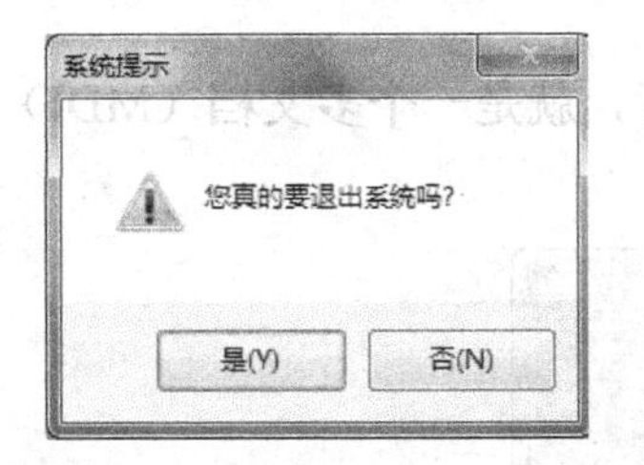

图 4-6-19 显示消息内容、标题、按钮及图标的消息框

这个版本的方法将在（3）的基础上添加一个图标，通过设置 MessageBoxIcon 枚举类型参数来确定。例如，MessageBox.Show(“真的要退出系统吗?”,“系统提示”, MessageBoxButtons.YesNo); 语句的执行结果比图 4-6-20 中的消息框多了一个三角形的黄色警告图标，如图 4-6-19 所示。

和枚举类型 MessageBoxButtons 一样，枚举类型 MessageBoxIcon 也有多个枚举值，表 4-6-8 罗列了常用的几种。

表 4-6-8 MessageBoxIcon 枚举类型

枚 举 值	图 标 示 例
Error	
Question	
Information	

续表

枚 举 值	图 标 示 例
Stop	
Warning	

更多 Show()方法的使用，请参见微软 MSDN 的 MessageBox 类。

5. 多文档界面（MDI）应用程序

Windows 应用程序的用户界面主要分为两种形式：单文档界面（Single Document Interface，SDI）和多文档界面（Multiple Document Interface，MDI）。

单文档界面并不是指只有一个窗体的界面，而是指应用程序的各窗体是相互独立的，它们在屏幕上独立显示、移动、最小化和最大化，与其他窗体无关。

多文档界面是由多个窗体组成，但这些窗体不是独立的。它具有一个主窗体（父窗体），其他窗体称为子窗体，它们的活动范围仅限制在 MDI 父窗体内。一个父窗口可以有多个子窗口，但每个子窗口只能有一个父窗口。本书所开发的这个“学生社团信息管理系统”就是一个 MDI 应用程序。

创建 MDI 应用程序的方法较为简单。假设程序中有两个窗体——Form1 和 Form2，首先将要作为 MDI 父窗体的窗体 Form1 的 IsMdiContainer 属性设置为 true，接着通过代码将父窗体分配给其子窗体的 Form2 对象的 MdiParent 属性，具体代码如下：

```
Form2 f=new Form2();
f. MdiParent=this;
f.Show();
```

需要注意的是，不能将一个 IsMdiContainer 属性值为 False 的窗体分配给其他窗体的 MdiParent 属性，否则程序运行时会产生异常。

将这段代码写在窗体 Form1 的 Load 事件中，程序运行，就是一个多文档（MDI）界面，如图 4-6-20 所示。

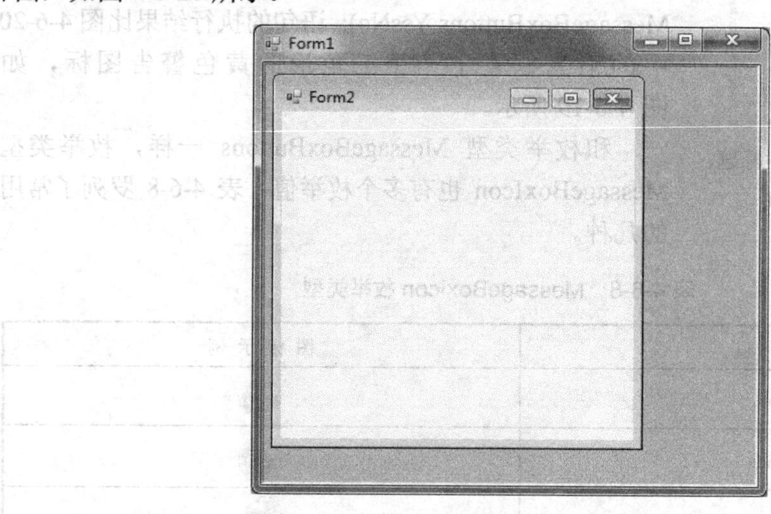

图 4-6-20　多文档（MDI）界面

以往版本的 Word、Excel 等软件都采用多文档界面，但近年来逐渐被微软所抛弃。

1. ContextMenuStrip 控件

除了前面用到的 MenuStrip 控件外，ContextMenuStrip（上下文菜单）控件在实际应用中也经常用到，一般可以通过在某个控件上右击鼠标来弹出上下文菜单，上下文菜单也被称为快捷菜单。图 4-6-20 是 Windows 中的快捷菜单。

上下文菜单为响应鼠标右击而弹出，并且包含用于应用程序的特定区域的常用命令。创建上下文菜单与创建普通菜单的方法大致相同，但必须使上下文菜单与控件建立关联，方法是将该控件的 ContextMenuStrip 属性设置为一个 ContextMenuStrip 对象的名称，如图 4-6-21 所示。一个上下文菜单可以与多个控件相关联，但一个控件只能有一个 ContextMenuStrip。

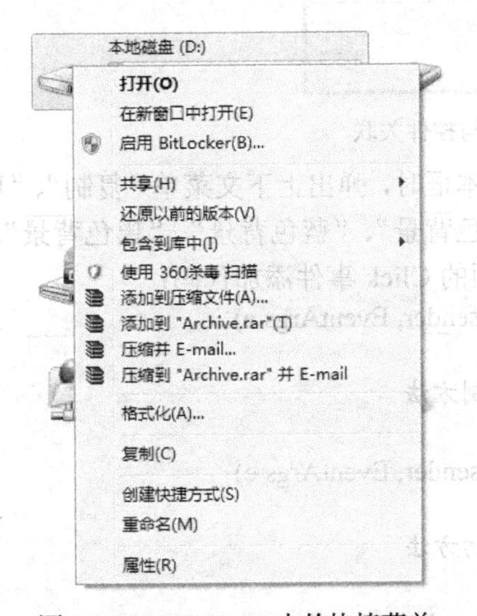

图 4-6-20　Windows 中的快捷菜单

图 4-6-21　控件的 ContextMenuStrip 属性

下面举例说明 ContextMenuStrip 控件的使用方法。

首先，创建一个新的窗体 FrmContextMunuStrip，从工具箱中拖放一个文本框以及两个 ContextMenuStrip 控件入窗体中。

接着，如图 4-6-22 所示，在两个 ContextMenuStrip 控件中分别添加菜单项。ContextMenuStrip1 中添加“复制”、“剪切”、“粘贴”三个菜单项，ContextMenuStrip2 中添加“红色背景”、“蓝色背景”、“黑色背景”三个菜单项。

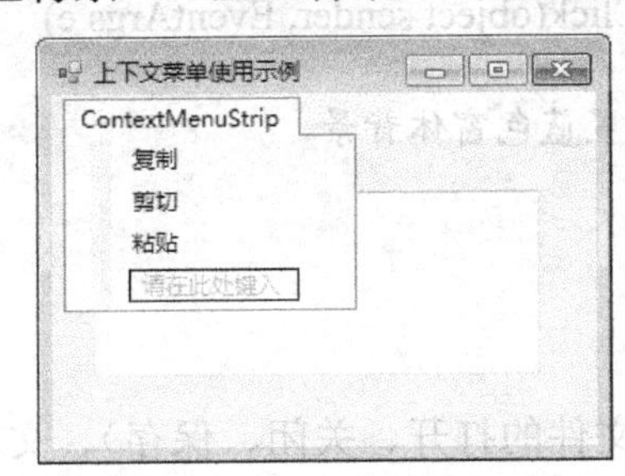

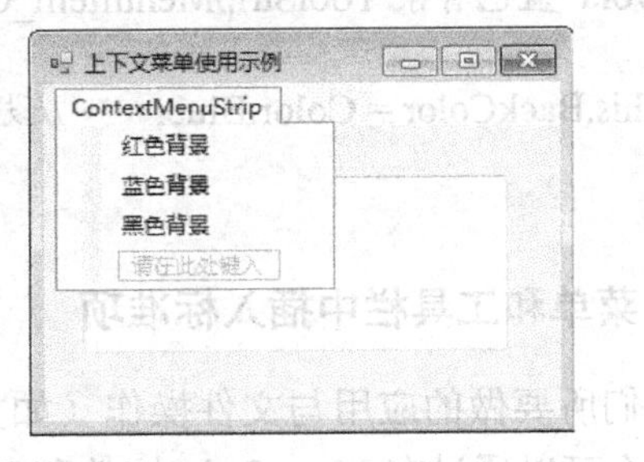

图 4-6-22　上下文菜单设计

选中窗体中的文本框，将其 ContextMenuStrip 属性设置为 ContextMenuStrip1，选中窗体，将其 ContextMenuStrip 属性设置为 ContextMenuStrip2，如图 4-6-23 所示。

图 4-6-23　将上下文菜单与控件关联

此时，运行程序，可以发现，当用鼠标右击文本框时，弹出上下文菜单“复制”、“剪切”、“粘贴”，右击窗体时，弹出上下文菜单“红色背景”、“蓝色背景”、“黑色背景”。

最后，编写代码将实现程序功能，在各菜单项的 Click 事件添加代码：

```
1.  private void 复制 ToolStripMenuItem_Click(object sender, EventArgs e)
2.  {
3.          textBox1.Copy();                    //调用复制方法
4.  }
5.  private void 剪切 ToolStripMenuItem_Click(object sender, EventArgs e)
6.  {
7.          textBox1.Cut();                     //调用剪切方法
8.  }
9.  private void 粘贴 ToolStripMenuItem_Click(object sender, EventArgs e)
10. {
11.         textBox1.Paste();                   //调用粘贴方法
12. }
13. private void 红色背景 ToolStripMenuItem_Click(object sender, EventArgs e)
14. {
15.         this.BackColor = Color.Red;         //设置红色窗体背景
16. }
17. private void 蓝色背景 ToolStripMenuItem_Click(object sender, EventArgs e)
18. {
19.         this.BackColor = Color.Blue;        //设置蓝色窗体背景
20. }
21. ...
```

2. 菜单和工具栏中插入标准项

如果我们所要做的应用与文件操作（如文件的打开、关闭、保存）、文本编辑等操作有关，那么可以通过在 MenuStrip 控件和 ToolStrip 控件中插入标准项的方法，快速添加菜单项。具体的操作方法是：右击以上两个控件，在快捷菜单中选择“插入标准项”命令，菜单和工具栏将立即被填充，窗体界面如图 4-6-24 所示。用户可以在此基础上进行修改和完善，通过编程实现各菜单项和快捷按钮的功能。

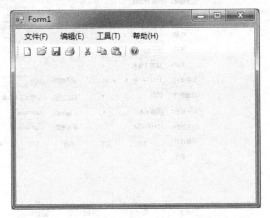

图 4-6-24　在菜单和工具栏中插入标准项

训练任务

编写一个程序，模拟 Windows 操作系统中自带的记事本或写字板程序，界面要求有主菜单、工具栏、状态栏等，主要功能包括打开文件、保存文件、设置字体、设置背景色等。力求简洁大方，界面可参考图 4-6-25。

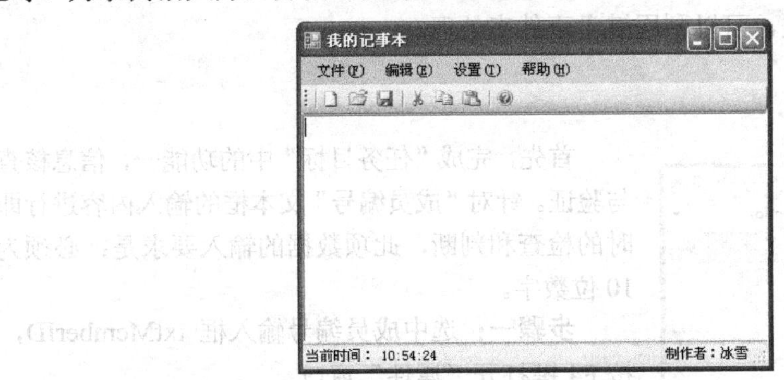

图 4-6-25　模拟记事本界面

任务 4.7　用户界面交互性增强

任务目标

本任务中，我们将对已完成界面设计的“社团成员信息管理”窗体做一些优化工作，增强窗体与用户之间的交互性。窗体界面基本保持不变，如图 4-7-1 所示。其新增的主要功能如下。

1. 对于“成员编号”等有固定长度或长度限制以及有使用规定字符集合的信息，在用户输入错误时作即时提醒；

2. 在窗体左侧“成员列表”上方的文本框中输入姓名并按回车键，实现按键查询。

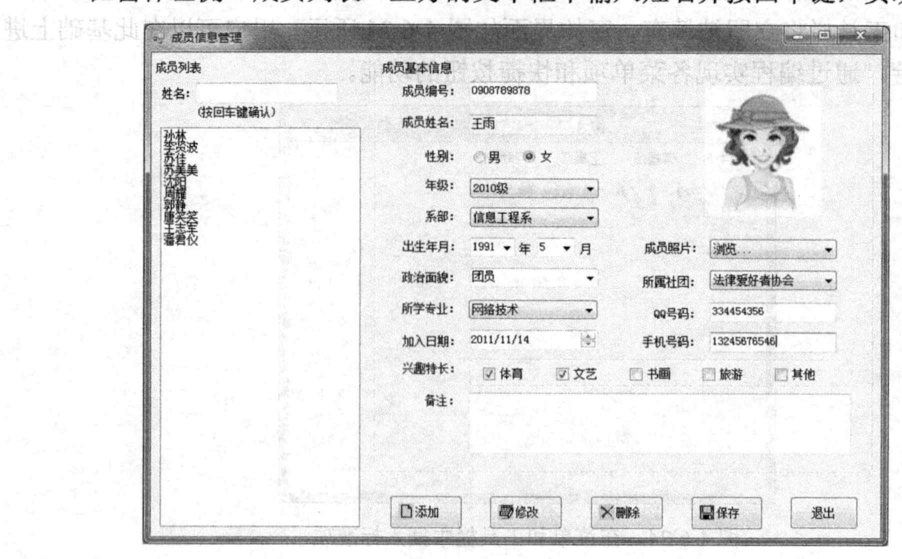

图 4-7-1　改动后的“社团成员信息管理”窗体

任务分析

分析“任务目标”中提出的功能需求，功能一是在用户使用键盘输入时，对输入信息进行检查和判断，功能二是当用户在文本框输入回车时，系统就进行查询操作。这两个功能都与键盘操作有关，可以利用键盘事件来处理。

实现过程

图 4-7-2　文本框的 KeyPress 事件

首先，完成“任务目标”中的功能一，信息核查与验证。针对“成员编号”文本框的输入内容进行即时的检查和判断，此项数据的输入要求是：必须为10位数字。

步骤一：选中成员编号输入框 txtMemberID，按 F4 键打开“属性”窗口。

步骤二：单击“属性”窗口中的按钮，切换到“事件”视图。

步骤三：在文本框的事件列表中，选择 KeyPress 事件，如图 4-7-2 所示。鼠标双击事件名称进入 KeyPress 事件响应方法。

步骤四：在 KeyPress 事件响应方法中输入如下代码：

```
1. private void txtMemberID_KeyPress(object sender, KeyPressEventArgs e)
2. {
3.       if(e.KeyChar!=8&&!char.IsDigit(e.KeyChar)) //判断是否是数字
4.       {
5.             //使用消息框给出提示
```

```
6.                    MessageBox.Show("只能输入数字", "系统提示
7.                    ",MessageBoxButtons.OK,MessageBoxIcon.Information);
8.                    e.Handled = true;
9.            }
10.  }
```

【代码解读】

第 3 行：判断用户输入的是否是数字，e.KeyChar 用来获取用户按键对应的字符，e.KeyChar!=8 是将“退出键”排除在外，IsDigit()方法判断按键是否为数字。

第 8 行：设置事件处理程序已完整处理事件。

步骤五：重复步骤一到步骤三的操作，在文本框的事件列表中，选择 KeyUp 事件，鼠标双击事件名称进入 KeyPress 事件响应方法。在 KeyUp 事件响应方法中输入如下代码：

```
11.  private void txtMemberID_KeyUp(object sender, KeyEventArgs e)
12.  {
13.          if (txtMemberID.TextLength > 10)
14.          {
15.                  //使用消息框给出提示
16.                          MessageBox.Show("用户编号必须为 10 位!", "系统提示",
MessageBoxButtons.OK,
17.                  MessageBoxIcon.Information);
18.                  txtMemberID.Text = txtMemberID.Text.Substring(0, 10);
19.          }
20.  }
```

步骤六：再次重复步骤一到步骤三，在文本框的事件列表中，选择 Leave 事件，在文本框的 Leave 事件响应方法中输入如下代码：

```
21.  private void txtMemberID_Leave(object sender, EventArgs e)
22.  {
23.          if (txtMemberID.TextLength < 10)
24.          {
25.                  //使用消息框给出提示
26.                          MessageBox.Show("用户编号必须为 10 位!", "系统提示",
MessageBoxButtons.OK,
27.                  MessageBoxIcon.Information);
28.                  txtMemberID.Focus();
29.          }
30.  }
```

步骤七：保存文并运行，程序运行结果如图 4-7-3 所示。

下面实现“任务目标”中的功能二，按键查询。用户在文本框中输入待查找的成员姓名，按 Enter 键确定，系统通过消息框给出查询结果。具体步骤如下：

步骤一：选中列表框上方的文本框 txtMember，按 F4 键打开“属性”窗口。

步骤二：单击“属性”窗口中的按钮，切换到“事件”视图。

步骤三：在文本框的事件列表中，选择 KeyPress 事件，如图 4-7-2 所示。鼠标双击事件名称进入 KeyPress 事件响应方法。

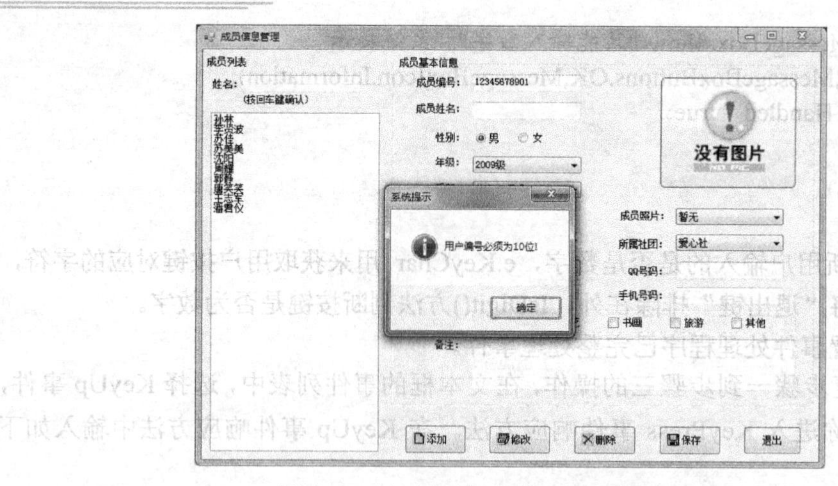

图 4-7-3　文本框输入错误数据程序运行结果

步骤四：在 KeyPress 事件响应方法中输入如下代码：

```
31.  private void txtMemberNo_KeyPress(object sender, KeyPressEventArgs e)
32.  {
33.          if(e.KeyChar==13)
34.          {
35.                  if (lstMemberList.FindString(txtMember.Text) >= 0)
36.                  {
37.                          MessageBox.Show("已经找到成员： " + txtMember.Text, "系统提示",
38.                          MessageBoxButtons.OK, MessageBoxIcon.Information);
39.                  }
40.                  else
41.                  {
42.                          MessageBox.Show("未找到成员！ " + txtMember.Text, "系统提示",
43.                          MessageBoxButtons.OK,MessageBoxIcon.Information);
44.                  }
45.          }
46.  }
```

步骤五：保存文并运行，程序运行结果如图 4-7-4 所示。

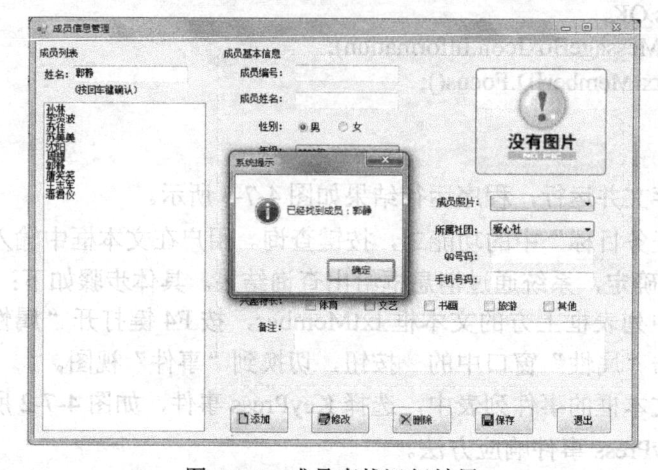

图 4-7-4　成员查找运行结果

至此，完成了本任务的用户界面优化，通过键盘事件处理程序，实现了输入信息正确性的实时验证，既为用户的操作提供了方便，也在一定程序上增强了程序的强壮性。

技术要点

键盘事件

键盘是计算机中除鼠标以外的最重要的人机交互工具，一般用来进行文本和数据的输入。键盘事件，顾名思义，是指与键盘相关的事件。当按下一个键时，会产生一个键盘事件。确切地说，它是指在控件有焦点的情况下，按下或松开键盘上的键时会产生键盘事件。控件的键盘事件共有 3 种，分别是 KeyDown、KeyPress 和 KeyUp。当按下任意键时，会发生 KeyDown 事件；当按下具有 ASCII 码的键时，会发生 KeyPress；当按下的键被释放时，就会发生 KeyUp 事件。ASCII 码是一个含有 128 个字母符号的字符集。它不仅包含标准键盘上的字符、数字和标点符号，还包含一部分控制键，但当按下诸如功能键（F1～F12）和编辑键（Delete、Insert）以及 Shift、Alt 和 Ctrl 键时，不会触发 KeyPress 事件，因为它们不具有 ASCII 码。

当用户按下某个键时，KeyDown 事件会先于 KeyPress 事件发生。下面依次介绍这两个键盘事件。

（1）KeyPress 事件。当用户按下某个 ASCII 字符键时，引发当前具有焦点的控件对象的 KeyPress 事件。和本任务中的功能类似，我们常常在实际应用中需要知道用户所按下的键，KeyPress 事件接收一个 KeyPressEventArgs 类型的参数，通过它可以判断用户按下的是哪个键。

KeyPressEventArgs 参数，它包含重要的属性 KeyChar，如表 4-7-1 所示。它是一个字符类型的属性，我们可以通过它来获取按键对应的字符。

表 4-7-1　KeyPressEventArgs 参数属性

属　性	说　明
KeyChar	获取用户按键对应的字符

在本任务功能一的步骤四、步骤五的代码中，可以看到语句中出现多次 e.KeyChar，这里的 e 就是 KeyPressEventArgs 类型的参数。如果要判断按键是否为回车键，则可以在 KeyPress 键盘事件中书写代码：

```
if(e.KeyChar=='\n')
    MessageBox.Show("您按下了回车键");
```

也可以这样写：

```
if(e.KeyChar==13)              //回车键的 ASCII 码值为 13
    MessageBox.Show("您按下了回车键");
```

功能一步骤四中的 if(e.KeyChar!=8&&!char.IsDigit(e.KeyChar))语句，是判断按键是否为擦除键 BackSpace，并用 char.IsDigit()方法判断输入的键是否是数字键，擦除键的判断，是因为该键也具有 ASCII 码，会引发 KeyPress 事件，必须把它排除在外，视其为合法的输入。

KeyPress 事件的使用更为简单一些，所以在实际应用中，能够用 KeyPress 事件解决的问题，就尽量不用 KeyDown 或 KeyUp 事件。

（2）KeyDown 和 KeyUp 事件。KeyDown 事件和 KeyUp 事件会发生在按下任意键时，接收一个 KeyEventArgs 类型的参数，包含多个重要的属性，可以通过这些属性的值获取当前按键的相关信息。这些属性如表 4-7-2 所示。

表 4-7-2　KeyEventArgs 参数属性

属　性	说　明
Alt	获取一个值，该值指示是否曾按下 Alt 键
Control	获取一个值，该值指示是否曾按下 Control 键
Shift	获取一个值，该值指示是否曾按下 Shift 键
Handled	获取或设置一个布尔值，指示是否处理过此事件
KeyCode	获取键盘 KeyDown、KeyUp 事件的键盘代码
KeyData	获取键盘 KeyDown、KeyUp 事件的键数据
KeyValue	获取键盘 KeyDown、KeyUp 事件的键盘整数值

上表中的 KeyCode 属性值为 Keys 枚举类型值，Keys 枚举值，及含义如表 4-7-3 所示，可以发现，键的 ASCII 码值和其对应的 Keys 枚举值在数值上是相同的。

表 4-7-3　Keys 枚举值

枚 举 成 员	说　明	值
A～Z	A 键～Z 键	65～90
D0～D9	0 键～9 键	48～57
Back	Backspace 键	8
Delete	DEL 键	46
Space	SPACE 键	32
End	END 键	35
Enter	ENTER 键	13
Escape	ESC 键	27
Left	←键	37
Up	↑键	38
Right	→键	39
Down	↓键	40

表 4-7-4 中列举了一些按键所对应的 KeyEventArgs 参数的各属性值。

表 4-7-4　部分按键的属性值

	KeyCode	KeyValue	KeyChar	Shift	Alt	Control
A 键	A	65	65	false	false	false
2 键	D2	50	50	false	false	false

续表

	KeyCode	KeyValue	KeyChar	Shift	Alt	Control
F1 键	F1	112	无	false	false	false
Shift 键	ShiftKey	16	无	true	false	false
ESC 键	Escape	27	27	false	false	false

在 KeyDown 和 KeyUp 事件中，如果希望判断用户是否曾使用了 Shift、Control 或 Alt 组合键，可通过参数 e 的 Control、Shift 和 Alt 属性判断。如：

```
if(e.Control&&e.Shift)  //如果按下了 Control 和 Shift 的组合
    this.Close();
```

KeyDown 和 KeyUp 事件的重要功能之一就是能够处理组合按键动作，这也是它们与 KeyPress 事件主要的不同点之一。

拓展学习

鼠标事件

鼠标事件是指用户操作鼠标时，鼠标与控件或窗体交互时所触发的事件，如单击鼠标左右键、鼠标移动。C#支持的鼠标事件包括：MouseDown、MouseUp、MouseMove、MouseEnter、MouseLeave 等，这些事件往往在一次鼠标操作中依次发生，例如对按钮的一次 Click 操作，鼠标事件发生的顺序如下。

MouseEnter：当鼠标指针进入控件时发生。

MouseMove：当鼠标指针在控件上移动时发生。

MouseDown：当用户在控件上按下鼠标键时发生。

MouseUp：当用户在控件上按下的鼠标被释放时发生。

MouseLeave：当鼠标指针离开控件时发生。

当鼠标事件发生时，如果鼠标指针位于窗体就由窗体识别鼠标事件；如果鼠标指针位于控件上，就由控件识别。如果按下鼠标不放，则对象将继续识别所有鼠标事件，直到用户释放鼠标为止（即使指针离开对象仍继续识别）。

与键盘事件类似，鼠标事件响应方法接收类型为 object 和 MouseEventArgs 的两个参数，如图 4-7-5 所示。类型为 object 的参数提供对引发事件对象的引用，类型为 MouseEventArgs 的参数是要处理的事件对象，通过引用该对象的属性可以获得一些信息。

```
private void Form1_MouseMove(object sender, MouseEventArgs e)
{
    |
}
```

图 4-7-5　鼠标事件的参数

（1）MouseDown 和 MouseUp 事件。MouseDown 和 MouseUp 事件是当鼠标按下和释放时触发。这两个鼠标事件与 Click 事件有所区别，Click 属于层次较高的逻辑事件，而鼠标事件的级别相对较低，它可以通过 MouseEventArgs 参数区分鼠标的左、右、中键以及按键次数等，且可识别和响应各种鼠标状态。表 4-7-5 罗列了 MouseEventArgs 参数的常用属性。

表 4-7-5　MouseEventArgs 参数属性

属　性	说　明
Button	获取曾按下的是哪个鼠标按钮，其值为 MouseButtons 枚举值之一，见表 4-7-6
Clicks	获取按下并释放鼠标按钮的次数
Delta	获取鼠标轮已转动的制动器数的有关符号计数。制动器是鼠标轮的一个凹口
X	获取鼠标位置的 X 坐标
Y	获取鼠标位置的 Y 坐标

表 4-7-6　MouseButtons 枚举值

MouseButton 枚举值	说　明
Left	鼠标左键曾按下
Middle	鼠标中键曾按下
Right	鼠标右键曾按下
None	未曾按下鼠标键

下面通过示例 4.7.1，介绍 MouseDown 鼠标事件的使用方法。

示例 4.7.1：MouseDown 事件示例。

本实例实现的是，在程序运行时按下鼠标左键，窗体的背景色变为红色，双击鼠标右键，窗体的背景色变成蓝色，运行效果如图 4-7-6 所示。

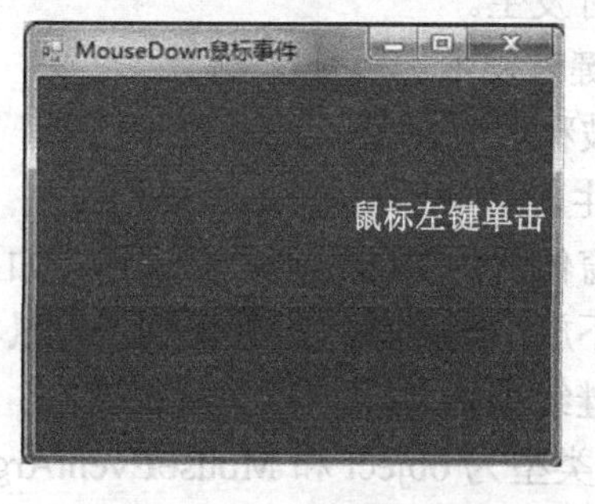

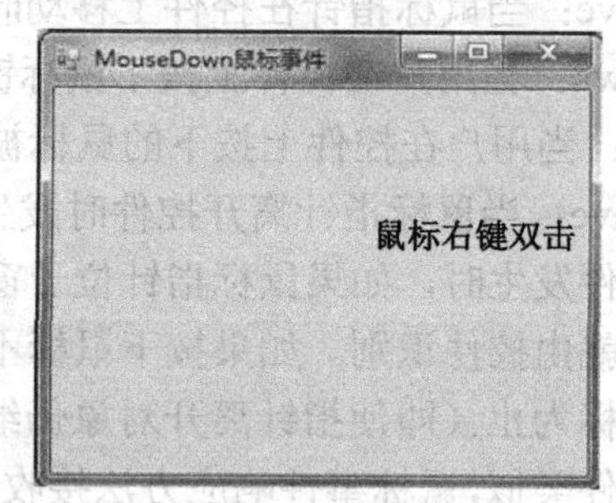

图 4-7-6　示例 4.7.1 运行效果

创建一个新窗体，将其命名为 frmMouseDown，然后选中该窗体，进入它的 MouseDown 事件响应方法，在方法中编写如下代码：

```
1.  if (e.Button == MouseButtons.Left && e.Clicks == 1)
2.  {
3.          this.BackColor = Color.Red;
4.  }
5.  if (e.Button == MouseButtons.Right && e.Clicks == 2)
6.  {
7.          this.BackColor = Color.LightBlue;
8.  }
```

（2）MouseEnter、MouseLeave 和 MouseMove 事件。当鼠标指针进入控件和离开控件时触发 MouseEnter、MouseLeave 事件，当鼠标在控件区域并移动时，将触发

MouseMove 事件。当需要知道当前鼠标所在位置时，可通过 MouseEventArgs 参书的 X 和 Y 属性获取。

示例 4.7.2 演示了 MouseEnter、MouseLeave 和 MouseMove 这三个鼠标事件的编程方法，示例程序的运行结果如图 4-7-7 所示。

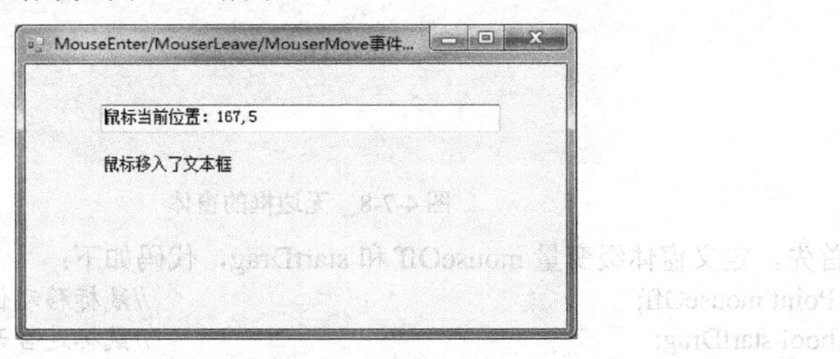

图 4-7-7　示例 4.7.2 运行效果

创建窗体 frmMouseEvent，在窗体中创建文本框 txtMousePosition 和标签 lblMessage，分别在窗体和文本框的鼠标事件中编写如下代码：

```
1.  private void FrmMouseEvent_MouseMove(object sender, MouseEventArgs e)
2.  {
3.          txtMousePosition.Text = "鼠标当前位置： " + e.X.ToString()+","+e.Y.ToString();
4.  }
5.  private void txtMousePosition_MouseMove(object sender, MouseEventArgs e)
6.  {
7.          txtMousePosition.Text = "鼠标当前位置： " + e.X.ToString() + "," + e.Y.ToString();
8.  }
9.  private void txtMousePosition_MouseEnter(object sender, EventArgs e)
10. {
11.         lblMessage.Text = "鼠标移入了文本框";
12. }
13. private void txtMousePosition_MouseLeave(object sender, EventArgs e)
14. {
15.         lblMessage.Text = "鼠标移出了文本框";
16. }
```

在程序运行过程中，当鼠标在文本框外部的窗体和在文本框移动时，文本框中的数值，即鼠标当前的 X 和 Y 坐标值并不连续，其原因是，鼠标位置的 X 和 Y 值是相对鼠标所在的控件而言的，当鼠标在窗体中时，以窗体左上角为原点参照，而当鼠标移入文本框时，以文本框的左上角为原点。

（3）鼠标事件综合应用。有时为了实现风格独特的窗体，会使用没有标题栏的窗体。前面介绍过，可以将窗体的 FormBorderStyle 设置为 None 来实现。但随之而来的问题是，窗体的标题栏不存在了，我们就无法通过标题栏来拖曳窗体了。此时，可以通过正确使用鼠标事件结合代码编写来实现窗体的拖曳，具体实现方法如示例 4.7.2 所示。

示例 4.7.2：鼠标事件实现窗体拖动效果。

创建一个新窗体并将其 FormBorderStyle 设置为 None，窗体外观如图 4-7-8 所示。

图 4-7-8　无边框的窗体

首先，定义窗体级变量 mouseOff 和 startDrag，代码如下：

```
Point mouseOff;                                    //鼠标移动位置变量
bool startDrag;                                    //鼠标是否开始拖曳
```

接下来，选中窗体，在它的 MouseDown、MouseMove 和 MouseUp 事件中分别编写如下代码：

```
1.  //窗体 MouseDown 事件
2.  private void FrmNoBorder_MouseDown(object sender, MouseEventArgs e)
3.  {
4.          if (e.Button == MouseButtons.Left)
5.          {
6.                  mouseOff = new Point(-e.X, -e.Y);           //得到变量的值
7.                  startDrag = true;      //单击鼠标左键按下时标注为 true，表示开始拖曳;
8.          }
9.  }
10. //窗体 MouseMove 事件
11. private void FrmNoBorder_MouseMove(object sender, MouseEventArgs e)
12. {
13.         if (startDrag)
14.         {
15.                 Point mouseSet = Control.MousePosition;
16.                 mouseSet.Offset(mouseOff.X, mouseOff.Y);   //设置移动后的位置
17.                 this.Location = mouseSet;
18.         }
19. }
20. //窗体 MouseUp 事件
21. private void FrmNoBorder_MouseUp(object sender, MouseEventArgs e)
22. {
23.         if (startDrag)
24.         {
25.                 startDrag = false;      //释放鼠标后标注为 false，结果拖曳;
26.         }
27. }
```

上述代码中，Control.MousePosition 是指窗体上的鼠标相对于屏幕的位置。当鼠标移动时，根据窗体原点与鼠标相对窗体位置的偏移量 mouseOff，设置窗体的当前位置 this.Location，就可实现窗体跟随鼠标移动的效果。

训练任务

1．完成“学生社团管理系统”的“社团成员信息管理”窗体中“QQ 号码”和“手机号码”的输入检验功能，如图 4-7-9 所示。其中，“QQ 号码”的输入要求是必须为阿拉伯数字，位数不限；“手机号码”的输入要求是必须为 11 位数字。

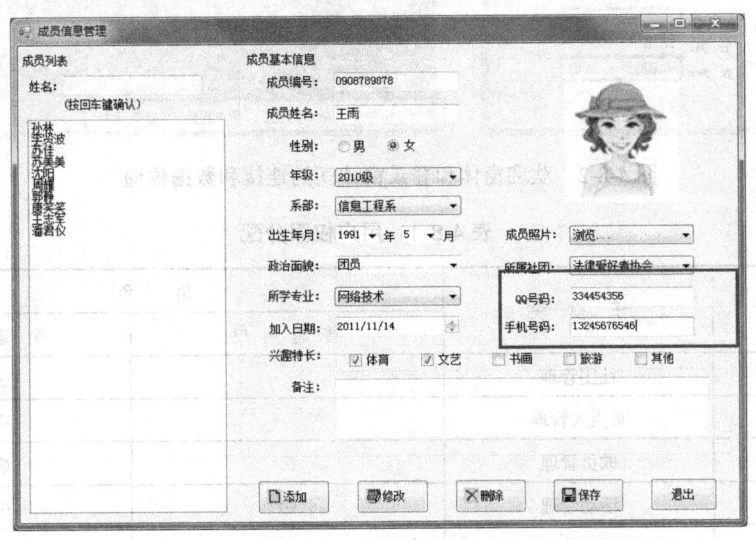

图 4-7-9 “社团成员信息管理”窗体中相关文本框

任务 4.8 窗体连接与数据传递

任务目标

本任务中，我们将完成项目四的最后一个功能，即各窗体间的连接，以及它们之间的数据传递，主要包括：

1．欢迎窗体（FrmWelcome）与用户登录窗体（FrmLogin）之间的连接。当系统运行后，系统欢迎界面在屏幕上停留三秒钟，随后自动转入用户登录界面，如图 4-8-1 所示。

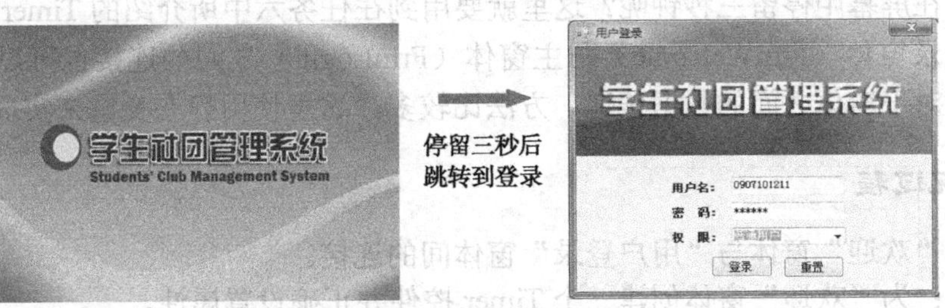

图 4-8-1 欢迎窗体和登录窗体间的连接

2．用户登录窗体（FrmLogin.cs）与系统主窗体（FrmMain）之间的连接，当用户登录成功后，系统转入主界面，同时将当前用户的用户名和角色显示在窗体下方的状态栏内，如图 4-8-2 所示，并根据当前登录用户角色显示相关的可用菜单项，表 4-8-1 中罗列了两类用户的相关功能模块使用权限。

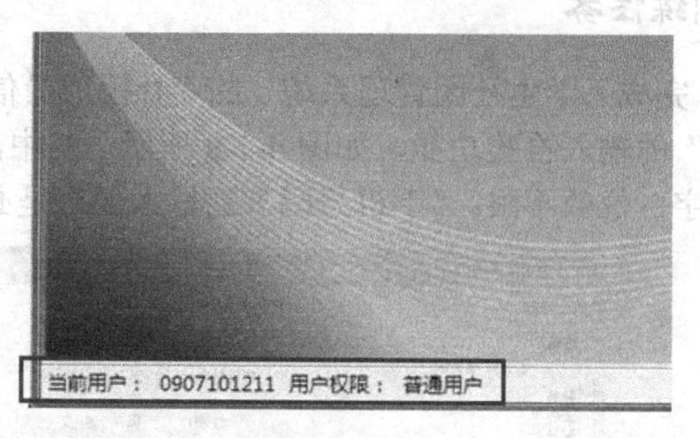

图 4-8-2　欢迎窗体和登录窗体间的连接和数据传递

表 4-8-1　用户权限分配

功能模块	子模块	角色	
		普通用户	管理员
管理	社团管理		⊙
	负责人管理		⊙
	成员管理	⊙	⊙
	活动管理	⊙	⊙
	用户管理		⊙
查询	社团查询	⊙	⊙
	成员查询	⊙	⊙
	活动查询	⊙	⊙
考勤	考勤管理	⊙	
	考勤统计	⊙	

任务分析

对于欢迎窗体（FrmWelcome）与用户登录窗体（FrmLogin）之间的连接实现，可以借鉴前面我们多次提到的在一个窗体中显示另一个窗体方法，但在本任务中，两个窗体前后切换后，欢迎窗体将在屏幕中消失，我们可以通过将该窗体隐藏来实现，那么，如何让窗体在屏幕中停留三秒钟呢？这里就要用到在任务六中所介绍的 Timer 控件了。

用户登录窗体（FrmWelcome）与主窗体（FrmLogin）之间的连接也可以通过上述方法实现，对于窗体之间的数据传递，方法比较多，这里使用静态变量来实现。

实现过程

先实现“欢迎”窗体与“用户登录”窗体间的连接。

步骤一：为“欢迎”窗体创建一个 Timer 控件并正确设置属性。

在该窗体创建一个 Timer 控件。将 Timer 控件的 Enabled 属性设置为 True，Interval 属性设置为 3000 毫秒。

（1）打开“欢迎窗体”FrmWelcome，从工具箱“组件”选项卡中选择 Timer 控件，拖放到主界面中，如图 4-8-3 所示。

图 4-8-3　添加 Timer 控件

（2）按照表 4-8-2 设置 Timer 控件属性。

表 4-8-2　Timer 控件属性设置

属　性	属 性 值	说　明
Name	timer1	控件名称 timer1
Enabled	True	控件可用
Interval	3000	每次计时间隔 3000 毫秒

步骤二：为 Timer 控件编写事件代码。

选中 timer1 控件，单击属性窗口的⚡按钮，在事件列表中选择该控件唯一的事件 Tick，如图 4-8-4 所示。

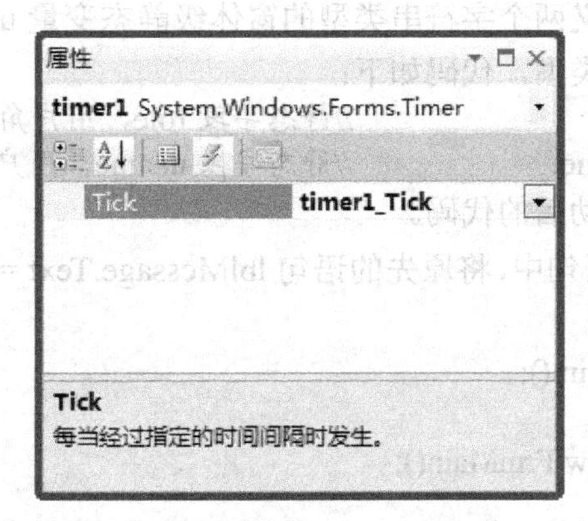

图 4-8-4　Timer 控件的 Tick 事件

双击进入 timer1 控件的 Tick 事件，在 Tick 事件的处理方法中添加如下代码：

```
1. private void timer1_Tick(object sender, EventArgs e)
2. {
3.         timer1.Enabled= false;                      //timer1 控件停止工作
4.         FrmLogin frmLogin = new FrmLogin();         //创建登录窗体对象
5.         frmLogin.Show();                            //显示登录窗体
6.         this.Hide();                                //隐藏当前窗体
7. }
```

将欢迎窗体 FrmWelcome 设置为程序的启动窗体，运行程序，窗体在屏幕中停留三秒钟后，跳转到用户登录窗体。

接着来实现“用户登录”窗体与系统主窗体之间的连接和数据传递，也就是将用户登录的信息显示在主界面的状态栏中。原先我们已经在“登录”按钮的 Click 事件响应方法中编写过部分代码，这里只需要进行相应修改即可。

步骤三：定义窗体级静态变量，用于保存窗体间传递的数据。

打开“用户登录”窗体中“登录”按钮的 Click 事件响应方法，原有的代码如下：

```
1.  private void btnLogin_Click(object sender, EventArgs e)
2.  {
3.          string   username= txtUserName.Text;
4.          string   password= txtPassword.Text;
5.          if (username== "" || password == "")
6.          {
7.                  lblMessage.Text = "请输入用户名或密码!";
8.                  return;
9.          }
10.          if (username== "Tomy" && password == "123456")
11.          {
12.                  lblMessage.Text = "登录成功!";
13.          }
14.          else
15.          {
16.                  lblMessage.Text = "用户名或密码错误!";
17.          }
18.  }
```


在上述方法的外部定义两个字符串类型的窗体级静态变量 uname 和 role，用于保存当前用户的用户名及角色类型，代码如下：

```
public static string role;                    //静态字段 role，用户角色
public static string uname;                   //静态字段 uname，用户名
```

步骤四：修改登录成功后的代码。

在第 10 行开始的 if 语句中，将原先的语句 lblMessage.Text = "登录成功!"; 替换成下面的代码：

```
role = cmbRole.Text.Trim();
uname = username;
FrmMain frmmain = new FrmMain();
frmmain.Show();
this.Hide();
```

以上代码实现的是用户登录成功后所要进行的操作，前两句的意思是将当前用户名与用户角色保存在静态变量 uname 和 role 中，以便在其他窗体中进行读取。后面三句和步骤二的功能一样，是在进行“用户登录”窗体和系统主窗体之间的切换。

同时，由于我们在任务三中将“用户登录”窗体中的标签 lblMessage 移除，因此，用户登录时的所有提示信息都采用 MessageBox 消息框来实现，“登录”按钮 Click 事件响应方法修改后的全代码如下，改动的部分已加粗。

```
1.  public static string role;   //静态字段 role，用户角色
2.  public static string uname; //静态字段 uname，用户名
3.  private void btnLogin_Click(object sender, EventArgs e)
4.  {
5.          string   username= txtUserName.Text;
6.          string   password= txtPassword.Text;
7.          if (username== "" || password == "")
8.          {
9.                  MessageBox.Show("用户名或密码不能为空!", "系统提示", MessageBoxButtons. OK,
```

```
10.                 MessageBoxIcon.Information);
11.                 return;
12.         }
13.         if (username== "Tomy" && password == "123456")
14.         {
15.               role = cmbRole.Text.Trim();
16.               uname = username;
17.               FrmMain frmmain = new FrmMain();
18.               frmmain.Show();
19.               this.Hide();
20.         }
21.         else
22.         {
23.               MessageBox.Show("用户名或密码错!", "系统提示", MessageBoxButtons.OK,
24.               MessageBoxIcon.Information);
25.         }
26. }
```

步骤五：在主窗体 FrmMain 中的状态栏中显示用户登录信息。

打开系统主窗体 FrmMain，窗体的 Load 事件中的原有代码如下：

```
1. private void FrmMain_Load(object sender, EventArgs e)
2. {
3.         statusStriplblUserName.Text = "当前用户： Tomy";
4.         statusStriplblAuthor.Text ="用户权限：普通用户";
5.         statusStriplblTime.Text = "系统当前时间： "+
6.         System.DateTime.Now.ToString("yyyy-MM-dd hh:mm:ss");
7. }
```

这里要将第 3、4 行的代码修改一下，通过读取“用户登录”窗体中所定义的静态变量 uname 和 role 的值，将当前用户的登录信息显示在主窗体状态栏的标签中，取代原来的固定字符串，修改后的代码如下：

```
1. private void FrmMain_Load(object sender, EventArgs e)
2. {
3.         statusStriplblUserName.Text =FrmLogin.uname;
4.         statusStriplblAuthor.Text = FrmLogin.role;
5.         …
6. }
```

步骤六：实现状态栏中系统当前时间的动态显示。

（1）和步骤一的操作相似，从工具箱“组件”选项卡中选择 Timer 控件，拖放到主界面中。

（2）将 Timer 控件的 Enabled 属性设置为 True，使控件有效；将 Interval 属性设置为 1000，每次计时间隔为 1000 毫秒，即 1 秒。

（3）选中 Timer 控件，单击属性窗口的⚡按钮，双击进入 Tick 事件，在 Tick 事件处理方法中添加如下代码：

```
8. private void timer1_Tick(object sender, EventArgs e)
9. {
```

```
10.         statusStriplblTime.Text = "系统当前时间：  "+
11.         System.DateTime.Now.ToString("yyyy-MM-dd hh:mm:ss");
12. }
```

步骤七：编程实现“根据登录用户角色设置菜单项”功能。

打开主窗体的代码视图，添加两个自定义方法 SetAdminMenu()和 SetUserMenu()，分别用来设置“管理员”用户和普通用户的可用菜单项。

```
13. // SetAdminMenu()自定义方法：
14. public void SetAdminMenu()
15. {
16.         考勤ToolStripMenuItem.Enabled = false;   // “考勤”菜单项不可用
17.         toolStripBtnAttendence.Enabled = false;    // 工具栏按钮“活动考勤”不可用
18. }
19.
20. public void SetUserMenu()       //自定义方法 SetUserMenu()
21. {
22.         社团管理ToolStripMenuItem.Enabled = false;
23.         负责人管理ToolStripMenuItem.Enabled = false;
24.         用户管理ToolStripMenuItem.Enabled = false;
25. }
```


在窗体的 Load 事件中调用方法，代码是：

```
1.  private void FrmMain_Load(object sender, EventArgs e)
2.  {
3.          statusStriplblUserName.Text = "当前用户：  "+FrmLogin.uname;
4.          statusStriplblAuthor.Text ="用户权限：  "FrmLogin.role;
5.          statusStriplblTime.Text = "系统当前时间：  "
6.          + DateTime.Now.ToString("yyyy-MM-dd hh:mm:ss");
7.          //设置用户菜单
8.          switch (FrmLogin.role)
9.          {
10.                 case "管理员": SetAdminMenu(); break;
11.                 case "普通用户": SetUserMenu(); break;
12.         }
13. }
```

步骤八：运行程序，在“用户登录”窗口输入用户名及密码，运行结果如图 4-8-5 所示。

图 4-8-5　普通用户登录时的主界面

至此，已经实现了任务 4.8 的功能，需要注意的是，用户登录的功能测试中依然使用的是固定的账户，实际开发中，应当结合数据库的访问来实现，下一个项目将会介绍与此相关的知识和技术。

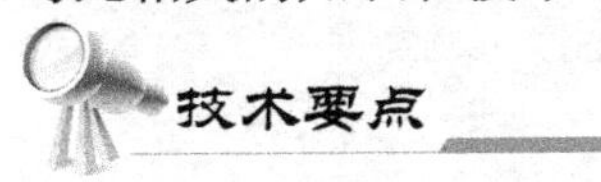

1. Timer 控件

在本任务中，两次用到了 Timer 控件。下面对这个控件作相关介绍。

Timer，时钟控件或称为计时器，它可以有规律地间隔一段时间执行一次代码。只有在程序设计过程中看得见，在程序运行时是看不见的，是一个后台运行的控件。

Timer 控件的属性比较少，在本任务的步骤五中基本都涉及到了，Timer 控件属性如表 4-8-3 所示。

表 4-8-3 MenuItem 菜单项属性

属　性	说　明
Name	控件名称
Enabled	获取或设置计时器是否正在运行
Interval	计时器每次开始计时之间的毫秒数，默认为 100

Timer 控件的属性既可以在设计阶段设置，也可以在程序运行过程中设置，如：

```
timer1.Enabled=true;
timer1.Interval=500;
```

Timer 控件的主要方法有 Start()和 Stop()，Start 方法用于打开 Timer 控件，并自动将 Enabled 属性设置为 True；Stop 方法用于关闭 Timer 控件，并自动将 Enabled 属性设置为 False。

Timer 控件的主要事件是 Tick，它也是默认事件。在程序设计过程中，需要先设置 Interval 属性的值，再在 Timer 控件的 Tick 事件中编写代码。每间隔 Interval 属性中设置的时间一次，Tick 事件中的代码就重复执行一次，在步骤六中，将获取当前时间的代码“lblTime.Text = "系统当前时间" +System.DateTime.Now.ToString ("yyyy-MM-dd hh:mm:ss")”写在 Timer 控件的 Tick 事件响应方法中，并将 Timer 控件的 Interval 属性设置为 1 秒，这样每间隔一秒钟，状态栏标签中的时间就更新一次，达到了时间动态变化的效果。

Timer 控件可以用在很多与计时相关的场合，示例 4.8.1 是一个使用 Timer 控件实现倒计时效果的例子。

示例 4.8.1：Timer 控件实现倒计时。

在窗体中设置一个 Label 控件，用于显示倒计时数字，添加一个按钮，用于倒计时的启动，最后设置一个 Timer 控件，将其 Enabled 属性设置为 False，Interval 属性设置为 1000 毫秒，程序运行界面如图 4-8-6 所示。在按钮的 Click 事件和 Timer 控件的 Tick 事件中分别添加代码：

```
1.  //按钮 btnStart 的 Click 事件
2.  private void btnStart_Click(object sender, EventArgs e)
```

```
3. {
4.         timer1.Enabled = true;
5. }
6. //Timer 控件的 Tick 事件
7. private void timer1_Tick(object sender, EventArgs e)
8. {
9.             lblNumber.Text = (int.Parse(lblNumber.Text) - 1).ToString();
10.            if (lblNumber.Text == "0")
11.            {
12.                    timer1.Enabled = false;
13.                    MessageBox.Show("倒计时结束");
14.            }
15. }
```

图 4-8-6 “倒计时”效果

在上例中，如需调整倒计时数字变化的频率，只要改变 Timer 控件的 Interval 属性即可。

2. 使用静态变量在窗体间传递数据

窗体间的数据传递，是 Windows 窗体应用程序开发中经常会遇到的一个问题。在本任务中，采用了静态变量来传递数据，使用静态变量的具体思路是，假设在同一个程序集中有多个窗体，如 Form1、Form2、Form3 等，在 Form1 或其他类中声明一个静态变量，如：

```
class Form1:Form
{
public static int internalVar;
}
```

然后，Form1 以及其他窗体的实例就可以方便地访问 Form1.internalVar 这个变量了。

使用静态变量在窗体间传递数据的好处在于能发挥静态变量的优势，只需要很少量的代码就能解决问题。但是，静态变量的使用也容易导致多个窗体共同访问时出现混乱，并且在两个窗体类的多个实例之间传递的时候不具有相互独立性，在使用的时候应特别注意。在“拓展学习”部分将向读者介绍窗体间数据传递的其他方法。

拓展学习

窗体间传递数据的其他方法

除了使用静态变量，还有多种方法可以实现在窗体间的数据传递，下面通过具体的例子 4.8.2 介绍其他几种常用的方法。

示例 4.8.2：窗体间的数据传递。

创建两个窗体 Form1 和 Form2，Form1 中有文本框 txtUserName1 和登录按钮 btnLogin，窗体 Form2 中有文本框 txtUserName2，界面如图 4-8-7 所示。

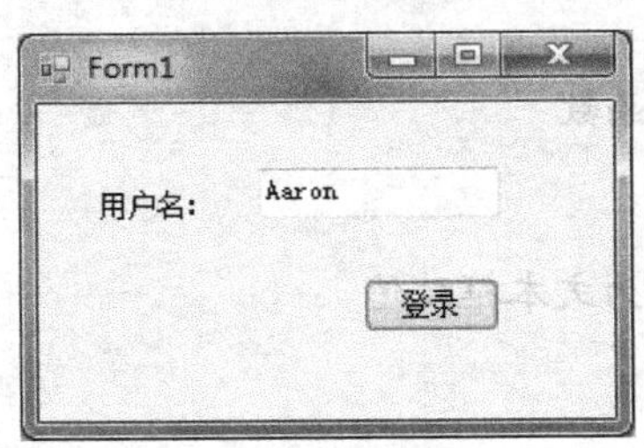

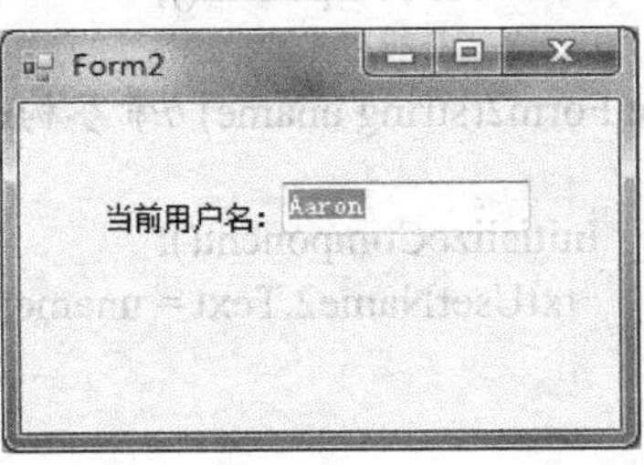

图 4-8-7　传递数据的两个窗体

实现方法一：属性定义法。

（1）在窗体 Form2 中定义一个公有属性 Uname，代码如下：

```
1.  public partial class Form2 : Form
2.  {
3.          public Form2()
4.          {
5.                  InitializeComponent();
6.          }
7.          private string uname;
8.          public string Uname     //自定义属性
9.          {
10.                 get { return uname; }
11.                 set { uname = value; }
12.         }
13. }
```

（2）在窗体 Form1 的“登录”按钮 Click 事件中编写代码，创建 Form2 的实例并显示 Form2，同时为其 Uname 属性赋值，代码如下：

```
1.  private void btnLogin_Click(object sender, EventArgs e)
2.  {
3.          Form2 frm2 = new Form2();
4.          frm2.Uname = txtUserName1.Text;
5.          frm2.Show();
6.  }
```

（3）在窗体 Form2 的 Load 事件中编写显示传递过来的数据的语句，代码如下：

```
14. private void Form2_Load(object sender, EventArgs e)
15. {
16.         txtUserName2.Text =this. Uname;
17. }
```

上面的方法一的优点在于独立性比较好，主动方只要在传送前获得 Form2 的实例 frm2 就可以访问 frm2 的 Uname 属性了。

实现方法二：构造函数法。

（1）在窗体 Form2 中的定义一个带参构造函数，代码如下：

```
1.  public partial class Form2 : Form
2.  {
3.          public Form2()       //原有无参构造函数
4.          {
5.                  InitializeComponent();
6.          }
7.          public Form2(string uname) //带参构造函数
8.          {
9.                  InitializeComponent();
10.                 txtUserName2.Text = uname; //为文本框赋值
11.         }
12.         …
13. }
```

（2）在窗体 Form1 的“登录”按钮 Click 事件中编写代码，使用带参构造函数 Form2(string uname)创建 Form2 的实例并显示 Form2，代码如下：

```
1. private void btnLogin_Click(object sender, EventArgs e)
2. {
3.         Form2 frm = new Form2(txtUserName1.Text);
4.         frm.Show();
5. }
```


注意：方法二具有很高的独立性，如果构造函数参数传递的不是引用类型变量，那么只能实现单向传送；此外，此法只能在实例初始化的时候传送。

项目小结

本项目实现了学生社团管理系统的主要窗体设计，结合项目任务介绍了 Windows 应用程序中常用的控件的使用，如 Button 控件、TextBox 控件、Lable 控件、ListBox 控件等，在每个任务后的技术要点中还给出了相关示例。在后 3 个任务中介绍了鼠标事件、键盘事件以及窗体中数据传递的方法，要求读者掌握这些控件的使用方法。

项目5 系统数据管理

数据库操作是计算机应用软件开发中的重要组成部分，我们平常使用的应用软件几乎都离不开数据的存取操作，而这种操作一般都是通过访问数据库来实现的。比如登录QQ，只要输入账号和密码，QQ聊天系统就通过访问数据库来验证，从而判断用户是否可以正常登录。在实际的软件开发中，可以使用很多种不同的数据库管理系统，常用的有MS SQL Server、Oracle、DB2、Sybase等。为使用户能够访问数据库服务器上的数据，就需要使用数据库访问和技术，ADO.NET就是这种技术之一。

学习重点：

☑ 了解ADO.NET的功能与组成；
☑ 能使用Connection对象连接到数据库；
☑ 能使用Command对象查询数据；
☑ 了解数据集（DataSet）的结构；
☑ 能使用数据适配器填充数据；
☑ 掌握数据网格控件DataGridView的使用。

本项目任务总览：

任务编号	任务名称
5.1	创建数据库连接
5.2	系统三层框架搭建
5.3	用户登录实现
5.4	浏览成员列表
5.5	成员注册（一）
5.6	成员注册（二）
5.7	查看成员详细信息
5.8	社团活动考勤

任务5.1 创建数据库连接

任务目标

在对数据库进行数据访问之前，必须先将应用程序连接到数据库，即定义数据库连接。只有这样，应用程序才能和数据库连接起来，用户才可以通过应用程序对数据库中的数据进行增、删、改、查操作。本任务将创建一个连接，并在【技术要点】中对ADO.NET基础知识以及连接字符串的创建、连接对象的打开及关闭等操作进行介绍。

任务分析

创建数据库连接需要提供数据库连接字符串，它包含了一些传递给数据源的参数信息，在数据源分析和验证其正确性后，数据源将启动该连接字符串中的各种选项。本项目中数据库是在SQL Server 2008中创建的，它的名称为StudentClubMis。详细的数据库设计已经在本书的“大学生社团管理系统简介”部分中给出。

实现过程

图 5-1-1　测试连接窗体

步骤一：打开 Visual Stdio 2010，创建一个 Windows 窗体应用程序 ConnectionTest，在空白窗体 Form1 中添加命令按钮控件，分别设置窗体及按钮的属性，并调整按钮在窗体上的位置，如图 5-1-1 所示。

步骤二：切换至窗体的代码视图，添加引入命名空间的语句：

```
using System.Data.SqlClient;
```

步骤三：双击命令按钮，在按钮的 Click 事件中编写如下代码：

```
private void btnConnectTest_Click(object sender, EventArgs e)
{
        //数据库连接字符串
        string connString = "Data Source=(local);DataBase=StudentClubMis;User
        ID=sa;pwd=123";
        //创建 Connection 对象
        SqlConnection conn = new SqlConnection(connString);
        //打开数据库连接
        conn.Open();
        MessageBox.Show("连接数据库成功!", "系统提示", MessageBoxButtons.OK,
        MessageBoxIcon.Information);
        //关闭数据库连接
        conn.Close();
        MessageBox.Show("关闭数据库连接成功!", "系统提示", MessageBoxButtons.OK,
MessageBoxIcon.Information);
}
```

保存并运行程序，单击调试中的启动调试（按 F5 键）或者工具栏上的 ▶ 按钮，即可运行程序，运行结果如图 5-1-2 和图 5-1-3 所示。

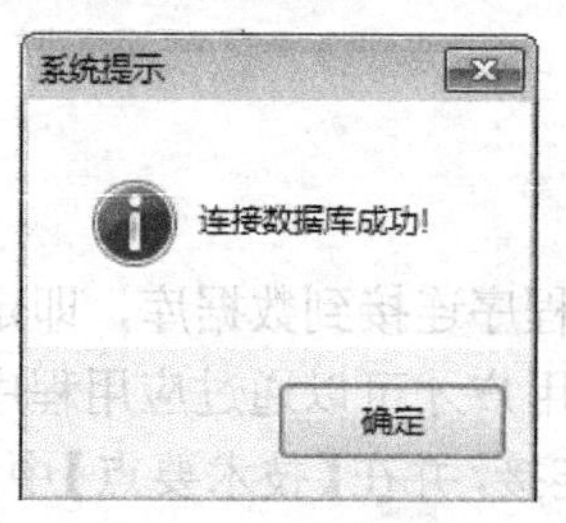

图 5-1-2　连接成功

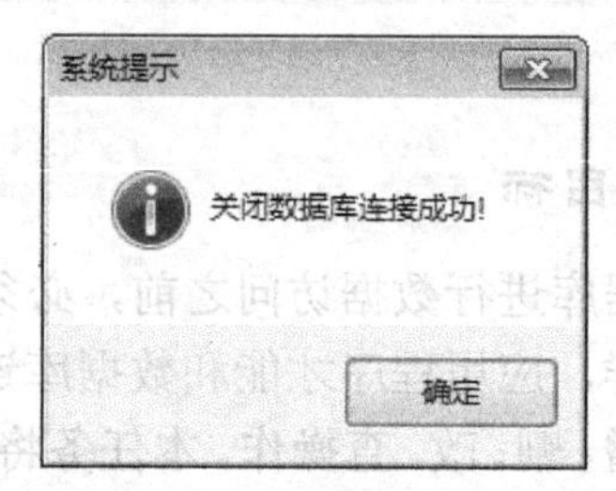

图 5-1-3　关闭连接成功

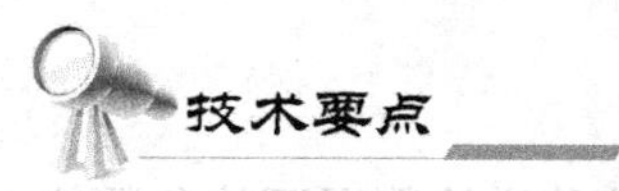

技术要点

1. ADO.NET 简介

ADO.NET 是一组包含在.NET 框架中的类库，用于完成.NET 应用程序和各种数据存储之间的通信，是.NET Framework 中不可或缺的一部分，它提供了对关系数据库、

XML 以及其他数据存储的访问。通过这些类，我们编写的应用程序就可以顺利访问数据库了。

比起以前的数据访问对象模型 ADO（ActiveX Data Object），ADO.NET 克服了 ADO 的一个不足，它提供了断开的数据访问模型：这就好比有一个工厂，工厂有一个仓库，用来存放原料和产品。在工厂中有很多车间，假设每个车间每天要生产 100 件产品，如果每加工一件产品都从仓库里取一次原料，恐怕仓库的管理员忙得晕头转向也不能满足所有车间的需求。所以人们就在车间旁建了一个临时仓库。每天先把生产用的原料一次性从仓库中取出来放在临时仓库当中，生产的时候就只要从临时仓库取原料就行了，这也称为非连接下的访问。

ADO.NET 的类由两部分组成：.NET 数据提供程序（Data Provider）和数据集（DataSet）。数据提供程序负责与数据源的物理连接等，它提供了一些类，这些类用于连接到数据源，在数据源处执行命令，返回数据源的查询结果等；而数据集则包含了实际的数据。ADO.NET 对象模型如图 5-1-4 所示。

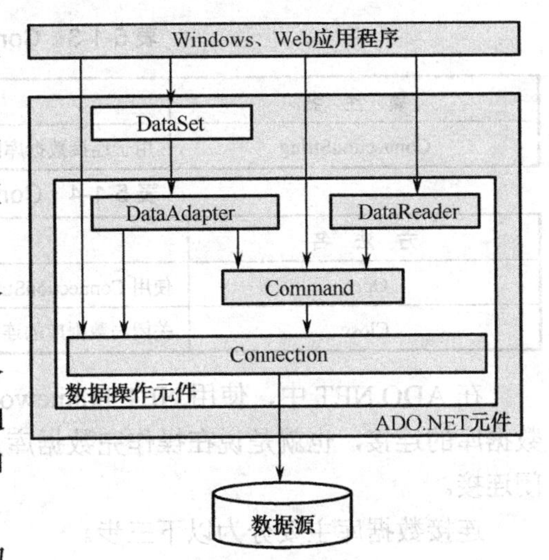

图 5-1-4　ADO.NET 对象模型

由上图可知，ADO.NET 对象模型中有 5 个主要的组件，分别是：Connection 对象、Command 对象、DataAdapter 对象、DataReader 对象和 DataSet 对象。DataSet 对象主要用来存储数据，前四个对象用来创建连接和操作数据，被称为数据操作组件。它们的作用罗列在表 5-1-1 中。

表 5-1-1　.NET 对象模型中的核心对象及作用

对　象	说　明
Connection	建立与特定数据库的连接
Command	对数据源执行命令
DataAdapter	对数据源的查询结果填充 DataSet 并解析更新
DataReader	从数据源中读取只读的数据流

针对不同的数据库，ADO.NET 提供了两套类库：第一套类库专门用来存取 SQL Server 数据库，包括 SqlConnection、SqlCommand、SqlDataAdapter、Sql DataReader 等；另一套可以存取所有基于 OLE DB 提供的数据库，如 Access、Oracle 等，包括 OleDbConnection、OleDbCommand、OleDbDataAdapter、OleDbDataReader 等。

2. Connection 对象

Connection 对象用于与数据库“对话”。不同的.NET 数据提供程序都有自己的连接类，如表 5-1-2 所示，具体使用哪个连接类，根据开发时使用的数据库类型而定。本书中的案例均使用 SQL 数据提供程序。

表 5-1-2 .NET 数据提供程序及相应的连接类

.NET 数据提供程序	连 接 类
SQL 数据提供程序 System.Data.SqlClient	SqlConnection
OLE DB 数据提供程序 System.Data.OleDb	OleDbConnection
ODBC 数据提供程序 System.Data.Odbc	OdbcConnection
Oracle 数据提供程序 System.Data.OracleClient	OracleConnection

Connection 对象的主要属性和方法如表 5-1-3 和表 5-1-4 所示。

表 5-1-3 Connection 对象的主要属性

属 性 名	说 明
ConnectionString	用于连接数据库的连接字符串

表 5-1-4 Connection 对象的主要方法

方 法 名	说 明
Open	使用 ConnectionString 属性所指定的设置打开数据库连接
Close	关闭与数据库的连接

在 ADO.NET 中，使用.NET Framework 数据提供程序操作数据库，必须显式关闭与数据库的连接，也就是说在操作完数据库后，必须调用 Connection 对象的 Close()方法关闭连接。

连接数据库主要分为以下三步。

第一步：设置连接字符串。

连接字符串用于连接到数据库服务器，可以使用已知的用户名和密码验证进行数据库登录。下面定义了一个名为 ConnectionString 的连接字符串。

```
string ConnectionString = "data source=(local);initial catalog =StudentClubMis;user id=sa;pwd=123";
```

连接字符串中应当根据实际情况设置以下的几个重要的参数。

Data Source/Server：指定数据源，数据库管理系统的实例名或者网络地址。

initial catalog/DataBase：指定数据库名称。

user id：指定数据库登录账户。

pwd：指定登录账户的密码。

注：(1) 如果服务器是本机，可以用（local）或“.”代替计算机名称或者 IP 地址，密码如果为空，可以省略 pwd 一项。

(2) 以上连接字符串中使用了 SQL Server 身份验证方式登录数据库，为了安全起见，可以采用集成的 Windows 验证方式，如：

```
string ConnectionString = "data source=(local);initial catalog =StudentClubMis;integrated security=SSPI ";
```

第二步：创建连接对象并打开连接。

```
SqlConnection conn = new SqlConnection(ConnectionString);
Conn.Open();
```

第三步：关闭连接。

每次使用完 Connection 后必须关闭连接。

```
Conn.Close();
```

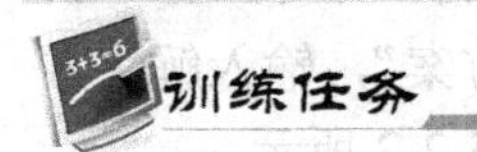

1. 什么是 ADO.NET？简述 ADO.NET 对象模型的组成。
2. 编写程序，实现连接到本地 Access 数据库 StudentDB，测试连接是否成功。

任务 5.2　系统三层框架搭建

通过前面的介绍，读者了解了 Windows 应用程序开发的一般方法。实现一个简单系统的开发模式为：首先新建窗体，然后在创建控件并设置属性，最后在控件的相关事件中编写代码，调试运行。这样的开发模式对于系统复杂度不高、功能简单的小型系统比较有效，主要优点就是简单易学，开发效率高，缺点则是复用性、可维护性、可扩展性都不佳，不利于工程项目的分工协作。当前，大多数企业级的软件系统都采用多层架构，最常见的是三层架构。本任务中，将为“学生社团管理系统”搭建三层框架，并介绍关于三层开发的有关知识。

三层架构应用系统具有两层架构应用系统不可取代的优势。三层架构（3-tier application）通常就是将整个业务应用划分为：表现层（UI）、业务逻辑层（BLL）、数据访问层（DAL），如图 5-2-1 所示。区分层次的目的是为了“高内聚，低耦合”。各层的具体作用如下。

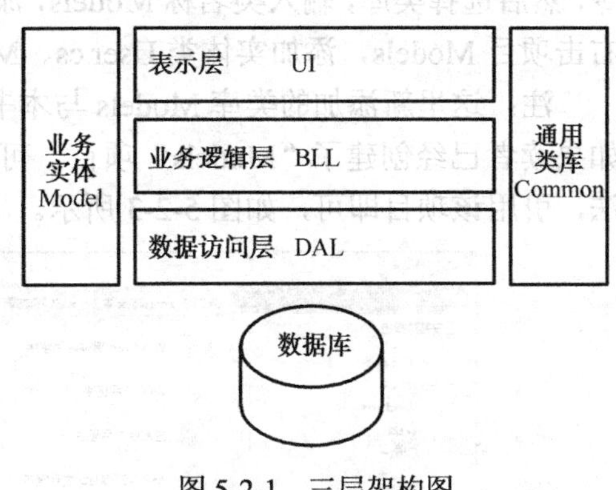

图 5-2-1　三层架构图

表现层（UI）：通俗讲就是展现给用户的界面，即用户在使用一个系统的时候的所见所得。

业务逻辑层（BLL）：针对具体问题的操作，也可说是对数据层的操作，对数据业务逻辑处理。

数据访问层（DAL）：该层所做事务直接操作数据库，数据的增添、删除、修改、查找等。

日常开发的很多情况下为了复用一些共同的东西，会把各层都用的一些东西抽象出来。如将数据对象实体和方法分离，以便在多个层中传递。一些共性的通用辅助类和工具方法，如数据校验、缓存处理、加解密处理等，为了让各个层之间复用，也单独分离出来，作为独立的模块使用。

本任务将在项目中依次创建数据访问层（DAL）、业务逻辑层（BLL）和表现层（UI）。

实现过程

步骤一：打开 Visual Stdio 2010，单击“文件”→“新建”→“项目”命令，在“新建项目”对话框中，选择“其他项目类型”中的“Visual Stdio 解决方案”，输入解决方案的名称 StuClubManSys，选择保存位置，单击“确定”按钮，如图 5-2-2 所示。

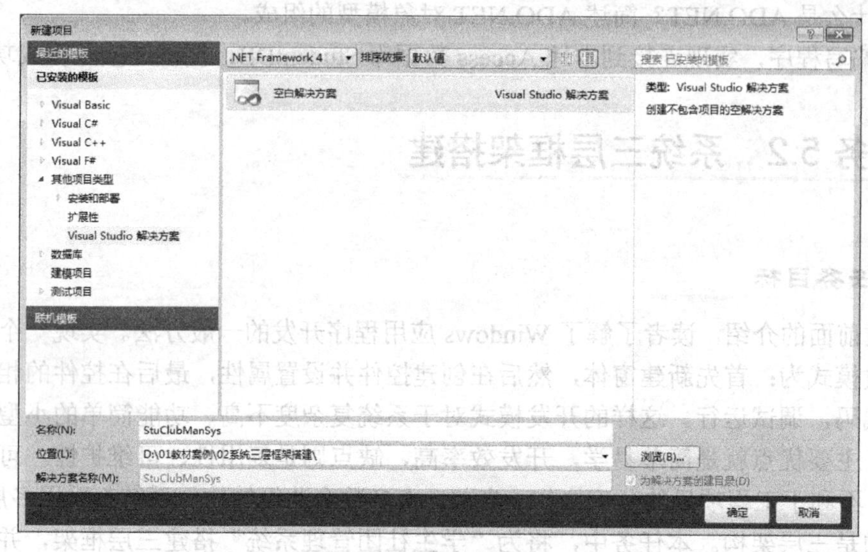

图 5-2-2　新建解决方案

步骤二：创建实体类库项目 Models。

在解决方案资源管理器中，右击解决方案的名称，单击“添加”→“现有项目”命令，然后选择类库，输入类名称 Models，添加实体层 Models。删除默认的类文件 Class.cs，右击项目 Models，添加实体类 User.cs、Member.cs、Club.cs 等。

注：这里新添加的类库 Models 与本书项目 3 任务 3.1 中创建的类库项目是一致的，如果读者已经创建了“Models”项目，可以在其他的项目中直接通过“添加引用”的方法，引用该项目即可，如图 5-2-3 所示。

图 5-2-3　添加实体层 Models

步骤三：创建数据库访问接口类库项目 IDAL。

（1）在解决方案资源管理器中，右击解决方案名称，单击“添加”→“新建项目”命令，添加类库 IDAL，如图 5-2-4 所示。

图 5-2-4　添加接口

（2）右击项目 IDAL，选择“引用”命令，添加项目 IDAL 对实体类项目 Models 的引用，在图 5-2-5 打开的对话框中，单击打开“项目”选项卡，选择项目 Models，单击“确定”按钮。

（3）右击项目 IDAL，添加接口 IUserService.cs、IMemberService 等。

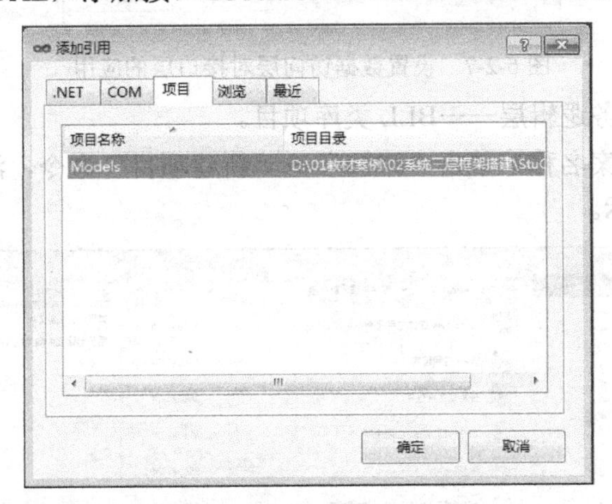

图 5-2-5　设置接口层对实体层的引用

步骤四：创建数据访问层——DAL 类库项目。

（1）右击解决方案名称，单击“添加”→“新建项目”命令，添加类库项目 DAL，如图 5-2-6 所示。

（2）右击项目 DAL，添加项目 DAL 对实体类项目 IDAL、Models 的引用，在图 5-2-7 打开的对话框中，单击打开“项目”选项卡，选择项目 IDAL、Models，并确定。

（3）右击项目 DAL，添加实体类 UserService.cs、MemberService.cs 等。

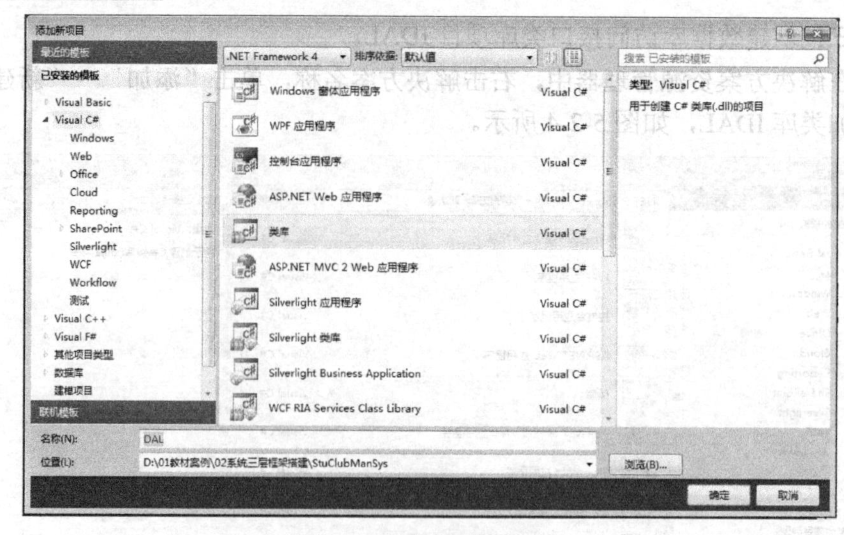

图 5-2-6　添加数据访问层

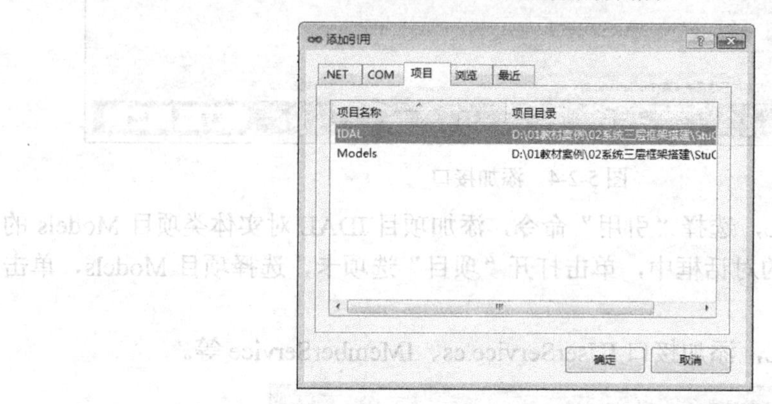

图 5-2-7　设置数据访问层对接口层的应用

步骤五：创建业务逻辑层——BLL 类库项目。

（1）右击解决方案名称，单击“添加”→“新建项目”命令，添加业务逻辑层类库 BLL，如图 5-2-8 所示。

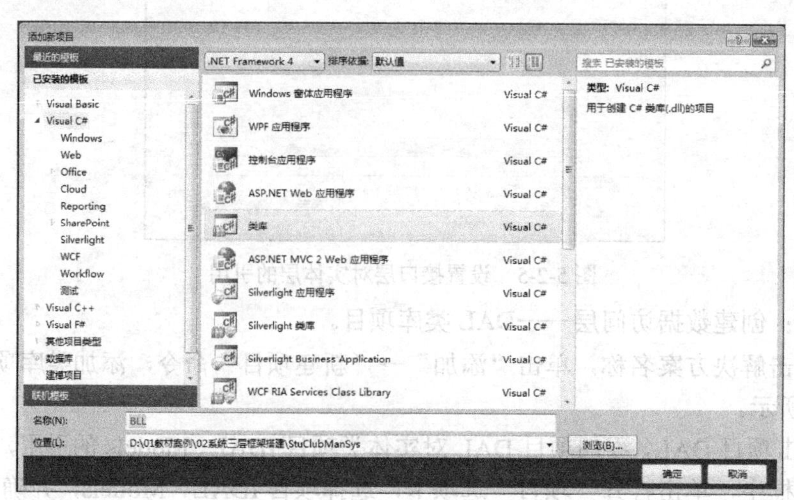

图 5-2-8　添加业务逻辑层

（2）右击项目 BLL，添加项目 BLL 对实体类项目 DAL、Models 的引用，在如图 5-2-9 打开的对话框中，单击打开“项目”选项卡，选择项目 DAL、Models，并确定。

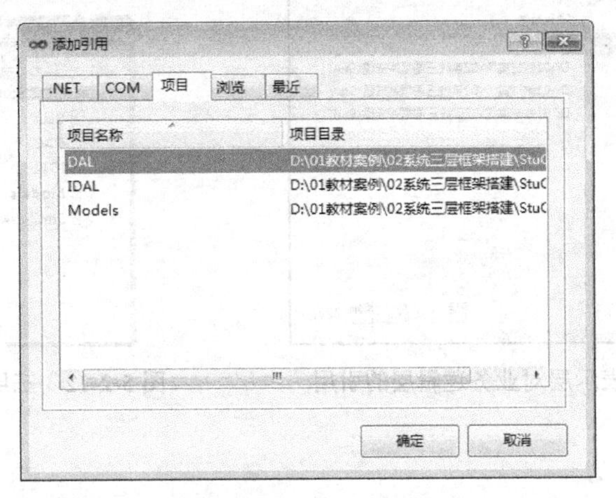

图 5-2-9　设置业务逻辑层对数据访问层的引用

（3）右击项目 BLL，添加类 UserManager.cs、MemberManage.cs 等。

步骤六： 创建表示层——StuClubApp Windows 应用程序。

（1）在解决方案资源管理器中，右击解决方案名称，单击“添加”→“新建项目”命令，添加表示层 StuClubApp 应用程序。

（2）右击项目 StuClubApp，添加项目 StuClubApp 对业务逻辑层项目 BLL、Models 的引用，在图 5-2-10 打开的对话框中，单击打开“项目”选项卡，选择项目 BLL，单击“确定”按钮。

图 5-2-10　添加表示层

至此，“学生社团管理系统”的三层框架已经基本构建好，如图 5-2-12 所示，解决方案资源管理器中包含了 5 个项目。接下来可以在每个项目中添加文件及代码，实现全部的系统功能。

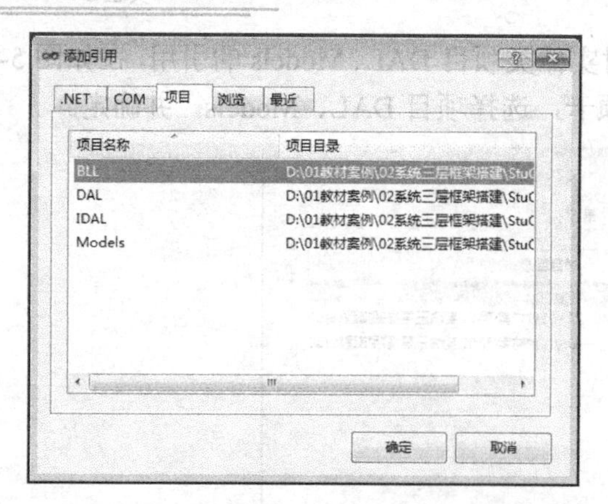

图 5-2-11　设置表示层对业务逻辑层的引用

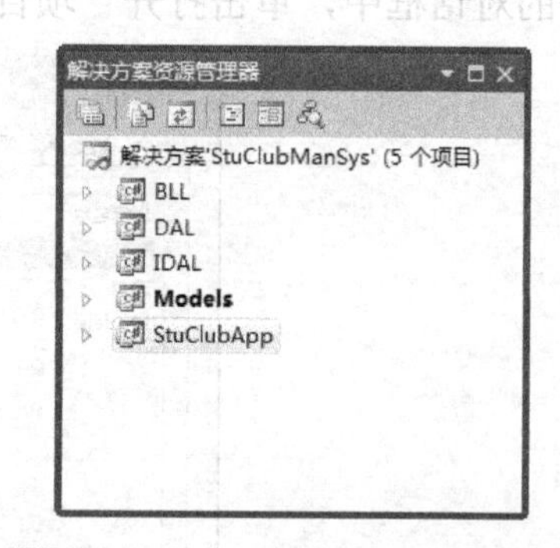

图 5-2-12　三层架构下的解决方案

技术要点

1. 三层架构概述

在软件体系架构设计中，分层式结构是最常见，也是最重要的一种结构。微软推荐的分层式结构一般分为三层，从下至上分别为：数据访问层、业务逻辑层（又或称为领域层）、表示层。

三层结构原理：在三个层次中，系统主要功能和业务逻辑都在业务逻辑层进行处理。所谓三层体系结构，是在客户端与数据库之间加入了一个"中间层"，也叫组件层。这里所说的三层体系，不是指物理上的三层，而是指逻辑上的三层。三层体系的应用程序将业务规则、数据访问、合法性校验等工作放到了中间层进行处理。通常情况下，客户端不直接与数据库进行交互，而是通过 COM/DCOM 通信与中间层建立连接，再经由中间层与数据库进行交互。

各层的具体作用如下。

（1）数据数据访问层：不是指原始数据，即不是数据库，而是对原始数据（数据库或者文本文件等存放数据的形式）的操作层，具体为业务逻辑层或表示层提供数据服务。

（2）业务逻辑层：主要是针对具体的问题的操作，也可以理解成对数据层的操作，对数据业务逻辑处理，如果说数据层是积木，那逻辑层就是对这些积木的搭建。

（3）表示层：主要表示 Web 方式，也可以表示成 Winform 方式，如果逻辑层相当强大和完善，无论表现层如何定义和更改，逻辑层都能完善地提供服务。

具体的区分方法如下。

（1）数据访问层：主要看数据层里面有没有包含逻辑处理，数据层的各个函数主要完成对数据文件的操作，而不必管其他操作。数据层可以访问数据库系统、二进制文件、文本文档或是 XML 文档。简单地说，数据访问层就是实现对数据表的 Select、Insert、Update、Delete 的操作。

（2）业务逻辑层：主要负责对数据层的操作。也就是说，把一些数据层的操作进行组合。业务逻辑层在体系架构中的位置很关键，它处于数据访问层与表示层中间，起到了数据交换中承上启下的作用。业务逻辑层的关注点主要集中在业务规则的制定、业务流程的实现等与业务需求有关的系统设计，也即是说它是与系统所应对的领域（Domain）

逻辑有关，很多时候，也将业务逻辑层称为领域层。

（3）表示层：位于最外层（最上层），离用户最近。用于显示数据和接收用户输入的数据，为用户提供一种交互式操作的界面。主要对用户的请求接受，以及数据的返回，为客户端提供应用程序的访问。

2. 三层架构优缺点

像所有事物一样，三层架构有明显的优点，也存在一些负面作用，比如它最大优点在于：

（1）开发人员可以只关注整个结构中的某一层。

（2）可以很容易地用新的实现来替换原有层次的实现。

（3）可以降低层与层之间的依赖。

（4）有利于标准化。

（5）利于各层逻辑的复用。

而三层架构的缺点在于：

（1）降低了系统的性能。如果不采用分层式结构，很多业务可以直接造访数据库，以此获取相应的数据，如今却必须通过中间层来完成。

（2）有时会导致级联的修改。这种修改体现在自上而下的方向上。如果在表示层中需要增加一个功能，为保证其设计符合分层式结构，可能需要在相应的业务逻辑层和数据访问层中都增加相应的代码。

（3）一定程度上增加了开发成本。

一项技术既有优点也有不足，可以根据需求和条件选择最适合的方式来进行开发，相对来说，三层架构更适应可扩展、大代码量、安全和可重用的软件系统开发。

任务 5.3 用户登录实现

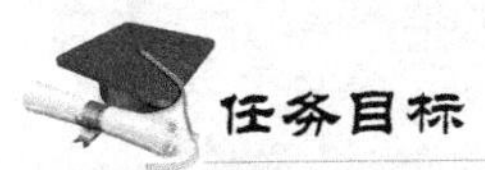

管理信息系统的使用绝大多数情况下都要验证登录者的身份，判断登录用户是否具有使用系统中的功能模块的权限。系统会在用户登录时根据输入的用户名、密码以及身份进行验证，验证通过后该用户只能操作权限之内的功能模块，而其他模块将被禁用，这样可以有效地保证系统的运行安全。本书项目 4 的任务 4.3 进行了登录窗体的设计并实现了模拟登录，本任务将实现“学生社团管理系统”的用户登录功能，界面如图 5-3-1 所示。

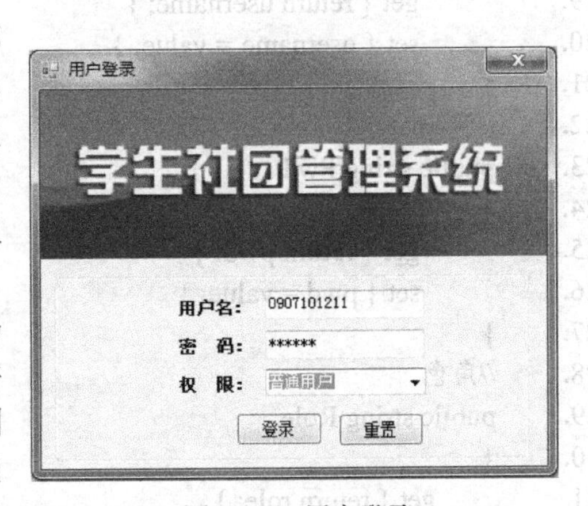

图 5-3-1　用户登录

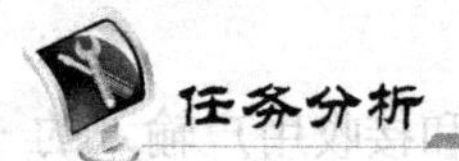

任务分析

对照“任务目标”的效果图，首先需要获取用户输入的用户名、密码及权限，在系统后台数据中查询该用户名是否存在，如果存在该用户名，再检验密码和权限是否正确，进而判断是否允许用户登录系统。如何做到这一点呢？首先我们需要 Connection 对象连接到数据库，这个连接就好比工厂中车间到仓库的一条路，有了这条路，应用程序就能够连接到数据库了；对数据库的查询工作交给 Command 对象去完成，最后使用 DataReader 对象实现对数据的读取。

实现过程

步骤一：打开实体层 Models 中的类 User，编写如下代码：

```
1.  public class User
2.  {
3.      #region 私有成员字段
4.      private int userid; //用户编号
5.      private string username;   //用户名
6.      private string pwd;   //密码
7.      private string role; //角色
8.      #endregion
9.      #region 公共属性
10.      //用户编号
11.      public int   UserID
12.      {
13.          get { return userid; }
14.          set { userid = value; }
15.      }
16.      //用户名
17.     public string UserName
18.     {
19.         get { return username; }
20.         set { username = value; }
21.     }
22.     //密码
23.     public string Pwd
24.     {
25.         get { return pwd; }
26.         set { pwd = value; }
27.     }
28.     //角色
29.     public string Role
30.     {
31.         get { return role; }
32.         set { role = value; }
33.     }
```

```
34.     #endregion
35. }
```

所谓实体类，简单地说就是描述一个业务实体的类，业务实体直观一点理解就是整个应用软件系统所涉及的对象，比如学生、班级、年级等都属于业务实体，从数据的存储来讲，业务实体就是存储应用系统信息的数据表，我们将每一个数据表中的字段定义成属性，并将这些属性用一个类封装，这个类就成为实体类。

代码中的#region 是 C#的预处理器指令，它和#endregion 配对使用，可以使用户在使用 Visual Studio 代码编辑器的大纲显示功能时指定可展开或折叠的代码块，如图 5-3-2 所示。

```
namespace Models
{
    public class User
    {
        #region 私有成员字段
        private int userid; //用户编号
        private string username;  //用户名
        private string pwd; //密码
        private string role; //角色
        #endregion
        公共方法
        公共属性
    }
}
```

```
namespace Models
{
    public class User
    {
        私有成员字段
        公共方法
        公共属性
    }
}
```

图 5-3-2 #region 指令的使用

步骤二：在接口层 IDAL 中打开 IUserService，编写如下代码：

```
1. using Models;
2. namespace IDAL
3. {
4.     public interface IUserService
5.     {
6.         //按用户名与密码获取用户信息返回 Model
7.         User GetUserByNameAndPwd(string uname,string pwd);
8.     }
9. }
```

步骤三：在 DAL 层中打开 UserService，添加方法 GetUserByNameAndPwd，代码如下所示。

```
1. using Models;
2. using System.Data;
3. using System.Data.SqlClient;

4. namespace DAL
5. {
6.     public class UserService
7.     {
8.         public User GetUserByNameAndPwd(string uname, string pwd)
9.         {
10.            StringBuilder sbSql = new StringBuilder();
11.            sbSql.Append("Select ");
12.            sbSql.Append("tb_user.userid, ");
13.            sbSql.Append("tb_user.username, ");
```

```
14.                     sbSql.Append("tb_user.pwd, ");
15.                     sbSql.Append("tb_user.role ");
16.                     sbSql.Append("From tb_user ");
17.                     sbSql.Append(" Where   tb_user.DeleteFlag='0' ");
18.                     sbSql.Append(" And    tb_user.username = '" + uname + "' ");
19.                     sbSql.Append(" And    tb_user.pwd = '" + pwd + "'");
20.                     SqlDataReader dr;
21.                     SqlConnection con=null;
22.                 try
23.                 {
24.                     string ConnectionString = "Data Source=(local);DataBase=StudentClubMis;
                        User   ID=sa;pwd=123";
25.                     con = new SqlConnection(ConnectionString);
26.                     con.Open();
27.                     SqlCommand cmd = new SqlCommand(sbSql.ToString(), con);
28.                     dr = cmd.ExecuteReader();
29.                     if (dr.Read())
30.                     {
31.                         int userid = Convert.ToInt32(dr["userid"]);
32.                         string username = dr["username"].ToString();
33.                         string password = dr["pwd"].ToString();
34.                         string role = dr["role"].ToString();
35.                         User user = new User();
36.                         user.UserID = userid;
37.                         user.UserName = username;
38.                         user.Pwd = password;
39.                         user.Role = role;
40.                         return user;
41.                     }
42.                 }
43.                 catch (Exception ex)
44.                 {
45.                         throw new Exception(ex.Message);
46.                 }
47.                 finally
48.                 {
49.                         if (con.State == ConnectionState.Open)
50.                         {
51.                             con.Close();
52.                         }
53.                 }
54.                 return null;
55.         }
56.     }
57. }
```

步骤四：打开 BLL 层的 UserManage 类，添加代码如下。

```
1.  using Models;
2.  using DAL;
3.  namespace BLL
4.  {
5.      public class UserManage
6.      {
7.          public User GetMemberByNameAndPwd(string uname, string pwd)
8.          {
9.              try
10.             {
11.                 UserService userdal=new UserService();
12.                 return userdal.GetUserByNameAndPwd(uname, pwd);
13.             }
14.             catch (Exception ex)
15.             {
16.                 throw new Exception(ex.ToString());
17.             }
18.         }
19.     }
20. }
```

对于这段代码，大家也许觉得 BLL 层非常简单，即使不要也可以，这主要是因为本项目的业务逻辑非常简单，在 BLL 层的代码中未能体现。在实际的项目开发中，往往存在大量的业务逻辑，需要较为复杂的操作，这时 BLL 层将起到重要的作用。

步骤五：在表示层 StuClubApp 项目中，添加窗体 FrmLogin，界面设置参见本书项目任务 4.3。分别为“登录”和“重置”按钮编写 Click 事件代码。

（1）双击 FrmLogin 窗体上的“登录”按钮控件，然后在 FrmLogin.cs 文件中编写该控件对应的 Click 事件过程，代码如下：

```
1.  public static string role;
2.  public static string username;
3.  private void btnLogin_Click(object sender, EventArgs e)
4.  {
5.      UserManage userbll=new UserManage();
6.      if (string.IsNullOrEmpty(txtUserName.Text.Trim()) || string.IsNullOrEmpty (txtPassWord.
        Text.Trim()))
7.      {
8.          MessageBox.Show("用户名或密码不能为空!", "系统提示", MessageBoxButtons.
            OK, MessageBoxIcon.Information);
9.          return;
10.     }
11.     else
12.     {
13.         string username = txtUserName.Text.Trim();
14.         string password = txtPassWord.Text.Trim();
```

```
15.             User user = userbll.GetMemberByNameAndPwd(username, password);
16.             if (user != null && user.Role == cmbRole.SelectedItem.ToString().Trim())
17.             {
18.                 MessageBox.Show("登录成功","系统提示", MessageBoxButtons.OK,
                    MessageBoxIcon.Information);
19.             role = user.Role;
20.             username = user.UserName;
21.             FrmMain frmmain = new FrmMain();
22.             frmmain.Show();
23.             this.Hide();
24.             }
25.         else
26.         {
27.             MessageBox.Show("用户名或密码错,请重新登录!", "系统提示",
                MessageBoxButtons. OK, MessageBoxIcon.Information);
28.             txtUserName.Text = "";
29.             txtPassWord.Text = "";
30.             txtUserName.Focus();
31.         }
32.         }
33. }
```


（2）双击“重置”按钮，代码如下：

```
1.  private void btnReset_Click(object sender, EventArgs e)
2.  {
3.      txtUserName.Text = "";
4.      txtPassword.Text = "";
5.      cmbRole.SelectedIndex = 0;
6.      txtUserName.Focus();
7.  }
```

重置的作用是回复到起始状态，因此不仅要清空文本框中的数据，还要使下拉列表框恢复到默认选项，为了用户输入方便，也要将用户名文本框处于获得焦点状态。

步骤六： 右击 StuClubApp 项目，单击“设置启动项目”命令，将它设置为启动项目。运行程序，运行结果如图 5-3-3 所示。

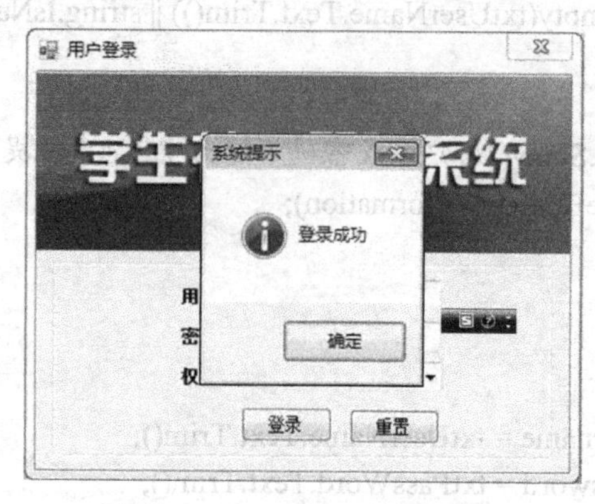

图 5-3-3 “用户登录”窗体界面

1. Command 对象

当应用程序与数据库的连接打开后，如何操作数据呢？这时就需要使用 Command 对象。Command 对象可以使用数据库命令直接与数据源进行通信，对数据库中的数据进行增删改查操作。和 Connection 对象一样，不同的数据库操作应当选用不同的 Command 对象，如果连接 SQL Server 数据库，就需要使用 SqlCommand 类。Command 对象的常用属性和方法罗列在表 5-3-1 和表 5-3-2 中。

表 5-3-1　Commamd 对象常用属性

属 性 名	说　明
CommandText	获取或设置要对数据源执行的 SQL 语句或存储过程
CommandTimeout	获取或设置在终止执行命令的尝试并生成错误之前的等待时间
CommandType	获取或设置一个值，该值指示如何解释 CommandText 属性
Connection	获取或设置 SqlCommand 实例使用的 SqlConnection 对象
Parameters	获取 SqlParameterCollection

表 5-3-2　Commamd 对象常用方法

方 法 名	说　明
ExecuteNonQuery	对 Connection 执行 SQL 语句并返回受影响的行数
ExecuteReader	将 CommandText 发送到当前的 Connection 并生成一个 SqlDataReader 对象
ExecuteScalar	执行查询，并返回查询所返回的结果集中第一行的第一列。忽略额外的列或行
CreatePareameter	创建 SqlParameter 对象的新实例

使用 Command 对象时需要按照如下步骤进行。

（1）创建数据库连接对象并打开连接。

（2）定义要执行的 SQL 语句。

（3）创建 Command 对象。

（4）执行 SQL 语句。

例如下面的代码：

```
string strConn, strSQL;
strConn = "Data Source=(local);Initial Catalog=Northwind; integrated security=SSPI";
strSQL = "SELECT CustomerID, CompanyName FROM Customers";
SqlConnection cn = new SqlConnection(strConn);
cn.Open();
SqlCommand cmd = new SqlCommand ();
cmd.CommandText = strSQl;
cmd.Connection = cn;
cmd. ExecuteNonQuery();
```

Command 对象有多个构造方法，除了上面代码中创建 Command 对象的方法外，还可以使用下面的代码：

```
string strConn, strSQL;
strConn = "Data Source=(local);Initial Catalog=Northwind; integrated security=SSPI";
strSQL = "SELECT CustomerID, CompanyName FROM Customers";
SqlConnection cn = new SqlConnection(strConn);
cn.Open();
SqlCommand cmd = new SqlCommand (strSQl, cn);
cmd. ExecuteNonQuery();
```

为了防止 SQL 注入，我们常常使用参数化的 SQL 语句来替代拼接的 SQL 语句。当要执行的 SQL 语句中含有参数的时候，可以像下面这样使用 Command 对象进行参数化查询。

```
string strConn, strSQL;
strConn = "Data Source=(local);DataBase=StudentClubMis;User ID=sa;pwd=123;";
SqlConnection cn = new SqlConnection(strConn);
cn.Open();
strSQL = "select * from tb_user where username= @uname and pwd=@pwd";   //使用参数
SqlCommand cmd = new SqlCommand(strSQL, cn);
cmd.Parameters.Add("@uname ",SqlDbType.Char);         //添加参数一
cmd.Parameters.Add("@pwd ",SqlDbType.Char);           //添加参数二
cmd.Parameters[0].Value = "admin";                    //设置参数一的值
cmd.Parameters[1].Value = "123456";                   //设置参数二的值
SqlDataReader dr=cmd.ExecutReader();
```


要在 ADO.NET 对象模型中执行参数化查询，需要向 SqlCommand 对象的 Parameters 集合中添加 Parameter 对象。生成 SqlParameter 的最简单方式是调用 SqlCommand 对象的 Parameters 集合中的 Add 方法，然后，通过其 Value 属性来设置参数值。

2. DataReader 对象

DataReader 对象又称数据阅读器，常用来检索大量的数据。SQL Server 数据库相关的.NET 数据提供程序对应的 DataReader 类是 SqlDataReader。

使用 DataReader 并不能修改数据库中的数据，因而它的功能相对有限，但它的效率非常高，如果只需要检索数据库，这时可以使用 DataReader。

DataReader 对象的常见属性：

FieldCount 属性：获取当前记录中字段的数量；

DataReader 对象的常见方法：

Read()方法：该方法使当前记录指针指向下一个记录。（注：在创建 DataReader 对象时，当前指针指向第一个记录之前，因此，必须在处理第一个记录之前调用 Read 方法一次），如果有记录，则该方法返回 true，否则返回 false。

Close()方法：用来关闭 DataReader，在从 DataReader 读取数据之后，必须显式地关闭它及其所使用的连接。

下面举例说明 SqlDataReader 的使用方法。

特别注意，DataReader 类没有构造函数，因此不能直接实例化它，通过 Command 对象的 ExecuteReader()方法创建 SqlDataReader 的实例。

```
SqlCommand myCmd = new SqlCommand();
myCmd.Connection = myCon;
myCmd.CommandText = "select * from users";
SqlDataReader mydr = myCmd.ExecuteReader();
```

DataReader 对象中的 Read()方法用来遍历整个结果集，不需要显式地向前移动指针，或者检查文件的结束，如果没有要读取的记录了，Read 方法会自动返回 False。DataReader 对象读取结果集的过程如图 5-3-4 所示。

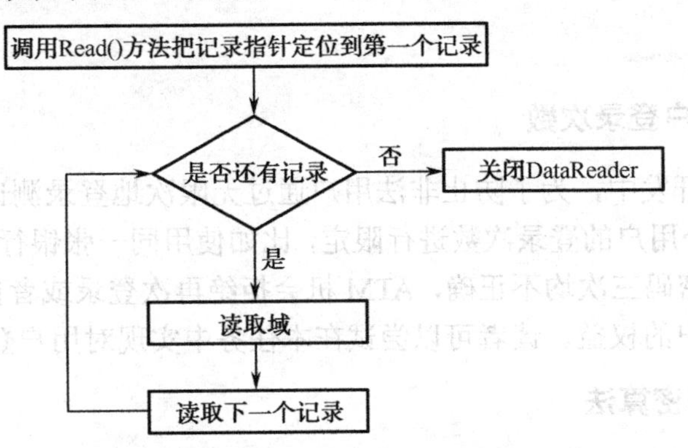

图 5-3-4 DataReader 对象读取数据过程

DataReader 类有一个索引符，可以使用常见的数组语法访问任何字段。既可以通过指定数据列的名称，也可以通过指定数据列的编号来访问特定列的值。

例如：

```
string uid=mydr["UserID"].ToString();
mydr [0], mydr[1]
```

【关键代码解读】

本任务步骤三，在数据访问层 UserService 类的 GetUserByNameAndPwd 方法中，是对数据库查询的代码，是实现登录功能关键，下面对方法中的核心代码作简单介绍。

```
24.       string ConnectionString = "Data Source=(local);DataBase=StudentClubMis;User    ID=sa;
          pwd=123";
25.         con = new SqlConnection(ConnectionString);
26.         con.Open();
27.         SqlCommand cmd = new SqlCommand(sbSql.ToString(), con);
28.         dr = cmd.ExecuteReader();
29.         if (dr.Read())
30.         {
31.                  int userid = Convert.ToInt32(dr["userid"]);
32.                  string username = dr["username"].ToString();
33.                  string password = dr["pwd"].ToString();
34.                  string role = dr["role"].ToString();
35.                  User user = new User();
36.                  user.UserID = userid;
37.                  user.UserName = username;
38.                  user.Pwd = password;
39.                  user.Role = role;
```

```
40.                 return user;
41.           }
```

第24～26行：创建连接并打开。

第27行：创建命名对象cmd，参数sbSql中是cmd对象要执行的SQL语句。

第28行：执行命令。

第29～40行：通过DataReader对象读取数据并返回一个User对象。

拓展学习

1. 限定用户登录次数

在实际的项目开发中，为了防止非法用户通过无限次地登录测试，对系统密码进行试探，常常对同一个用户的登录次数进行限定，比如使用同一张银行卡在ATM机上取现时，如果连续输入密码三次均不正确，ATM机会拒绝再次登录或者自动将卡吞掉，主要目的是保护合法用户的权益。读者可以尝试在本任务中实现对用户登录次数的限定。

2. MD5加密算法

用户密码关系到用户使用系统的安全性，如果有非法用户通过某种手段打开数据库中的用户表，非法获取密码，则会对合法用户造成不可挽回的损失，为了保护密码，可以将输入的密码加密后再保存到数据库中，大大提高系统的安全性，常用的加密算法如MD5，可以在创建用户时使用该算法对密码进行加密操作，见下面的代码：

```
using System.Security.Cryptography;
string pwdbefore;
string pwdafter = "";   // pwdafter 为加密结果
MD5 md5 = MD5.Create();
byte[] s = md5.ComputeHash(Encoding.UTF8.GetBytes(pwdbefore));
for (int i = 0; i < s.Length; i++)
{
    pwdafter = pwdafter + s[i].ToString();
}
```

3. StringBuilder类

在本任务的步骤三中，通过创建StringBuilder类的对象创建字符串，保存SQL语句。它是专门用于对字符串和字符执行动态操作的类。StringBuilder类与String类类似，但将许多字符串连接在一起时，使用StringBuilder类可以提升性能。StringBuilder类的Append方法用来将文本或对象的字符串表示形式添加到由当前StringBuilder对象表示的字符串的结尾处。以下示例将一个StringBuilder对象初始化为“Hello World”，然后将一些文本追加到该对象的结尾处。

```
StringBuilder MyStringBuilder = new StringBuilder("Hello World!");
MyStringBuilder.Append(" What a beautiful day.");
Console.WriteLine(MyStringBuilder);
```

上面的例子将Hello World! What a beautiful day. 显示到控制台。

任务 5.4　浏览成员列表

任务目标

在任务 4.4 中，我们设计了“社团成员管理”窗体，在本任务中，将进一步实现在该窗体中的成员列表展示功能，并能够通过鼠标操作，并选中成员的详细信息展示在窗体右侧的控件中。窗体界面如图 5-4-1 所示。

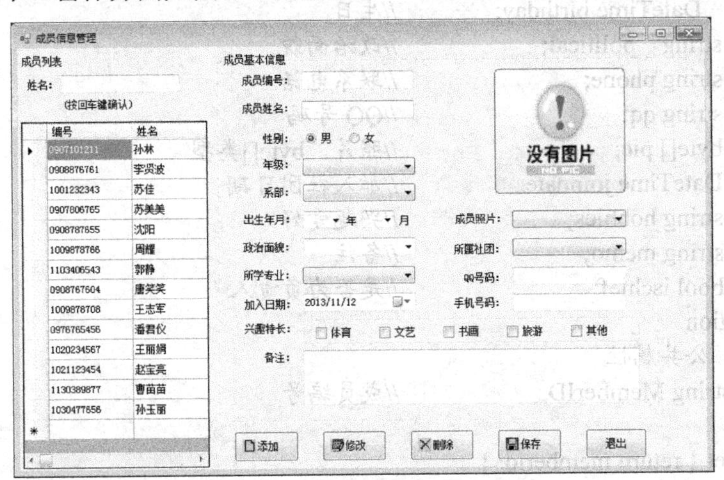

图 5-4-1　“社团成员管理”界面

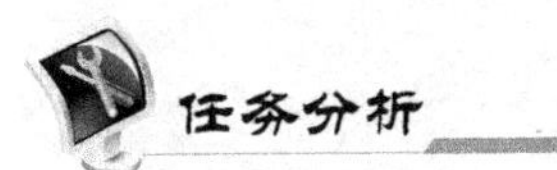

任务分析

建立数据库后，社团成员的信息都可以保存在数据表中了，图 5-4-2 就是数据库 StuClubMis 表 tb_Member 中的数据。建立连接后，通过 Comamd 对象查询数据，并将查询结果保存在数据集 DataSet 中，最后再通过网格控件 DataGridView 将数据显示在窗体中。

memberid	clubid	departmentid	professionid	gradeid	name	Sex	Birthday	Political	Phone	QQ
0908787655	1	3	4	1	沈阳	男	1989-08-01 00:00:00....	团员	13786756543	345456789
1009878766	4	4	10	2	周耀	男	1990-04-01 00:00:00....	团员	15876565453	234543789
1103406543	1	3	16	1	郭静	女	1988-01-01 00:00:00....	党员	13456780987	456546789
0908767604	1	2	13	1	唐笑笑	女	1990-04-01 00:00:00....	团员	13234565453	565678890
1009878708	5	4	10	2	王志军	男	1990-02-01 00:00:00....	团员	13456765678	9887676776
0976765456	5	1	8	1	潘君仪	女	1989-08-01 00:00:00....	团员	15098767689	4567878900
1020234567	3	3	15	2	王丽娟	女	1991-04-01 00:00:00....	团员	13245565456	45434567787
1021123454	1	4	10	1	赵宝亮	男	1989-05-01 00:00:00....	团员	13987676567	343455675
1130389877	1	2	13	1	曹苗苗	女	1989-06-01 00:00:00....	团员	13454565675	3455644332
1030477656	1	3	6	1	孙玉丽	女	1990-03-01 00:00:00....	团员	25865454345	3345443456

图 5-4-2　数据表 tb_member

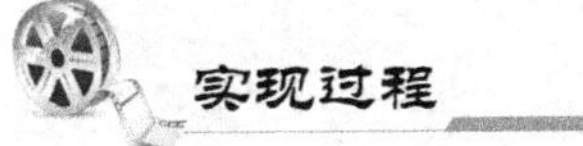

实现过程

步骤一：在实体类项目 Models 中添加社团成员类 ClubMember，该类在本书项目 3 中已创建，因此可以直接使用。这里将原来的 ClubMember 作了部分修改，代码如下。

```
1.  public class ClubMember
2.  {
3.      #region 私有字段
4.      private string memberid;              //成员编号
5.      private int clubid;                   //社团编号
6.      private int departmentid;             //系部编号
7.      private int professionid;             //专业编号
8.      private int gradeid;                  //年级编号
9.      private string   membername;          //姓名
10.     private string sex;                   //性别
11.     private   DateTime birthday;          //生日
12.     private string   political;           //政治面貌
13.     private string phone;                 //联系电话
14.     private string qq;                    //QQ 号码
15.     private byte[] pic;                   //照片，byte[]类型
16.     private DateTime joindate;            //加入社团日期
17.     private string hobbies;               //兴趣爱好
18.     private string memo;                  //备注
19.     private bool ischief;                 //是否为负责人
20.     #endregion
21.     #region 公共属性
22.     public string MemberID                //成员编号
23.     {
24.         get { return memberid; }
25.         set { memberid = value; }
26.     }
27.     public int ClubID                     //社团编号
28.     {
29.         get { return clubid; }
30.         set { clubid = value; }
31.     }
32.     public int DepartmentID               //系部编号
33.     {
34.         get { return departmentid; }
35.         set { departmentid = value; }
36.     }
37.     public int GradeID                    //年级编号
38.     {
39.         get { return gradeid; }
40.         set { gradeid = value; }
41.     }
42.     public int ProfessionID               //专业编号
43.     {
44.         get { return professionid; }
45.         set { professionid = value; }
46.     }
47.     public string MemberName              //姓名
48.     {
```

```
49.             get { return membername; }
50.             set { membername = value; }
51.     }
52.     public string Sex                           //性别
53.     {
54.             get { return sex; }
55.             set { sex = value; }
56.     }
57.     public DateTime Birthday                    //生日
58.     {
59.             get { return birthday; }
60.             set { birthday = value; }
61.     }
62.     public string Political                     //政治面貌
63.     {
64.             get { return political; }
65.             set { political = value; }
66.     }
67.     public string Phone                         //联系电话
68.     {
69.             get { return phone; }
70.             set { phone = value; }
71.     }
72.     public string QQ                            //QQ号码
73.     {
74.           get { return qq; }
75.           set { qq = value; }
76.     }
77.     public byte[] Pic                           //照片，byte[]类型
78.     {
79.           get { return pic; }
80.           set { pic = value; }
81.     }
82.     public DateTime JoinDate                    //加入社团日期
83.     {
84.             get { return joindate; }
85.             set { joindate = value; }
86.     }
87.     public string Hobbies                       //兴趣爱好
88.     {
89.             get { return hobbies; }
90.             set { hobbies = value; }
91.     }
92.     public  string Memo                         //备注
93.     {
94.              get { return memo; }
95.              set { memo = value; }
96.     }
```

```
97.     public bool Ischief                          //是否为负责人
98.     {
99.             get { return ischief; }
100.            set { ischief = value; }
101.    }
102.    #endregion
103. }
```

请注意，由于数据库中成员照片字段使用了 Image 类型，因此，将实体类 ClubMember 中的 pic 字段和 pic 属性修改为了 byte[]类型。

步骤二：在 IDAL 项目中添加一个接口文件 IMemberService.cs，该接口在本书任务 3.3 中创建过，代码如下所示。

```
18. interface IMemberService
19. {
20.     //获取所有社团成员信息
21.     DataTable GetAllMembers();
22.
23.     //根据成员编号获得社团成员信息
24.     ClubMember GetMemberByID(string id);
25.
26.     //添加成员
27.     bool AddMember(ClubMember    member);
28.
29.     //修改成员
30.     bool UpdateMember(ClubMember member);
31.
32.     //根据编号删除成员
33.     bool DeleteMember(string id);
34. }
```


步骤三：在 DAL 项目中添加一个类文件 MemberService.cs，实现接口 IDAL 中的所有方法，本任务中主要讨论方法 GetAllMembers()的实现过程，其他方法仍然保留任务 3.3 中的实现代码。MemberService 类的部分代码如下。

```
1. public class MemberService:  IMemberService
2. {
3.      //获取所有社团成员信息
4.      public DataTable GetAllMembers()
5.      {
6.              StringBuilder sbSql = new StringBuilder();
7.              sbSql.Append("Select ");
8.              sbSql.Append(" * ");
9.              sbSql.Append("From tb_member ");
10.             sbSql.Append(" Where    tb_member.DeleteFlag='0' ");
11.             DataSet ds=new DataSet();
12.             SqlConnection con=null;
13.             try
14.             {
15.                     string ConnectionString = "Data Source=(local);DataBase= StudentClubMis; User
```

```
                    ID=sa;pwd=123";
16.                 con = new SqlConnection(ConnectionString);
17.                 SqlCommand cmd = new SqlCommand(sbSql.ToString(), con);
18.                 SqlDataAdapter da=new SqlDataAdapter();
19.                 da.SelectCommand=cmd;
20.                 da.Fill(ds,"members");
21.                 if (ds.Tables["members"].Rows.Count>0)
22.                 {
23.                        return ds.Tables["members"];
24.                 }
25.             }
26.             catch (Exception ex)
27.             {
28.                 throw new Exception(ex.Message);
29.             }
30.              return null;
31.         }
32.     //其他方法略…
33. }
```


步骤四：打开 BLL 层，创建一个 MemberManage 类。在类中添加 GetAllMembers()方法，代码如下：

```
1.  namespace BLL
2.  {
3.      public class MemberManage
4.      {
5.          public DataTable GetAllMembers()
6.          {
7.              try
8.              {
9.                  MemberService memberdal = new MemberService();
10.                  return memberdal.GetAllMembers() ;
11.             }
12.             catch (Exception ex)
13.             {
14.                 throw new Exception(ex.ToString());
15.             }
16.         }
17.     }
18. }
```

步骤五：在表示层 StuClubApp 项目中，添加窗体 FrmMemberManage，窗体界面参照任务 4.7 中的图 4-7-1。从工具箱中“数据”一栏中选中 DataGirdView 控件，将其拖放至窗体上，并命名为 gvMember，用它取代原有窗体中的列表框控件，如图 5-4-3 所示。

在项目 4 中制作过窗体 FrmMemberManage，因此可以采用添加现有项的方法，将已有文件添加到当前的项目中，后面的开发过程中如遇类似情况都可以采用这个方法，以避免重复操作，提高效率。

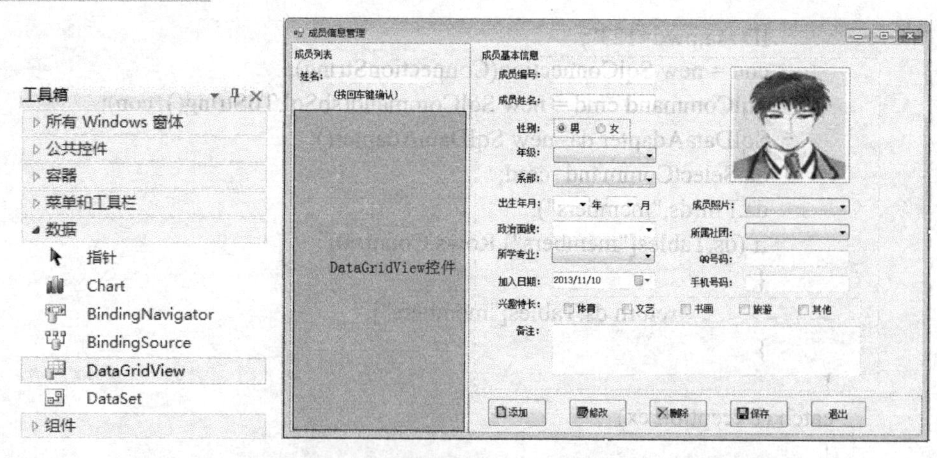

图 5-4-3 工具箱及"社团成员管理"界面中的 DataGirdView 控件

步骤六：在窗体 FrmMemberManage 的 Load 事件过程中编写代码，加载社团成员数据（暂为管理员权限，显示所有）。代码如下：

```
1. private void FrmMemberManage_Load(object sender, EventArgs e)
2. {
3.         //加载社团成员列表
4.         MemberManage memberbll = new MemberManage();
5.         if (FrmLogin.role == "管理员")
6.         {
7.                 gvMember.DataSource = memberbll.GetAllMembers();
8.         }
9. }
```


在上面的代码中，通过调用业务逻辑层的 GetAllMembers()方法，查询成员表 tb_member 中的所有数据，并作为了数据网格控件的数据源显示在窗体中。运行程序，仔细观察发现了一些不足，例如，我们只需要成员编号和姓名两项，而数据网格控件中则显示了太多的数据；数据列的标题直接显示了数据表的字段名称，很不直观。步骤七的操作就是来解决这些问题的。

步骤七：进入窗体 FrmMemberManage 的设计视图，选中 DataGirdView 控件，单击控件右上角的□按钮，在快捷面板中单击"编辑列"命令，打开"编辑列"对话框，如图 5-4-5 所示。

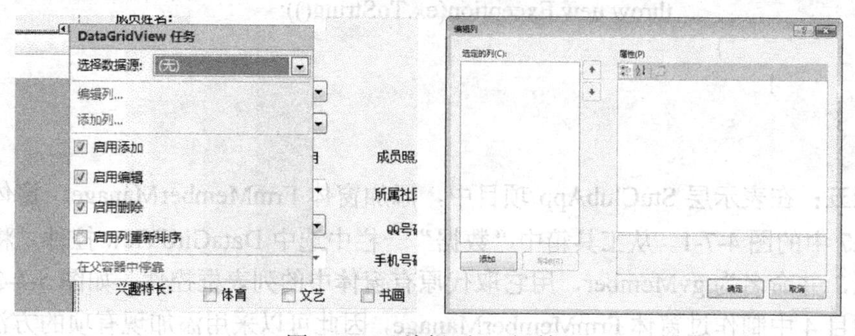

图 5-4-4 "编辑列"对话框

单击"添加"按钮，在"添加列"对话框中，输入列名和页眉文本，如图 5-4-5 所示。这里添加两个列：columMemberid 和 columName。

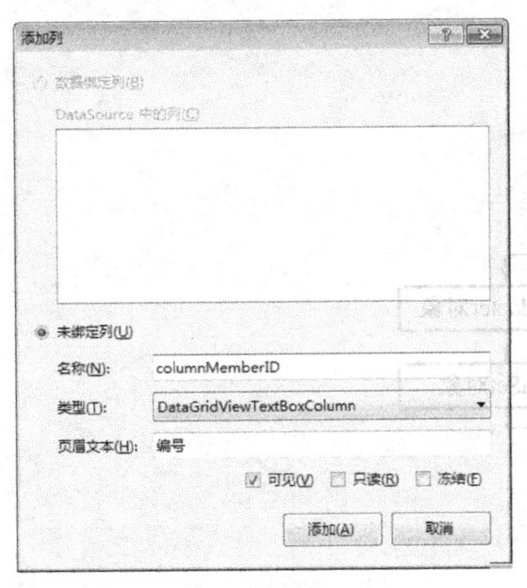

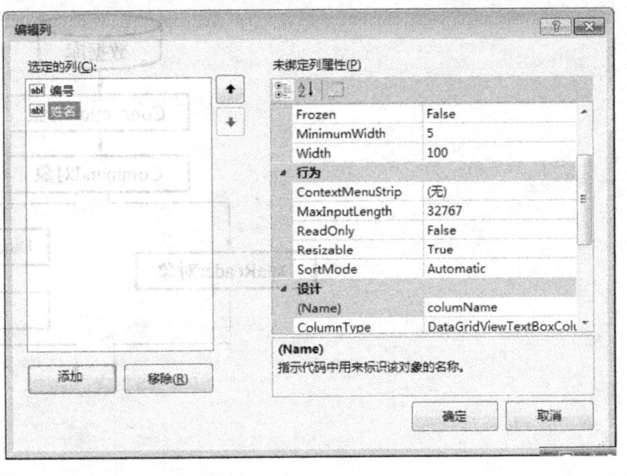

图 5-4-5 “编辑列”对话框

继续在窗体 FrmMemberManage 的 Load 事件过程中添加代码：

```
columMemberid.DataPropertyName = "memberid";
columName.DataPropertyName = "name";
```

步骤八： 保存并运行程序，运行结果如图 5-4-6 所示。

图 5-4-6 程序运行结果

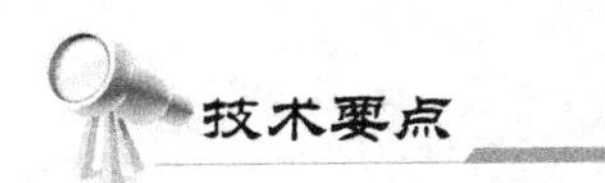

1. ADO.NET 的两种数据访问模式

ADO.NET 框架支持两种模式的数据访问：连接模式（Connected）和非连接模式（disconnected）。连接模式是指应用程序在数据库访问期间，数据库和 PC 端一直保持连接状态，即建立的连接一直处于打开状态。非连接模式是指应用程序可以在没有打开连接时在内存中操作数据。DataAdapter 通过管理连接为无连接模式提供服务，当要从数据库中查询数据时，DataAdapter 打开一个连接，填充指定的 DataSet，等数据读取完马上自动关闭连接，然后可以对数据做修改，再次使用 DataAdapter 打开连接，持久化修改（无论是更新，删除或是更新），最后自动关闭连接。两种模式的示意图如图 5-4-7 所示。

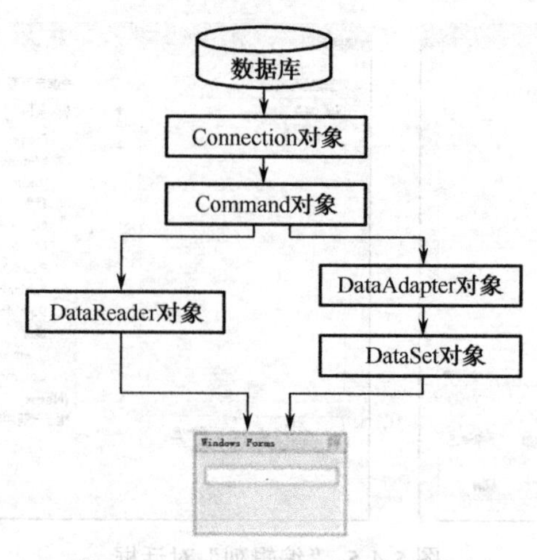

图 5-4-7　ADO.NET 两种访问模式

2. SqlDataAdapter 对象

SqlDataAdapter 类也位于 System.Data.SqlClient 命名空间中，是一个不可继承的类。它是数据库和 DataSet 数据集之间的桥接器。SqlDataAdapter 类通过连接把 SQL 语句发送给 SqlServer（数据提供程序）处理后，提供器再通过连接将处理的结果返回给 SqlDataAdapter，如图 5-4-8 所示。返回结果或者是检索到的数据，或者是请求成功或失败的信息，然后，SqlDataAdapter 使用返回的数据生成 DataSet 对象。

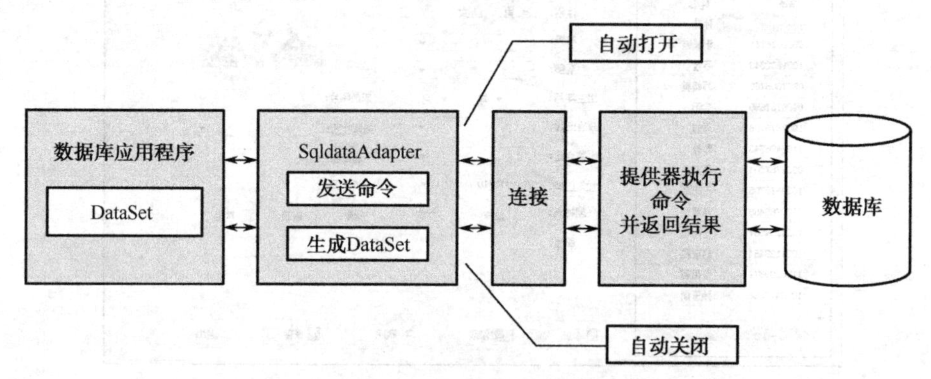

图 5-4-8　DataAdapter 在非连接模式中的作用

（1）创建 SqlDataAdapter 对象的语法形式为：

```
SqlDataAdapter　对象名 =new　SqlDataAdapter ();
```

SqlCommand 类的常用构造函数如下。

SqlCommand()　带参构造函数的语法形式为：

```
SqlDataAdapter (string selectCommandText，SqlConnection selectConnection )
```

参数　selectCommandText 为 SELECT 语句或存储过程，selectConnection 为连接对象。

```
SqlDataAdapter (SqlCommand selectCommand);
```

参数　selectCommand 为命令对象。

（2）SqlDataAdapter 对象的常用属性。

SelectCommand：指定某命令对象以便从数据存储区检索行。

InsertCommand：指定某命令对象以便向数据存储区插入行。

UpdateCommand：指定某命令对象以便修改数据存储区中的行。

DeleteCommand：指定某命令对象以便从数据存储区删除行。

（3）SqlDataAdapter 对象的常用方法。

Fill()方法：该方法用于把从数据源中选取的行添加到数据集中。

重载的 Fill()方法的语法形式为：

```
int Fill (DataSet dataSet)
```

该方法用于将返回的数据记录填充到 DataSet 对象，返回值为成功添加或刷新的行数。

```
int Fill (DataTable dataTable)
```

该方法用于将返回的数据记录填充到 DataTable 对象中，返回值为成功添加或刷新的行数。

```
int Fill (DataSet dataSet, string srcTable)
```

该方法用于将返回的数据记录填充到 DataSet 对象中，srcTable 为要填充的数据表指定表名，返回值为成功添加或刷新的行数。

3. DataSet 数据集

DataSet 类（System.Data）是 ADO.NET 的主要成员之一，它是从数据库中检索到的数据在内存中的缓存，代表了一个或多个数据库表中数据的非连接视图，类似于一个简化的关系数据库。

DataReader 对象每次只读取一行数据到内存中，如果要查询 10 条数据，就要从数据库中读取 10 次，并且这个读数据的过程中一直要保持和数据库的连接，给服务器增加了很大的负担。DataSet（数据集）就像工厂中的临时仓库，我们可以将读取的数据放到临时仓库中，也就是将数据缓存到本地，这样客户端与服务器就不需要一直保持连接了，大大减轻了服务器的负担。

数据集不直接与数据库关联，它和不同数据库之间的相互作用都是通过.NET 提供程序来完成的，所以数据集是独立于各种数据库的。

（1）数据集的结构。数据集的结构类似于关系数据库的结构，如图 5-4-9 所示。它公开表、行和列的分层对象模型，也包含约束和关系等对象。DataSet 类代表数据集，包含 Tables 集合和 DataRelation 对象的 Relations 集合，DataTable 类包含数据行 Row 集合、数据列的 Column 集合。

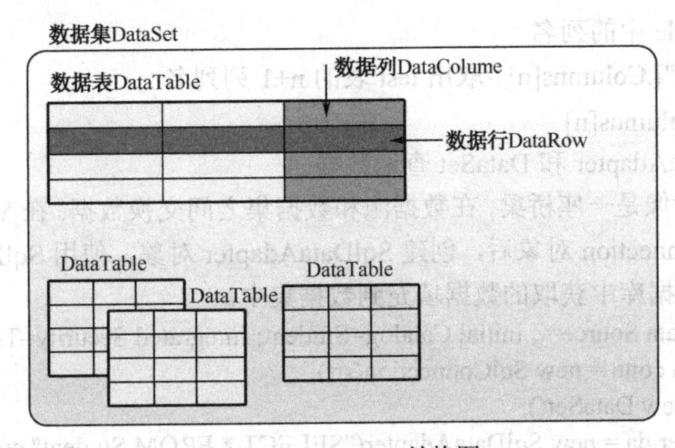

图 5-4-9　DataSet 结构图

（2）创建和访问数据集对象的语法形式如下：

```
DataSet 对象名= new DataSet();
```

DataSet 对象的常用属性如下。

Tables　表示DataSet对象中DataTable对象的集合，一个DataSet可以包含多个Table。例如：

```
DataSet ds = new DataSet();
ds.Tables[0]
ds.Tables["records"]
```

DataSet 对象的常用方法如下。

Clear()方法：用于删除 DataSet 中所有表中的所有行。

Clone()方法：用于复制 DataSet 的结构，但不复制数据。

Copy()方法：用于复制 DataSet 的结构和数据。

AcceptChanges()方法：用于修改的记录保存到数据库后，同步 DataSet 和数据库。

（3）访问 DataSet 中的表、行和列值。

- 访问每个 DataTable

按表名访问：ds.Tables["test"] //指定 DataTable 对象 test（即访问 DataSet 中名为 test 的 DataTable）。

按索引（索引基于 0 的）访问：ds.Tables[0] //指定 DataSet 中的第一个 DataTable。

- 访问 DataTable 中的行

ds.Tables["test"].Rows[n] //访问 test 表 的第 n+1 行（行的索引是从 0 开始的）

ds.Tables[i].Rows[n] //访问 DataSet 中的第 i+1 个 DataTable 的第 n+1 列（列的索引从 0 开始）

- 访问 DataTable 中的某个元素

ds.Tables["test"].Rows[n][m] //访问 test 表的第 n+1 行第 m+1 列的元素

ds.Tables[i].Rows[n][m] //访问 DataSet 中的第 i+1 个 DataTable 表的第 n+1 行第 m+1 列的元素

ds.Tables["test"].Rows[n]["name"] //访问 test 表的第 n+1 行 name 列的元素

ds.Tables[i].Rows[n]["name"] //访问 DataSet 中的第 i+1 个 DataTable 表的第 n+1 行 name 列的元素

- 取 DataTable 中的列名

ds.Tables["test"].Columns[n] //取出 test 表的 n+1 列列名

ds.Tables[i].Columns[n]

（4）使用 DataAdapter 和 DataSet 查询数据。

数据适配器就像是一座桥梁，在数据源和数据集之间交换数据。在 Visual Studio 2010 中，创建了 SqlConnection 对象后，创建 SqlDataAdapter 对象，使用 SqlDataAdapter 对象的 Fill 方法，把数据库中获取的数据填充到数据集中。

```
string str = "Data Source=.; Initial Catalog=Student; Integrated Security=True";
SqlConnection conn = new SqlConnection(str);
DataSet ds = new DataSet();
SqlDataAdapter da = new SqlDataAdapter("SELECT * FROM Student",conn);
//调用 Fill 方法时，SqlDataAdapter 会自动打开连接，读取数据后关闭连接
```

```
    da.Fill(ds, "student");
    for (int i=0; i<ds.Tables["student"].Rows.Count;i++)
    {
            Console.WriteLine(ds.Table["student"].Rows[0]["name"].ToString());
    }
```

在本任务步骤三中，通过无参构造方法创建 SqlDataAdapter 对象，设置其 SelectCommand 属性，返回数据表对象 ds.Tables["members"]。

```
18.     SqlDataAdapter da=new SqlDataAdapter();
19.       da.SelectCommand=cmd;
20.       da.Fill(ds,"members");
21.       if (ds.Tables["members"].Rows.Count>0)
22.       {
23.             return ds.Tables["members"];
24.       }
```

4. DataGridView 控件

在数据库项目中，经常需要将查询到的数据显示在用户界面中，常常使用 DataGridView 控件来实现，如图 5-4-10 所示。DataGridView 的功能强大，用起来也相当方便，在大多数情况下，只需设置 DataSource 属性即可。DataGridView 控件用于在一系列行和列中显示数据，这些数据可以取自不同类型的数据源。当我们需要在 Windows 应用程序中显示表格式数据时，可以优先考虑 DataGridView 控件。后面的任务中还将继续介绍关于 DataGridView 控件的使用方法。

	编号	姓名	性别	系部	年级	专业
▶	1001232343	苏佳	女	管理工程系	2010级	电子商务
	0908787655	沈阳	男	管理工程系	2010级	电子商务
	1103406543	郭静	女	管理工程系	2011级	商务英语
*						

图 5-4-10 DataGridView 外观

DataGridView 控件的使用方法如下：

```
string str = "Data Source=.; Initial Catalog=Student; Integrated Security=True";
SqlConnection conn = new SqlConnection(str);
DataSet ds = new DataSet();
SqlDataAdapter da = new SqlDataAdapter("SELECT * FROM Student",conn);
da.Fill(ds, "student");
dataGridView.DataSource=ds.Tables["student"];
```

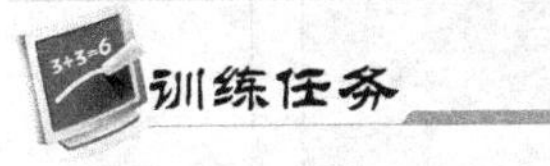

训练任务

1．实现“学生社团管理系统”中“社团管理”、“社团活动管理”窗体中的社团浏览、活动浏览功能，在窗体左侧的数据表格控件中显示出所有的社团列表及活动列表，如图 5-4-11 和图 5-4-12 所示。

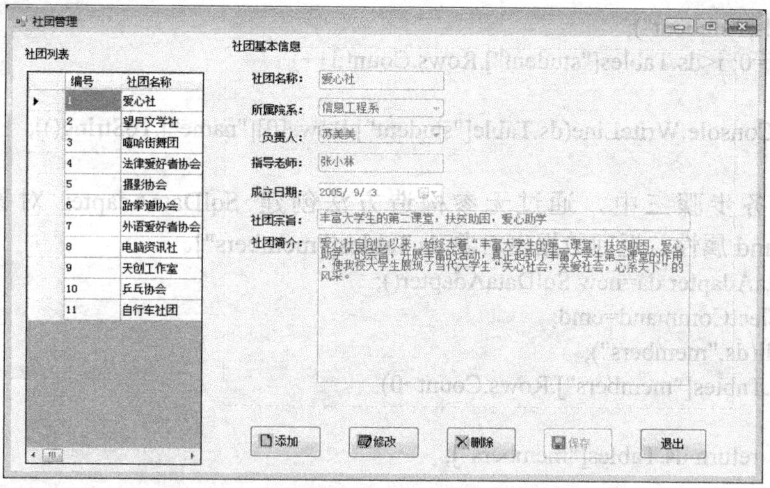

图 5-4-11 “社团管理”窗体中的社团列表

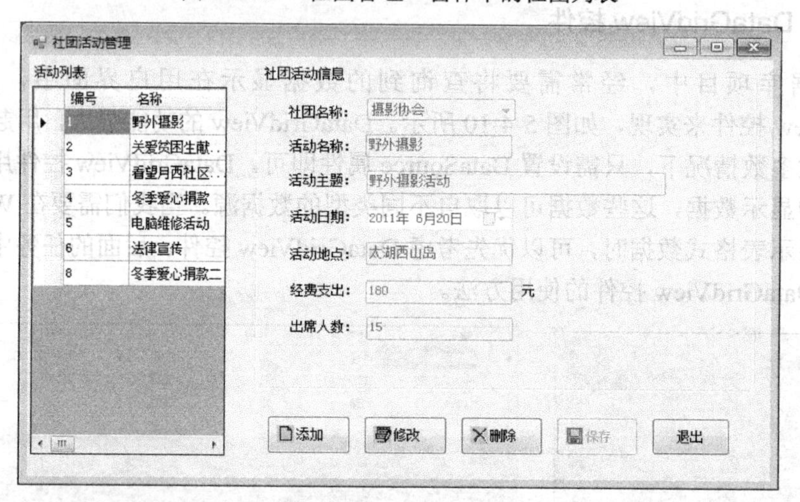

图 5-4-12 “社团活动管理”窗体中的社团活动信息表

2．在“学生社团管理系统”中创建“社团成员查询”、“社团查询”、“活动查询”窗体，实现这些窗体中的信息浏览功能，如图 5-4-13 至图 5-4-15 所示。

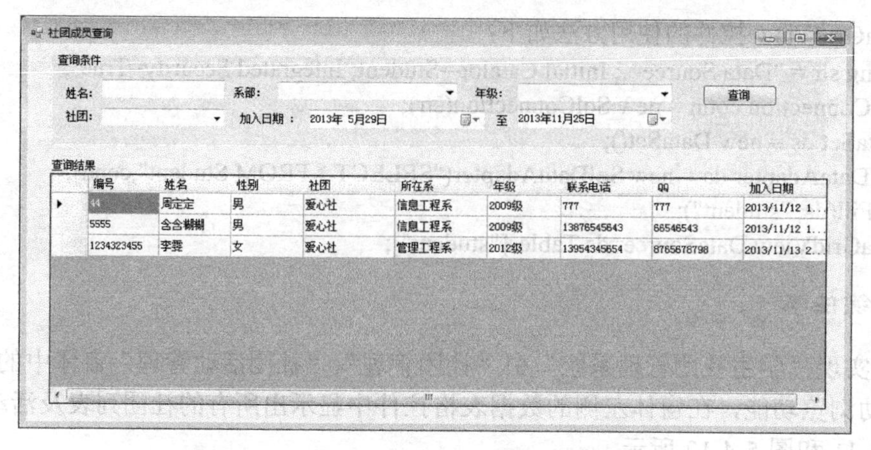

图 5-4-13 “社团成员查询”窗体中的成员列表

社团信息查询

查询条件

社团名称　　所属系部　　查 询

社团名称	所属系部	负责人	指导老师	成立日期	社团宗旨	社团简介
电脑资讯社	信息工程系		丁沛	2009/3/5	同心同德，协作创新；普及电脑...	电脑资讯社成
天创工作室	信息工程系		吴月天	2008/6/30	给生活上色，让生命多彩	天创工作室是
爱心社	信息工程系	苏美美	张小林	2005/9/3	丰富大学生的第二课堂，扶贫助...	爱心社自创立
嘻哈街舞团	信息工程系	翰胡	周雪娟	2005/9/3	舞动青春，扬我风采	成立于 2005
法律爱好者协会	信息工程系	李雯	莫慧英	2009/3/4	宏扬法制精神、普及法律知识、...	法律爱好者协
自行车社团	电子工程系		李佳	2013/11/3 21:05	健康第一	健康好身体
摄影协会	电子工程系	苏佳	朱强	2009/3/5	为了更好的宣传学院和记录学院...	科技学院摄影
跆拳道协会	电子工程系		宋伟明	2009/8/4	强身健体，磨练意志，增强个人...	正式成立于 2
乒乓协会	电子工程系		周定	2013/11/19 2...	锻炼身体	锻炼
望月文学社	管理工程系	李贤波	罗伟	2005/9/3	深耕文学、发展艺术、同心协力...	望月文学社隶
外语爱好者协会	管理工程系		李雪茹	2010/4/5	Make Every Word Dancing!	

图 5-4-14 “社团查询”窗体中的社团列表

浏览活动信息

查询条件

活动名称　　社团名称　　活动地点　　查 询

活动编号	活动名称	社团名称	地点	日期
1	野外摄影	摄影协会	太湖西山岛	2011/6/20
2	关爱贫困生献爱心活动	爱心社	教学A楼前广场	2011/9/17
3	看望月西社区养老院孤老	爱心社	月西社区养老院	2011/10/8
4	冬季爱心捐款	爱心社	大学生活动中心前广场	2012/3/17
5	电脑维修活动	电脑资讯社	友联社区	2012/3/5
6	法律宣传	法律爱好者协会	彩香社区	2012/8/7
8	冬季爱心捐款二	爱心社	大学生活动中心前广场	2012/3/17

图 5-4-15 “社团活动查询”窗体中的活动列表

任务 5.5　成员注册（一）

任务目标

在本任务中，我们将实现“社团成员管理”的中的成员注册功能，也就是将成员的信息添加至数据库中。在录入成员信息的时候，有些信息需要从文本框直接录入，如学号、姓名等；有些信息可以从单选按钮、复选框中选择，如性别，兴趣爱好，一般来说，这些选项比较固定；还有些信息也是系统提供的选项，但是这些选项往往是动态变化的，如学校的专业列表、社团列表等，因此它们常常被保存在数据库中，需要从数据库加载到窗体中，本任务就将实现这些动态数据选项的加载功能，如图 5-5-1 所示，为成员注册功能的实现做好铺垫。

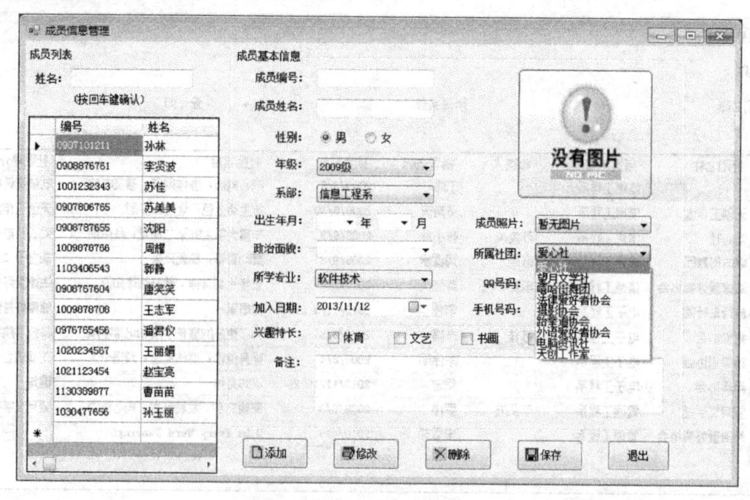

图 5-5-1　成员信息选项

任务分析

本任务需要实现组合框控件（如社团、年级、系部）中数据的加载，这些数据存储在 tb_department、tb_grade 等数据表中，如图 5-5-2 所示。通过非连接模式将数据存储在数据集 DataSet 对象中，并将它作为数据源实现与控件的数据绑定，通过该任务的完成，一起了解.NET 中的数据绑定技术。

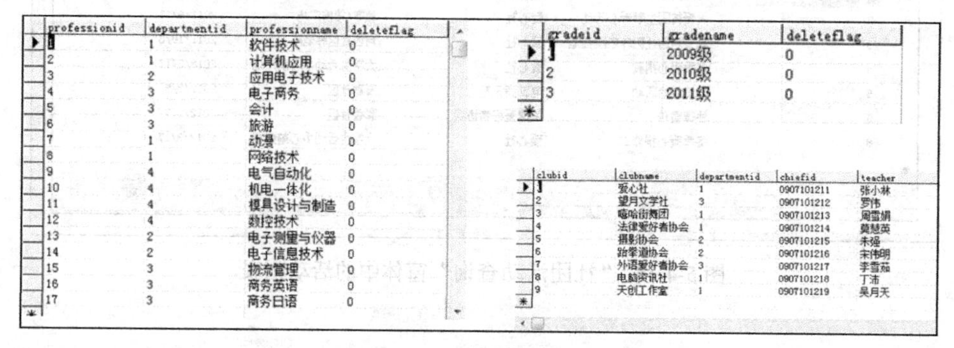

professionid	departmentid	professionname	deleteflag
1	1	软件技术	0
2	1	计算机应用	0
3	2	应用电子技术	0
4	3	电子商务	0
5	3	会计	0
6	3	旅游	0
7	1	动漫	0
8	1	网络技术	0
9	4	电气自动化	0
10	4	机电一体化	0
11	4	模具设计与制造	0
12	4	数控技术	0
13	2	电子测量与仪器	0
14	2	电子信息技术	0
15	3	物流管理	0
16	3	商务英语	0
17	3	商务日语	0

gradeid	gradename	deleteflag
1	2009级	0
2	2010级	0
3	2011级	0

clubid	clubname	departmentid	chiefid	teacher
1	爱心社	1	0907101211	张小林
2	望月文学社	3	0907101212	罗伟
3	嘻哈街舞团	1	0907101213	周雪娟
4	法律爱好者协会	1	0907101214	莫慧英
5	摄影协会	2	0907101215	朱强
6	跆拳道协会	2	0907101216	宋伟明
7	外语爱好者协会	3	0907101217	李雪茹
8	电脑资讯社	1	0907101218	丁沛
9	天创工作室	1	0907101219	吴月天

图 5-5-2　相关数据表

实现过程

步骤一：在 DAL 项目中添加类文件 ClubService.cs、DepartmentService.cs、GradeService.cs 和 ProfessionService.cs，由于每个类中代码类似，此处以 ClubService 类为例，添加方法 GetAllClubs()代码如下，其他类中的方法可参照书写。

```
1.  public class ClubService
2.  {
3.          //获取所有社团信息
4.          public DataTable GetAllClubs()
5.          {
6.                  StringBuilder sbSql = new StringBuilder();
7.                  sbSql.Append("Select ");
8.                  sbSql.Append(" * ");
```

```
9.            sbSql.Append("From tb_club ");
10.           sbSql.Append(" Where tb_club.DeleteFlag='0' ");
11.           DataSet ds = new DataSet();
12.           SqlConnection con = null;
13.           try
14.           {
15.               string ConnectionString = "Data Source=(local);DataBase=S tudentClubMis;
                  User ID=sa;pwd=123";
16.               con = new SqlConnection(ConnectionString);
17.               SqlCommand cmd = new SqlCommand(sbSql.ToString(), con);
18.               SqlDataAdapter da = new SqlDataAdapter();
19.               da.SelectCommand = cmd;
20.               da.Fill(ds, "clubs");
21.               if (ds.Tables["clubs "].Rows.Count > 0)
22.               {
23.                   return ds.Tables["clubs "];
24.               }
25.           }
26.           catch (Exception ex)
27.           {
28.                   throw new Exception(ex.Message);
29.           }
30.           return null;
31.       }
32. }
```

继续在 ProfessionService 类中添加方法 GetProfessionsByDeptID()，代码如下：

```
public class ProfessionService
{
...
public DataTable GetProfessionsByDeptID(int deptid)
{
        StringBuilder sbSql = new StringBuilder();
        sbSql.Append("Select ");
        sbSql.Append(" * ");
        sbSql.Append("From tb_profession");
        sbSql.Append(" Where tb_profession.DeleteFlag='0'");
        sbSql.Append(" And tb_profession.departmentid=" + deptid);

        DataSet ds = new DataSet();
        SqlConnection con = null;
        try
        {
                string ConnectionString = "Data Source=(local);DataBase= StudentClubMis;
                User ID=sa;pwd=123";
                con = new SqlConnection(ConnectionString);
                SqlCommand cmd = new SqlCommand(sbSql.ToString(), con);
                SqlDataAdapter da = new SqlDataAdapter();
```

```
                da.SelectCommand = cmd;
                da.Fill(ds, "professions");
                if (ds.Tables["professions"].Rows.Count > 0)
                {
                    return ds.Tables["professions"];
                }
            }
            catch (Exception ex)
            {
                throw new Exception(ex.Message);
            }
            return null;
        }
    }
```

步骤二：在BLL项目中添加类文件ClubManage.cs、DepartmentManage.cs、GradeManage.cs和ProfessionManage.cs。分别在类中添加GetAllClubs()、GetAllDepartments()等方法，GetAllClubs()方法的代码如下：


```
1.  public class ClubManage
2.  {
3.          public DataTable GetAllClubs()
4.          {
5.                  try
6.                  {
7.                          ClubService clubdal = new ClubService();
8.                          return clubdal.GetAllClubs();
9.                  }
10.                 catch (Exception ex)
11.                 {
12.                         throw new Exception(ex.ToString());
13.                 }
14.         }
15. }
```

在ProfessionManage类中，除了添加GetAllProfessions()方法外，再添加GetProfessionsByID()方法，代码可参照类中的其他方法。

步骤三：在窗体FrmMemberManage的Load事件过程中添加代码，实现对组合框控件与数据源的绑定。

```
1.  int flag=0;
2.  private void FrmMemberManage_Load(object sender, EventArgs e)
3.  {
4.          //DataGirdView 中加载社团成员列表
5.          ...
6.          //加载“社团”组合框控件
7.          ClubManage clubbll = new ClubManage();
8.          cmbClub.DataSource = clubbll.GetAllClubs();
9.          cmbClub.DisplayMember = "clubname";
10.         cmbClub.ValueMember = "clubid";
```

```
11.    ...
...    ...
16.    //加载“系部”组合框控件
17.    DepartmentManage departmentbll = new DepartmentManage();
18.    cmbDepartment.DataSource = departmentbll.GetAllDepartments();
19.    cmbDepartment.DisplayMember = "departmentname";
20.    cmbDepartment.ValueMember = " departmentid";
21.    flag=1;
22. }
```

步骤四：双击 cmbDepartment 控件，在默认事件 cmbDepartment_ SelectedIndexChanged 过程中添加代码，实现系部与专业的动态关联。

```
private void cmbDepartment_SelectedIndexChanged(object sender, EventArgs e)
{
ProfessionManage probll = new ProfessionManage();
if (cmbDepartment.SelectedIndex != -1&&flag=1)  //保证窗体加载时不执行
    {
        int deptid = Convert.ToInt32(cmbDepartment.SelectedValue);
        cmbProfession.DataSource = probll.GetProfessionsByDeptID(deptid);
        cmbProfession.DisplayMember = "professionname";
        cmbProfession.ValueMember = "professionid";
    }
}
```

步骤五：保存程序并运行，运行结果见图 5-5-1。至此，完成了社团成员信息选项加载的功能。

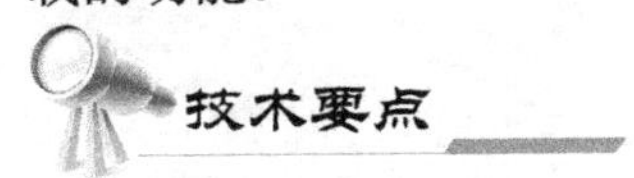

ADO.NET 数据绑定技术

数据绑定技术是把数据集中某个或者某些字段绑定到组件的某些属性的一种技术。具体讲，就是将某个或者某些字段绑定到 TextBox、ListBox、ComBox 等控件的能够显示数据的属性上。当完成数据绑定后，其显示字段的内容将随着数据记录指针的变化而变化。这样，程序员就可以定制数据显示方式和内容，从而为以后的数据处理做好准备。通过数据绑定技术，也可以十分方便地对已经打开的数据集中的记录进行浏览、删除、插入等具体的数据操作、处理。

数据绑定分为简单数据绑定和复杂数据绑定两种。下面介绍如何用 C#实现这两种类型的绑定。

（1）简单绑定。所谓简单绑定是指将一个控件绑定到单个数据元素，这种绑定一般使用在显示单个值的控件上，如：TextBox 控件和 Label 控件。事实上，控件的任何属性都可以绑定到数据库中的字段。

例如：下面的代码说明了如何将数据集 ds 的 student 表中的 StudentID 字段绑定到文本框的 Text 属性上。

```
txtStudentID.DataBingdings.Add(“Text”,ds, “student.StudentID”);
```

代码中的 Add 方法中传递三个参数给 Binding 对象，其中第一个参数是指要绑定的属性名，第二个参数是指数据源，第三个参数是指要绑定的数据列，将数据表字段。上面的代码也可以写成：

```
txtStudentID.DataBingdings.Add("Text",ds.Tables["student"], "StudentID");
```

（2）复杂绑定。复杂绑定是指将一个控件绑定到多个数据元素，这种绑定一般使用在能显示多个值的控件上，如：ComBox 控件、ListBox 控件等。在本任务中，年级列表、社团列表的显示均采用了复杂数据绑定。ComBox 控件、ListBox 控件等控件的复杂绑定的方式为：

```
控件名.DataSource=数据源名称;
控件名.DisplayMember=字段名;
控件名.ValueMember=字段名;
```

其中，DataSource 属性是指要绑定的数据源，一般为数据集或数据表，在 Windows 窗体中，凡是能够进行复杂数据绑定的控件，必定都有一个 DataSource 属性，要建立复杂数据绑定，就需设定该控件的 DataSource 属性；DisplayMember 属性是指在控件中显示的文本；ValueMember 是指显示文本所对应的使用值，例如本任务中为社团列表控件进行数据绑定的语句：

```
cmbClub.DataSource = clubbll.GetAllClubs();
cmbClub.DisplayMember = "clubname";
cmbClub.ValueMember = "clubid";
```


那么，在“社团成员管理”窗体的 cmbClub 控件中显示出所有社团的名称，而列表每一项文本也对应了其编号，这为接下来显示社团成员详细信息、添加成员、修改成员信息功能的实现都提供了极大的方便。

拓展学习

创建 SQLHelper 类

在本任务中，在数据访问层 DAL 的多个类中定义了功能类似的方法，如 GetAllClubs()、GetAllDepartments()等，它们都从创建连接开始，最后执行查询，返回数据表对象，这里存在大量的代码冗余，程序的可维护性差。我们可以创建一个 SQLHelper 类，它是一个数据库操作助手类，用于避免重复地去写数据库连接 SqlConnection，创建 SqlCommand、SqlDataReader 等。通常只需要给方法传入一些参数，如 SQL 参数等，就可以访问数据库了，十分方便。本任务中创建了多个方法实现不同的查询，我们可以在 SQLHelper 类中定义下面的方法。

```
/***********************************
 * 类名：SQLHelper
 * 功能描述：提供有关访问数据库的基本操作
 * ***********************************/
namespace DAL
{
    class SQLHelper
    {
        //数据库连接字符串
        public static readonly string ConnectionString = "data source=(local);initial catalog
=StudentClubMis;user id=sa;pwd=123";
```

```
/// <summary>
/// 实现查询
/// </summary>
/// <param name="strSQL">查询字符串</param>
/// <returns>返回 DataTabel 对象</returns>
public static DataTable ExecuteQuery(string strSQL)
{
    SqlConnection conn = new SqlConnection(ConnectionString);
    try
    {
        SqlDataAdapter adapter = new SqlDataAdapter(strSQL, conn);
        DataSet ds = new DataSet();
        adapter.Fill(ds);
        return ds.Tables[0];
    }
    catch (Exception ex)
    {
        throw new Exception(ex.Message);
    }
    finally
    {
        if (conn.State == ConnectionState.Open)
            conn.Close();
    }
}
/// <summary>
/// 实现查询
/// </summary>
/// <param name="strSQL">查询字符串</param>
/// <param name="para">参数数组</param>
/// <returns>返回 DataTablel 对象</returns>
public static DataTable ExecuteQuery(string strSQL, SqlParameter[] para)
{
    SqlConnection conn = new SqlConnection(ConnectionString);

    try
    {
        SqlCommand cmd = new SqlCommand(strSQL, conn);
        cmd.Parameters.AddRange(para);
        SqlDataAdapter adapter = new SqlDataAdapter(cmd);
        DataSet ds = new DataSet();
        adapter.Fill(ds);
        return ds.Tables[0];
    }
    catch (Exception ex)
    {
        throw new Exception(ex.Message);
```

```
            }
            finally
            {
                if (conn.State == ConnectionState.Open)
                    conn.Close();
            }
        }
    }
}
```

在后面的任务中，将逐步完善该类。

任务 5.6　成员注册（二）

任务目标

在本任务中，将完全实现“社团成员管理”的成员注册功能。在程序运行时，单击“添加”按钮后，用户可以在窗体右部控件中填写或选择成员的基本信息，单击“保存”按钮，将成员信息存储到数据库中，界面如图 5-6-1 所示。

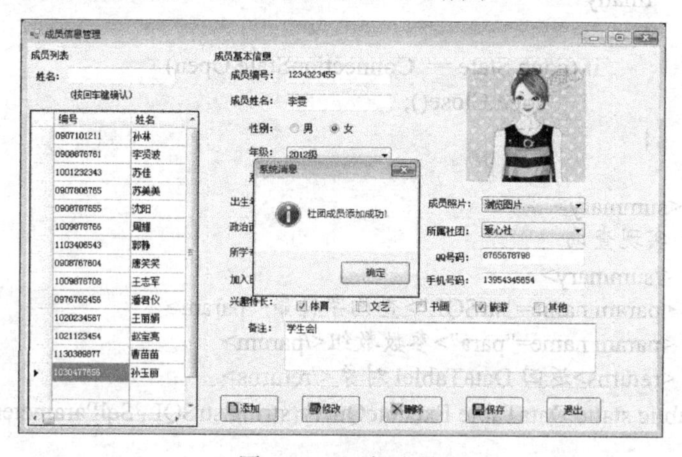

图 5-6-1　添加成员

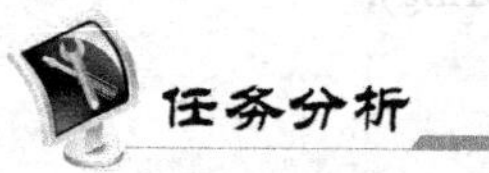

任务分析

本任务的核心功能是向数据库添加数据，可以使用 ADO.NET 的连接模式来实现，在 Connection 对象建立数据库连接后，通过执行 Command 对象的 ExecuteNonQuery()方法实现添加，当然修改、删除操作也同样如此。由于成员的信息很多，我们将从控件中获得信息封装成对象后传入相关方法。注意，由于数据库字段采用了 Image 类型，保存成员照片时，要做一些特殊的处理，详见本任务后面的拓展学习。

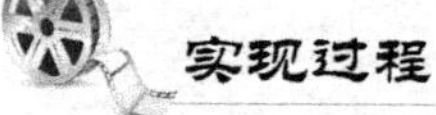

实现过程

步骤一： 完善 SqlHelper 类。

在前一个任务的“拓展学习”部分，已创建了一个名为 SqlHelper 类，实现了根据

SQL 语句查询并返回数据表对象的自定义方法 ExecuteQuery()，但是，这个方法不适合用于数据库的增、删、改操作，因此，添加两个重载的自定义静态方法，名为 ExecuteNonQuery()，用来执行 Insert、Update 等非查询类语句。方法声明如下：

```
/// <summary>
/// 执行非查询指令
/// </summary>
/// <param name="strSQL">SQL 语句</param>
/// <returns>影响的行数</returns>
public static int ExecuteNonQuery(string strSQL)
{
    SqlConnection con = new SqlConnection(ConnectionString);
    con.Open();
    try
    {
        SqlCommand cmd = new SqlCommand(strSQL, con);
        return (cmd.ExecuteNonQuery());
    }
    catch (Exception ex)
    {
        throw new Exception(ex.Message);
    }
    finally
    {
        if (con.State == ConnectionState.Open)
        {
            con.Close();
        }
    }
}
// <summary>
/// 执行非查询指令
/// </summary>
/// <param name="strSQL">SQL 语句</param>
/// <param name="para">参数数组</param>
/// <returns>影响的行数</returns>
public static int ExecuteNonQuery(string strSQL, SqlParameter[] para)
{
    SqlConnection con = new SqlConnection(ConnectionString);
    con.Open();
    try
    {
        SqlCommand cmd = new SqlCommand(strSQL, con);
        cmd.Parameters.AddRange(para);
        return (cmd.ExecuteNonQuery());
    }
    catch (Exception ex)
    {
```

```
                throw new Exception(ex.Message);
            }
            finally
            {
                if (con.State == ConnectionState.Open)
                {
                    con.Close();
                }
            }
        }
```

步骤二：打开 MemberService 类，完善类中的 AddMember()方法，方法中调用了 SqlHelper 类中的 ExecuteNonQuery(string strSQL, SqlParameter[] para)方法。

```
        public bool AddMember(ClubMember member)
        {
                StringBuilder sbSql = new StringBuilder();
                sbSql.Append(" Insert into tb_Member");
                sbSql.Append(" ( ");
                sbSql.Append(" memberid, ");
                sbSql.Append(" clubid, ");
                sbSql.Append(" departmentid, ");
                sbSql.Append(" professionid, ");
                sbSql.Append(" gradeid, ");
                sbSql.Append(" name, ");
                sbSql.Append(" sex, ");
                sbSql.Append(" birthday, ");
                sbSql.Append(" political, ");
                sbSql.Append(" phone, ");
                sbSql.Append(" qq, ");
                sbSql.Append(" picture, ");
                sbSql.Append(" joindate, ");
                sbSql.Append(" hobbies, ");
                sbSql.Append(" memo, ");
                sbSql.Append(" ischief");
                sbSql.Append(" ) ");
                sbSql.Append(" Values ");
                sbSql.Append(" ( ");
                sbSql.Append("@memberid,");
                sbSql.Append("@clubid,");
                sbSql.Append("@departmentid,");
                sbSql.Append("@professionid,");
                sbSql.Append("@gradeid,");
                sbSql.Append("@membername,");
                sbSql.Append("@sex,");
                sbSql.Append("@birthday,");
                sbSql.Append("@political,");
                sbSql.Append("@phone,");
                sbSql.Append("@qq,");
```

```
            sbSql.Append("@pic,");
            sbSql.Append("@joindate,");
            sbSql.Append("@hobbies,");
            sbSql.Append("@memo,");
            sbSql.Append("@ischief");
            sbSql.Append(" ) ");
            SqlParameter[] para = new SqlParameter[16];
            para[0] = new SqlParameter("@memberid", member.MemberID);
            para[1] = new SqlParameter("@clubid", member.ClubID);
            para[2] = new SqlParameter("@departmentid", member.DepartmentID);
            para[3] = new SqlParameter("@professionid", member.ProfessionID);
            para[4] = new SqlParameter("@gradeid", member.GradeID);
            para[5] = new SqlParameter("@membername", member.MemberName);
            para[6] = new SqlParameter("@sex", member.Sex);
            para[7] = new SqlParameter("@birthday", member.Birthday);
            para[8] = new SqlParameter("@political", member.Political);
            para[9] = new SqlParameter("@phone", member.Phone);
            para[10] = new SqlParameter("@qq", member.QQ);
            para[11] = new SqlParameter("@pic", member.Pic);
            para[12] = new SqlParameter("@joindate", member.JoinDate);
            para[13] = new SqlParameter("@hobbies", member.Hobbies);
            para[14] = new SqlParameter("@memo", member.Memo);
            para[15] = new SqlParameter("@ischief", member.Ischief ? 1 : 0);
        try
            {
                int n = SQLHelper.ExecuteNonQuery(sbSql.ToString(), para);
                if (n > 0)
                    return true;
                else
                    return false;
            }
            catch (Exception ex)
            {
                throw new Exception(ex.Message);
            }
    }
```

步骤三：在 MemberManage 类中添加方法 AddMember()，调用数据层添加成员的方法。这里省略了代码，读者可以自行完成代码。

步骤四：在 FrmMemberManage 窗体类中定义窗体级变量 op，记录当前操作，定义变量 picPath，保存照片的路径，默认的照片名为 nopic.jpg。

```
string op = "";
string picPath = "nopic.jpg";
```

添加自定义方法 ImageToStream(string fileName)，把指定文件名图片转化为二进制流 byte[]。方法声明如下：

```
private byte[] ImageToStream(string fileName)
{
```

```
        Bitmap image = new Bitmap(fileName);
        MemoryStream stream = new MemoryStream();
        image.Save(stream, System.Drawing.Imaging.ImageFormat.Bmp);
        return stream.ToArray();
    }
```

在“添加”按钮的 Click 事件过程中写赋值语句：op = "添加";。在“保存”按钮的 Click 事件过程中添加真正保存数据的代码：

```
    private void btnSave_Click(object sender, EventArgs e)
    {
        #region 保存添加信息
        if (string.IsNullOrEmpty(txtMemberID.Text.Trim()) ||
        string.IsNullOrEmpty(txtName.Text.Trim()))
        {
            MessageBox.Show("请输入成员编号和成员名称！","系统消息",
            MessageBoxButtons. OK, MessageBoxIcon.Information);
                return;
        }
            if (op == "添加")
            {
                ClubMember member = new ClubMember();     //创建成员对象
                member.MemberID = txtMemberID.Text.Trim();
                member.MemberName = txtName.Text.Trim();
                member.ClubID = Convert.ToInt32(cmbClub.SelectedValue);
                member.DepartmentID = Convert.ToInt32 (cmbDepartment.
                SelectedValue);
                member.GradeID = Convert.ToInt32(cmbGrade.SelectedValue);
                member.ProfessionID = Convert.ToInt32(cmbProfession.SelectedValue);
                member.Political = cmbPolitical.Text.Trim();

                member.Pic = ImageToStream(picPath);
                if (cmbBornYear.Text.Trim() != "" && cmbBornMonth.Text != "")
                {
                    member.Birthday = Convert.ToDateTime(cmbBornYear.Text.Trim()
                    + "-" + cmbBornMonth.Text.Trim());
                }
                if (rdoBoy.Checked)   {     member.Sex = "男";     }
                if (rdoGirl.Checked)   {     member.Sex = "女";     }
                string hobbies = "";
                if (chkSports.Checked) {   hobbies += chkSports.Text + ";";   }
                if (chkLiterature.Checked) {   hobbies += chkLiterature.Text + ";";   }
                if (chkTravel.Checked)    {    hobbies += chkTravel.Text + ";";    }
                if (chkDrawing.Checked)    {   hobbies += chkDrawing.Text + ";";   }
                if (chkOthers.Checked)      {     hobbies += chkOthers.Text + ";";    }
                member.Hobbies = hobbies;
                member.JoinDate = Convert.ToDateTime(dtJoyDate.Value);
                member.Phone = txtMobilePhone.Text.Trim();
                member.QQ = txtQQ.Text.Trim();
```

```
                member.Memo = txtMemo.Text.Trim();
                member.Ischief = false;
              MemberManage memberbll = new MemberManage();
          if (memberbll.AddMember(member))
                {
                    MessageBox.Show("社团成员添加成功", "系统消息",
                    MessageBoxButtons.OK, MessageBoxIcon.Information);
                }
            }
        #endregion
    }
```

步骤五：保存程序并运行，运行结果如图 5-6-1 所示。

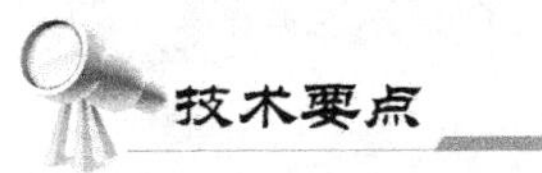

技术要点

1. 参数化查询

在本任务中，数据访问层 MemberService 类中的 AddMember()方法时，采用了参数化查询方法。下面具体介绍参数化查询。

参数化查询（Parameterized Query）是指在设计与数据库链接并访问数据时，在需要填入数值或数据的地方，使用参数（Parameter）来给值，这个方法目前已被视为可预防 SQL 注入攻击最有效的防御方式。那么，如何灵活应用参数化查询呢？

有如下的 SQL 语句：

```
select FirstName from Customers where CustomerID=@CustomerID
```

为使 ADO.NET 能够移植@CustomerID 参数，只需简单建立一个正常的 SqlParameter，并将它加入到当前命令的 SqlCommand.Parameters 集中。下面是完整的代码：

```
string strsql= "select FirstName from Customers where CustomerID=@CustomerID" ;
SqlCommand cmd=new SqlCommand(strsql, connection);
SqlParameter parameter=new SqlParameter("@CustomerID", "123454");
cmd.Parameters.Add(parameter);
SqlDataReader reader=cmd.ExecuteReader();
```

如果在 SQL 语句中的参数个数比较多，可以使用参数数组。如下面的例子：

```
SqlParameter[] parms = new SqlParameter[]
 {
       new SqlParameter("@Username", SqlDbType.NVarChar,20),
       new SqlParameter("@Password", SqlDbType.NVarChar,20),
 };
 SqlCommand cmd = new SqlCommand(sqlStr, conn);
 parms[0].Value = loginId; // 依次给参数赋值
 parms[1].Value = loginPwd;
foreach (SqlParameter parm in parms) //将参数添加到 SqlCommand 命令中
{
     cmd.Parameters.Add(parm);
}
```

参数化查询主要应用于需要执行的创建、查询、更新与删除操作。虽然参数化查询在许多情况下应用起来十分方便，如果应用得当，能够显著提高开发效率。但在复杂的数据操作逻辑中不建议使用。

2. Command 对象的方法

ExecuteNonQuery 方法是 Command 对象的常用方法之一，它用于执行诸如与 UPDATE、INSERT 和 DELETE 语句有关的操作，在这些情况下，方法的返回值是命令影响的行数。例如执行 INSERT 操作，如果成功插入一条记录，将返回值 1，否则返回 0，可以通过该方法的返回值来判断是否操作成功。SQLHelper 类中的 ExecuteNonQuery()方法的返回值就是调用 cmd 对象的 ExecuteNonQuery()方法后的返回值。

拓展学习

C#文件的读写

在本任务中，社团成员照片的保存方法是使用 C#的流技术将图片文件转换成二进制的数据格式，然后存储在数据库 Image 类型的字段 picture 中，这里简单介绍 C#中的流。

计算机中的流是一种信息的转换。很多应用程序的基本任务是操作数据，这就需要对数据进行访问和保存，即对数据进行读/写操作，用程序访问一个文件（如文本文件、图片文件）的操作叫做“读”，读出流中的数据并把数据放在另一种数据结构（比如数组）中；对文件内容进行修改后保存的操作被称为“写”。C#提供了一个名为 System.IO 的名称空间，用于对文本和流进行处理。IO 名称空间包括的类主要用于对文件和数据进行读/写，并提供基本的文件和目录支持，最常用的类介绍如下。

Stream 类：流的基类，定义流的基本操作。

FileStream 类：用于对文件执行读/写操作，支持同步和异步读/写。

MemoryStream 类：无缓存的流，该流以内存作为数据流。

NetWorkStream 类：以网络为数据源的流，可以通过此流发送或接收网络数据。

TextReader 类：StreamReader 对象的抽象基类，定义基本字符读取操作。

TextWriter 类：StreamWriter 对象的抽象基类，定义基本字符写入操作。

StreamWriter 类：向流写入字符。

StreamReader 类：实现从流读取字符操作。

下面的例子是将文本文件的内容输出到控制台。

```
using System;
using System.IO;
...
static void Main(string[] args)
{
    FileStream fs=new FileStream(“c:\\test.txt”,FileMode.Open);
    long i=fs.Length;
    byte[] b=new byte[i];
    fs.Read(b,0,b.length);
        UTF8Encoding T = new UTF8Encoding(true);
            string data = temp.GetString(b);
            Console.WriteLine(data);
```

```
            fs.Close();
    }
```

通过 Read()方法读文件，也通过 Write()方法写文件。

```
FileStream fs=new FileStream("c:\\test.txt",FileMode.Open);
UTF8Encoding T = new UTF8Encoding(true);
string data = "ABCDEFG";
long i=fs.Length;
byte[] b = T.GetBytes(data);
fs.Write(b,0,b.Length);
fs.Close();
```

训练任务

1．实现“社团管理”窗体中，社团信息的添加、修改和删除功能（注：所有删除操作采用逻辑删除而非物理删除的方法，即修改数据表中的 deleteflag 字段值，值为 1 时表示记录的状态为已删除，值为 0 时为未删除）。

2．实现“社团活动管理”窗体中，社团活动的添加、修改和删除功能。

任务 5.7　查看成员详细信息

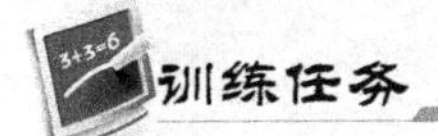

任务目标

在“社团成员管理”窗体中，除了在数据网格中显示成员列表以外，还能通过单击数据网格中的单元格，依次查看每个成员的详细信息，如图 5-7-1 所示。本任务将实现查看成员详细信息功能。

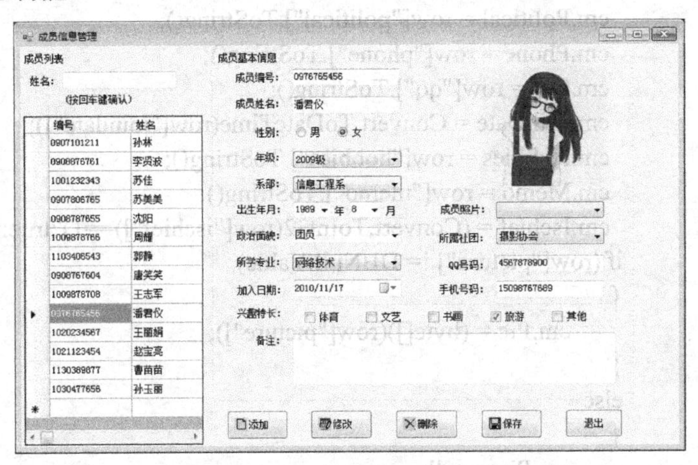

图 5-7-1　社团成员详细信息

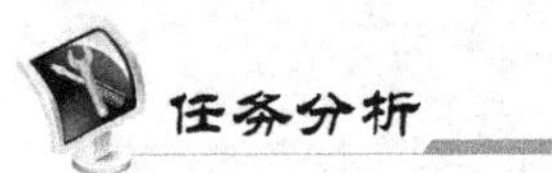

任务分析

本任务的重点是实现成员详细信息的查看，根据用户在数据网格中的选择，将选中的成员信息显示在窗体右侧。我们可以通过 DataGridView 控件的相关属性获得编号，经数据库查询后获得详细信息并显示在窗体右侧的各个控件中。

步骤一： 打开数据访问层 DAL 项目中的 MemberService 类，完善方法 GetMemberByID，根据编号查询成员信息，返回一个 ClubMember 对象，代码如下。

```
1.  public ClubMember GetMemberByID(string id)
2.  {
3.          StringBuilder sbSql = new StringBuilder();
4.          sbSql.Append("Select ");
5.          sbSql.Append(" * ");
6.          sbSql.Append("From tb_member ");
7.          sbSql.Append(" Where    tb_member.DeleteFlag='0' ");
8.          sbSql.Append(" And    tb_member.memberid='"+id+"'");
9.
10. try
11.    {
12.             DataTable dt=SQLHelper.ExecuteQuery(sbSql.ToString());
13.            if (dt.Rows.Count > 0)
14.              {
15.                    DataRow row = dt.Rows[0];
16.                    ClubMember cm = new ClubMember();
17.                    cm.MemberID = row["memberid"].ToString();
18.                    cm.ClubID = Convert.ToInt32(row["clubid"]);
19.                    cm.DepartmentID = Convert.ToInt32(row["departmentid"]);
20.                    cm.ProfessionID = Convert.ToInt32(row["professionid"]);
21.                    cm.GradeID = Convert.ToInt32(row["gradeid"]);
22.                    cm.MemberName = row["name"].ToString();
23.                    cm.Sex = row["sex"].ToString();
24.                    cm.Birthday = Convert.ToDateTime(row["birthday"]);
25.                    cm.Political = row["political"].ToString();
26.                    cm.Phone = row["phone"].ToString();
27.                    cm.QQ = row["qq"].ToString();
28.                    cm.JoinDate = Convert.ToDateTime(row["joindate"]);
29.                    cm.Hobbies = row["hobbies"].ToString();
30.                    cm.Memo = row["memo"].ToString();
31.                    cm.Ischief = (Convert.ToInt32(row["ischief"])==1)?true:false;
32.                  if (row["picture"] != DBNull.Value)
33.                  {
34.                      cm.Pic = (byte[])(row["picture"]);
35.                  }
36.                  else
37.                  {
38.                      cm.Pic = null;
39.                  }
40.                   return cm;
41.              }
42.     }
43.     catch (Exception ex)
44.     {
```

```
45.                 throw new Exception(ex.Message);
46.         }
47.         return null;
48. }
```

步骤二：在业务逻辑层 BLL 项目的 MemberManage 类中，添加方法 GetMemberByID()，调用 DAL 层方法，根据编号返回成员信息，代码如下。

```
public ClubMember GetMemberByID(string id)
{
        try
        {
                MemberService memberdal = new MemberService();
                return memberdal.GetMemberByID(id);
        }
        catch (Exception ex)
        {
                throw new Exception(ex.ToString());
        }
}
```


步骤三：在表示层 StuClubApp 项目的窗体类 FrmMemberManage 中，创建自定义方法 LoadMemberDetail()，代码如下所示（该方法将成员信息在窗体的控件中显示）。

```
1.  //显示社团成员信息明细
2.  private void LoadMemberDetail(string mid)
3.  {
4.          ClubMember member = new MemberManage().GetMemberByID(mid);
5.          txtMemberID.Text = member.MemberID;
6.          txtName.Text = member.MemberName;
7.          if (member.Sex.Trim() == "男")
8.          {
9.                  rdoBoy.Checked = true;
10.         }
11.         else if (member.Sex.Trim() == "女")
12.         {
13.                 rdoGirl.Checked = true;
14.         }
15.         cmbPic.Text = member.Pic;
16.         cmbDepartment.SelectedValue = member.DepartmentID;
17.         cmbProfession.SelectedValue = member.ProfessionID;
18.         cmbClub.SelectedValue = member.ClubID;
19.         cmbPolitical.Text = member.Political;
20.         cmbBornYear.Text = member.Birthday.Year.ToString();
21.         cmbBornMonth.Text = member.Birthday.Month.ToString();
22.         txtMobilePhone.Text = member.Phone;
23.         txtQQ.Text = member.QQ;
24.         dtJoyDate.Value = member.JoinDate;
25.         if (member.Pic!=null)
26.         {
                MemoryStream stream = new MemoryStream(member.Pic);
```

```
            picMember.Image = Image.FromStream(stream);
27.     }
28.     else
29.     {
30.         picMember.Image = Image.FromFile("nopic.jpg");
31.     }
32.     chkSports.Checked = false;
33.     chkTravel.Checked = false;
34.     chkOthers.Checked = false;
35.     chkLiterature.Checked = false;
36.     chkDrawing.Checked = false;
37.     string[] hobbies = member.Hobbies.Split(';');
38.     foreach (string h in hobbies)
39.     {
40.         switch (h)
41.         {
42.             case "体育": chkSports.Checked = true; break;
43.             case "文艺": chkLiterature.Checked = true; break;
44.             case "书画": chkDrawing.Checked = true; break;
45.             case "旅游": chkTravel.Checked = true; break;
46.             case "其他": chkOthers.Checked = true; break;
47.         }
48.     }
49.     txtMemo.Text = member.Memo;
50. }
```


步骤四：如图 5-7-2 所示，在 DataGirdView 控件的 CellClick 事件过程添加下面的代码。

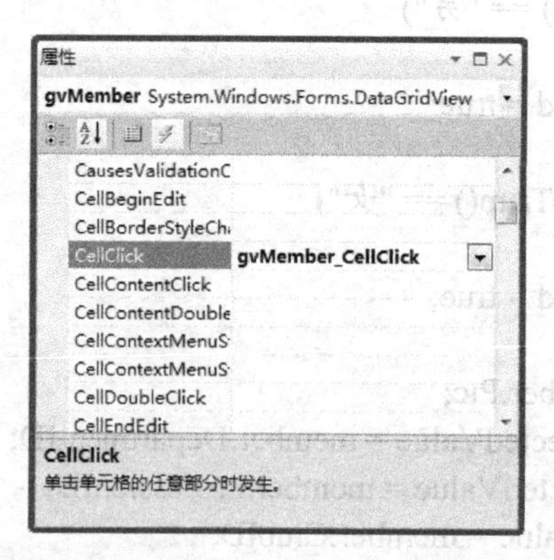

图 5-7-2 DataGirdView 控件的 CellClick 事件

```
private void gvMember_CellClick(object sender, DataGridViewCellEventArgs e)
{
        string memberid = gvMember.Rows[gvMember.CurrentRow. Index].Cells[0].
Value.ToString();
        LoadMemberDetail(memberid);
}
```

步骤五：保存并运行程序，运行结果如“任务目标”中的图 5-7-1 所示。

技术要点

DataGridView 控件的属性、方法和事件

在本任务中，为了实现在点击数据网格时动态浏览成员信息的功能，在 DataGridView 控件的 CellClick 事件中编写了代码。通过语句 gvMember.Rows[gvMember.CurrentRow.Index].Cells[0].Value.ToString()获得控件当前单元格中的数据。DataGridView 控件具有大量的属性、方法和事件，提供了强大而灵活的以表格形式显示和访问数据的方式。这里将介绍 DataGridView 控件的部分常用属性、方法及事件。

（1）DataGridView 控件的常用属性，如表 5-7-1 所示。

表 5-7-1　DataGridView 控件的常用属性

属　性	说　明
AllowUserToAddRows	指定是否允许在 DataGridView 中添加行。默认值为 true
AllowUserToDeleteRows	指定是否允许在 DataGridView 中删除行。默认值为 true
AllowUserToOrderColumns	指定是否允许在 DataGridView 中重新排序列。若允许，用户可以通过使用鼠标拖动列标题的方式将列移动到新位置。默认为 false
AllowUserToResizeColumns	指定是否允许在 DataGridView 中调整列的大小。默认值为 true
AllowUserToResizeRows	指定是否允许在 DataGridView 中调整行的大小。默认值为 true
DataSource	指定 DataGridView 控件的数据源
Columns	DataGridView 控件中列的集合
Rows	DataGridView 控件中行的集合
ColumnCount	获取 DataGridView 控件中显示的列数
RowCount	获取 DataGridView 控件中显示的行数
CurrentCell	表示 DataGridView 控件中的当前单元格
CurrentRow	表示 DataGridView 控件中的当前行
MultiSelect	指定是否允许用户在 DataGridView 控件中一次选择多个单元格、多行或多列。默认值为 true
SelectedCells	获取选定的单元格的集合
SelectedColumns	获取选定的列的集合
SelectedRows	获取选定的行的集合
SelectionMode	指定如何选择 DataGridView 控件的单元格
GridColor	指定网格线的颜色

（2）DataGridView 控件的常用方法，如表 5-7-2 所示。

表 5-7-2　DataGridView 控件的常用方法

方　法	说　明
CancelEdit	取消 DataGridView 控件中的当前编辑操作 包括：在 DataGridView 控件中添加的行、修改的行
EndEdit	结束 DataGridView 控件中的当前编辑操作 包括：在 DataGridView 控件中添加的行、修改的行

（3）DataGridView 控件的常用事件，如表 5-7-3 所示。

表 5-7-3　DataGridView 控件的常用事件

方　法	说　明
CellClick	单击单元格的任意部分时发生
CellDoubleClick	双击单元格的任意部分时发生
CellMouseClick	在单元格中任意位置单击鼠标时发生
CellMouseDoubleClick	在单元格中任意位置双击鼠标时发生
CellValueChanged	单元格的值更改时发生
ColumnHeaderMouseClick	单击列标题时发生
ColumnHeaderMouseDoubleClick	双击列标题时发生
RowHeaderMouseClick	单击行标题时发生
RowHeaderMouseDoubleClick	双击行标题时发生
SelectionChanged	当前选定内容更改时发生

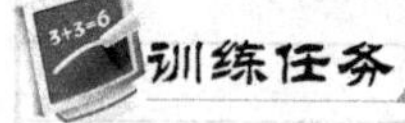

训练任务

1．实现“社团管理”窗体中，社团详细信息的查看。

2．实现“社团活动管理”窗体中，社团活动信息的查看。

任务 5.8　社团活动考勤

任务目标

在本任务中，要创建“社团活动考勤”窗体，在窗体中对成员参与社团活动的情况进行管理，即实现考勤管理。“活动考勤”窗体具备以下功能：

（1）窗体中显示当前用户所负责的社团名称、该社团的所有活动列表、社团成员名单及其出勤状况。

（2）用户对成员参与活动情况进行考勤（在名字前勾选），也可以对已有的考勤结果进行修改。为方便用户操作，窗体提供“全选”和“取消全选”功能。“活动考勤”窗体界面如图 5-8-1 所示。

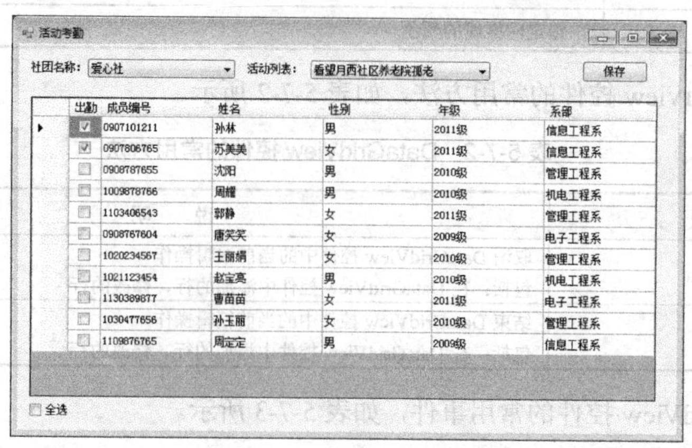

图 5-8-1　“活动考勤”窗体界面

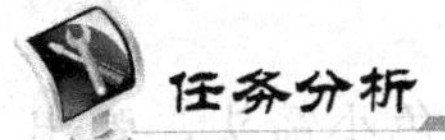

任务分析

首先了解一下"活动考勤"子模块的业务流程。在图 5-8-2 的流程图中，普通用户（即社团负责人）登录后，如果是首次考勤，应先添加活动，然后在"活动考勤"窗体中进行考勤，并保存；如果是对原有考勤结果进行修改，则直接打开"活动考勤"窗体，在出勤列表中进行修改，并保存。

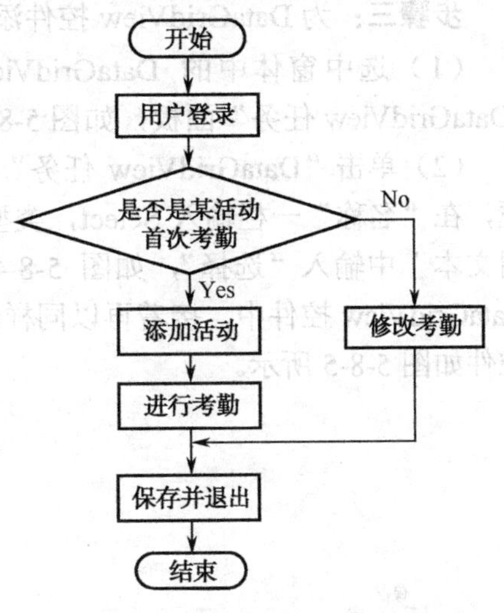

图 5-8-2 "活动考勤"业务流程图

由图 5-8-1 可以看出，成员名称一列前面带有一个复选框，这个复选框列可以在 DataGridView 控件中进行添加，列表中的成员信息包含了编号、姓名、系部、年级、专业等基本信息，而这些基本信息分布在不同的表格中，可以通过多表联合进行查询，还可以通过视图来获取数据。

实现过程

步骤一：在项目中新建"活动考勤"窗体，命名为 FrmAttendance。

步骤二：在窗体中添加各控件，控件具体属性设置如表 5-8-1 所示。

表 5-8-1 窗体控件属性设置

控件类型	控件说明	属性	属性值
Lable	窗体文本	(Name)	Label1
		Text	社团名称:
	窗体文本	(Name)	Label2
		Text	活动列表
	显示当前社团名	(Name)	lblClubName
		Text	(清空)
ComboBox	显示社团活动列表	(Name)	cmbActivity
		DropDownStyle	DropDownList
Button	保存按钮	(Name)	btnSave
		Text	保存
CheckBox	是否全选	(Name)	chkCheckAll
		Text	全选
		Checked	True
GridView	显示成员列表	(Name)	gvMember
		AllowUserToAddRow	False

在表 5-8-1 中，DataGridView 控件的 AllowUserToAddRows 属性，是一个 bool 类型的属性，用来设置 DataGridView 控件是否允许用户进行添加行的操作，这里将它设置为 False。与之相类似的属性还有：AllowUserToDeleteRows、AllowUserToOrderRows 等。

步骤三：为 DataGridView 控件添加复选框列。

（1）选中窗体中的 DataGridView 控件，单击控件右上角的黑色小箭头，弹出"DataGridView 任务"面板，如图 5-8-3 所示。

（2）单击"DataGridView 任务"面板中的"添加列..."选项，弹出"添加列"对话框，在"名称"一栏输入 Select，类型一栏选择 DataGridViewCheckBoxColumn，在"页眉文本"中输入"选择"，如图 5-8-4 所示。最后按"添加"按钮，将复选框列添加到 DataGridView 控件中，接着再以同样的方法在控件中添加若干数据列，此时的 GridView 控件如图 5-8-5 所示。

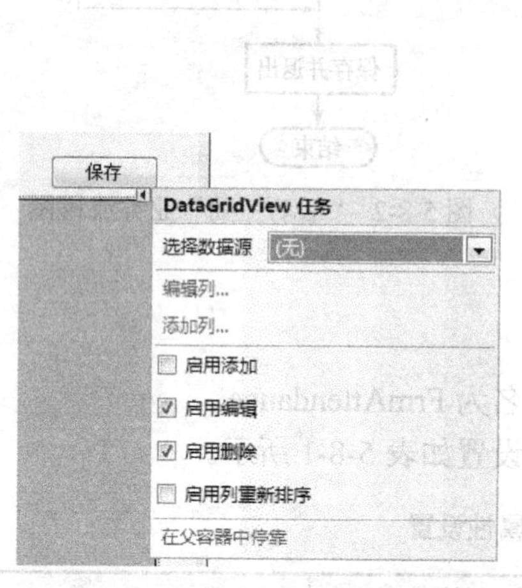

图 5-8-3 "DataGridView 任务"面板

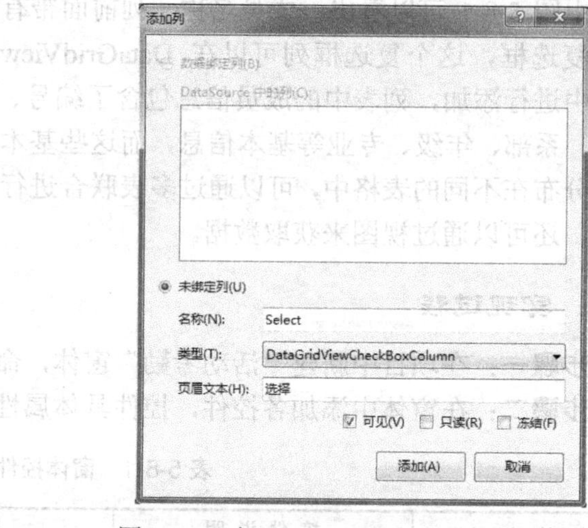

图 5-8-4 向 DataGridView 中添加复选框列

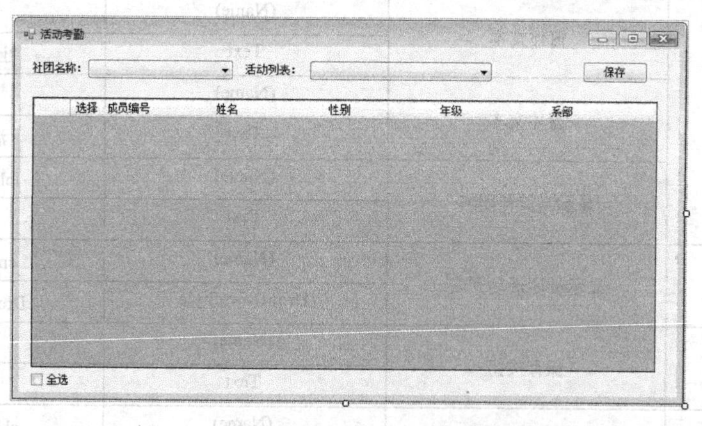

图 5-8-5 添加新列后的 DataGridView 控件外观

此时，DataGridView 控件的变化并不明显，图 5-8-1"活动考勤"窗体界面中数据表格每行行首的复选框将在数据绑定后随数据行的显示而出现。

步骤四：编写代码，初始化窗体信息，将社团成员信息列表显示在 GridView 控件中。选中当前窗体，在窗体的 Load 事件响应方法中添加如下代码：

```
ActivityManage activitybll = new ActivityManage();
ClubManage clubbll = new ClubManage();
MemberManage memberbll = new MemberManage();
AttendanceManage attendancebll = new AttendanceManage();
```

```
private void FrmAttendance_Load(object sender, EventArgs e)
{
        #region 根据用户名获得社团列表
        string chiefid = FrmLogin.username;
        cmbClub.DataSource = clubbll.GetClubsByChiefID(chiefid);
        cmbClub.DisplayMember = "clubname";
        cmbClub.ValueMember = "clubid";
        #endregion

        #region 加载活动列表
        int clubid = Convert.ToInt32(cmbClub.SelectedValue);
        cmbActivity.DataSource = activitybll.GetActivitiesByClubID(clubid);
        cmbActivity.ValueMember = "activityid";
        cmbActivity.DisplayMember = "activityname";
        #endregion

    #region 加载成员列表
        gvMember.AutoGenerateColumns=false;
        gvMember.DataSource   =   memberbll.GetMembersByPara("",0,clubid,0,Convert.
ToDateTime("1900-01-01"),DateTime.Now);
        #endregion

        #region 加载考勤记录
        if (cmbActivity.SelectedIndex != -1 && flag == 1)
        {
            for (int i = 0; i < gvMember.Rows.Count; i++)
            {
                gvMember.Rows[i].Cells[0].Value = false;
            }
            int activityid = Convert.ToInt32(cmbActivity.SelectedValue);
            for (int i = 0; i < gvMember.Rows.Count; i++)
            {
                if (gvMember.Rows[i].Cells[1].Value != null)
                {
                    string memberid = gvMember.Rows[i].Cells[1].Value.ToString();
                    Attendance attendance = attendancebll.GetAttendanceByMember
                    IDAndActivityID(memberid, activityid);
                    if (attendance != null)
                    {
                        gvMember.Rows[i].Cells[0].Value = attendance.Attend;
                    }
                }
            }
        }
        #endregion
}
```

在上面的代码中，用到了业务逻辑层 ClubManage、ActivityManage 和 MemberManage 类的一些方法，如 GetClubByChiefID、GetMembersByClubID 等，这些方法的定义如下。

ClubManage 类的 GetClubByChiefID()方法：

```
public class ClubManage
{
...
public DataTable GetClubsByChiefID(string chiefid)
{
        ClubService dal = new ClubService();
try
        {
            return dal.GetClubsByChiefID(chiefid);
        }
        catch (Exception ex)
        {
            throw new Exception(ex.ToString());
        }
}
}
```


DAL 层 ClubService 类中 GetClubsByChiefID()方法定义：

```
public class ClubService
{
    public DataTable GetClubsByChiefID(string chiefid)
        {
            StringBuilder sbSql = new StringBuilder();
            sbSql.Append("Select ");
            sbSql.Append("tb_Club.ClubName, ");
            sbSql.Append("tb_Club.ClubID ");
            sbSql.Append("From ");
            sbSql.Append("tb_Club ");
            sbSql.Append(" Where tb_Club.DeleteFlag='0' ");
            sbSql.Append(" And tb_Club.chiefid='" + chiefid + "'");
            try
            {
                return SQLHelper.ExecuteQuery(sbSql.ToString());
            }
            catch (Exception ex)
            {
                throw new Exception(ex.Message);
            }
        }
}
```

ActivityManage 类的 GetActivitiesByClubID()方法定义：

```
public class ActivityManage
{
...
ActivityService dal = new ActivityService();
```

```
public DataTable GetActivitiesByClubID(int clubid)
      {
            try
            {
                  return dal.GetActivitiesByClubID(clubid);
            }
            catch (Exception ex)
            {
                  throw new Exception(ex.ToString());
            }
      }
}
```

DAL 层 ActivityService 类中 GetActivitiesByClubID()方法定义：

```
public DataTable GetActivitiesByClubID(int clubid)
{
        StringBuilder sbSql = new StringBuilder();
        sbSql.Append("Select * ");
        sbSql.Append("from ");
        sbSql.Append("tb_Activity ");
        sbSql.Append(" Where tb_Activity.DeleteFlag='0' ");
        sbSql.Append(" And tb_Activity.clubid="+clubid);
        try
        {
                DataTable dt = SQLHelper.ExecuteQuery(sbSql.ToString());
                return dt;
        }
        catch (Exception ex)
        {
              throw new Exception(ex.Message);
        }
}
```

MemberManage 类中的 GetMembersByPara()方法定义如下：

```
public class MemberManage
{
public DataTable GetMembersByPara(string name, int departmentid, int clubid,int gradeid,
DateTime joindatestart, DateTime joindateend)
      {
            try
            {
                  MemberService dal = new MemberService();
                  return dal.GetMembersByPara(name, departmentid, clubid,gradeid,
                  joindatestart, joindateend);
            }
            catch (Exception ex)
            {
                  throw new Exception(ex.ToString());
            }
```

```
        }
    }
```

AttendanceManage 类中的方法定义如下：

```
class ActivityManage
{
    AttendanceService dalattendance = new AttendanceService();
#region 添加出勤记录
    public bool AddAttendance(Attendance attendance)
    {
            try
            {
                return dalattendance.AddAttendance(attendance);
            }
            catch (Exception ex)
            {
                throw new Exception(ex.ToString());
            }
    }
    #endregion

    #region 修改出勤记录
    public bool UpdateAttendance(Attendance attendance)
    {
        try
        {
            return dalattendance.UpdateAttendance(attendance);
        }
        catch (Exception ex)
        {
            throw new Exception(ex.ToString());
        }
    }
    #endregion

    #region 删除出勤记录
    public bool DeleteAttendance(int attendanceid)
    {
        try
        {
            return dalattendance.DeleteAttendance(attendanceid);
        }
        catch (Exception ex)
        {
            throw new Exception(ex.ToString());
        }
    }
    #endregion
```

```
        #region 按成员编号和活动编号获得考勤记录
        public Attendance GetAttendanceByMemberIDAndActivityID(string memberid,
        int activityid)
        {
            try
            {
                return dalattendance.GetAttendanceByMemberIDAndActivityID(memberid,
activityid);
            }
            catch (Exception ex)
            {
                throw new Exception(ex.ToString());
            }
        }
        #endregion
        …
    }
```


DAL 层 AttendanceService 类中的方法定义：

```
    public class AttendanceService
    {
    #region 添加出勤记录
        public bool AddAttendance(Attendance attendance)
        {
            StringBuilder sbSql = new StringBuilder();
            sbSql.Append(" insert into tb_Attendance");
            sbSql.Append(" Values ");
            sbSql.Append(" ( ");
            sbSql.AppendFormat(" '{0}',", attendance.ActivityID);
            sbSql.AppendFormat(" '{0}',", attendance.MemberID);
            sbSql.AppendFormat(" {0},", attendance.Attend?1:0);
            sbSql.AppendFormat(" '{0}'", "0");
            sbSql.Append(" ) ");
            try
            {
                int n = SQLHelper.ExecuteNonQuery(sbSql.ToString());
                if (n > 0)
                    return true;
                else
                    return false;
            }
            catch (Exception ex)
            {
                throw new Exception(ex.Message);
            }
        }
        #endregion
```

```
#region 修改出勤记录
public bool UpdateAttendance(Attendance attendance)
{
        StringBuilder sbSql = new StringBuilder();
        sbSql.Append(" update tb_Attendance");
        sbSql.Append(" Set ");
        sbSql.Append(" activityid=@activityid, ");
        sbSql.Append(" memberid=@memberid, ");
        sbSql.Append(" attend=@attend ");
        sbSql.Append(" Where ");
        sbSql.Append("attendanceid=@attendanceid ");
        SqlParameter[] para = new SqlParameter[4];
        para[0] = new SqlParameter("@activityid", attendance.ActivityID);
        para[1] = new SqlParameter("@memberid", attendance.MemberID);
        para[2] = new SqlParameter("@attend", attendance.Attend?1:0);
        para[3] = new SqlParameter("@attendanceid", attendance.AttendanceID);
        try
        {
                int n = SQLHelper.ExecuteNonQuery(sbSql.ToString(), para);
                if (n > 0)
                        return true;
                else
                        return false;
        }
        catch (Exception ex)
        {
                throw new Exception(ex.Message);
        }
}
#endregion

#region 删除考勤记录
public bool DeleteAttendance(int attendanceid)
{
        SqlParameter[] para = new SqlParameter[1];
        para[0] = new SqlParameter("@attendanceid", attendanceid);
        StringBuilder sbSql = new StringBuilder();
        sbSql.Append("Update ");
        sbSql.Append("tb_Attendance ");
  sbSql.Append("Set DeleteFlag='1' ");
        sbSql.Append("Where    activityid=@activityid");
        try
        {
                int n = SQLHelper.ExecuteNonQuery(sbSql.ToString(), para);
                if (n > 0)
                        return true;
                else
```